高 等 学 校 教 材

有机功能材料

邱 立 主编 华 雍 彭智利 副主编

Organic
functional
materials

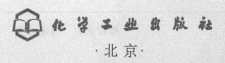

化学工业出版社
·北京·

内 容 简 介

《有机功能材料》一书主要涵盖与能源环境及生物医用相关的有机功能材料，包括有机光电转换材料与器件和有机电致发光材料与器件、有机多孔材料与应用（吸附理论、无定形有机多孔材料和共价有机框架）、碳点材料基本概念及发光应用等。

本书可作为高等院校材料类及相关专业（如物理、化学化工、生物、医学、机械、冶金、建筑、环保等）本科和研究生教材，也可供广大材料工作者及相关技术人员参阅。

图书在版编目（CIP）数据

有机功能材料/邱立主编. —北京：化学工业出版社，
2021.8（2023.5 重印）
ISBN 978-7-122-39100-1

Ⅰ.①有… Ⅱ.①邱… Ⅲ.①有机材料-功能材料-
高等学校-教材 Ⅳ.①TB322

中国版本图书馆 CIP 数据核字（2021）第 087486 号

责任编辑：姜 磊 提 岩　　　　　　文字编辑：师明远 姚子丽
责任校对：杜杏然　　　　　　　　　　装帧设计：张 辉

出版发行：化学工业出版社（北京市东城区青年湖南街 13 号　邮政编码 100011）
印　　装：涿州市般润文化传播有限公司
787mm×1092mm　1/16　印张 11　字数 266 千字　2023 年 5 月北京第 1 版第 2 次印刷

购书咨询：010-64518888　　　　　　售后服务：010-64518899
网　　址：http://www.cip.com.cn
凡购买本书，如有缺损质量问题，本社销售中心负责调换。

定　　价：39.80 元　　　　　　　　　　　　　　　　版权所有　违者必究

前言

　　材料被视为人类社会进化的里程碑，对材料认识和利用的能力，决定着社会的形态和人类生活的质量。从这个意义上来说，人类文明史与材料科学发展史息息相关。随着材料科学的不断发展，为适应当代社会高素质人才培养的需要，材料相关专业的学生尤其是研究生除了要掌握传统金属材料和无机非金属材料的基础知识外，还需对新兴的有机材料及复合材料有充分的了解；除了熟悉结构材料外，更需了解功能材料。

　　有机功能材料资源丰富、价格低廉，并集质轻、有柔性、可拉伸、光谱可调、可大面积制备等优势于一身，成为最具发展前景的人工材料。其相关研究与应用逐步涉及众多领域，如航空、电子消费、医疗保健、机器人和工业自动化等，也吸引了涉及物理、化学、材料、信息、生物、医学等不同学科科研工作者的兴趣，开启了从实验室走向市场的崭新旅程。受限于编者专业水平，本书所涉及的有机功能材料仅涵盖有机光电材料与器件（有机太阳能电池、钙钛矿电池、有机电致发光器件等）、有机多孔材料（无定形有机多孔材料和晶性共价有机框架）及碳量子点。

　　通过本书的学习，学生能了解或掌握相关有机功能材料的基本概念、基本理论及应用领域，并掌握一般有机功能材料的分类、制备和应用，以及相关典型器件的原理和制备技术，能对有机功能材料在高新技术领域和国民经济中的地位和作用有所认识和了解，为从事材料科学研究和生产开发打下基础，从而进一步提高综合素质和创新能力。本书适用于材料科学相关专业研究生使用，也可供本科生及相关科研人员参考。

　　本书由邱立（云南大学）主编，并编写第1章、第4章、第5章和第6章；华雍（云南大学）编写第2章和第3章；彭智利（云南大学）编写第7章。云南大学博士研究生陶娆、硕士研究生康坤以及纪春雨也参与了本书的编写和图片编辑及校核工作。本书在编写和出版的过程中得到了云南大学材料与能源学院同仁的无私帮助；本书作为研究生规划教材，得到了云南省研究生优质课程建设项目的经费支持，在此表示衷心的谢意。

本书在编写过程中参考、引用了国内外高校和科研单位同行发表的许多优秀的成果和文献资料，在此表示感谢。

鉴于编者水平有限，书中难免存在错漏和不足之处，恳请广大读者批评指正。

编者
2021 年 2 月 15 日

目录

第 1 章 绪论

第2章 有机光电转换材料与器件

第3章 有机电致发光材料与器件

第4章 有机多孔材料及吸附性能

第5章 无定形有机多孔材料

第6章 共价有机框架

第7章　碳点简介及其应用

第 **1** 章

绪 论

　　材料是人类生产和生活的物质基础，是现代文明社会的重要支柱，与能源和信息并称为现代社会的三大要素。如果把这三者看成一个有机体的话，那么能源好比血液，信息即为神经系统，材料便是构成有机体的骨架。在人类历史发展的进程中，"材料"一直占有十分重要的地位。每一种重要材料的发现和广泛使用，都会使人类支配和改造自然的能力提高到一个新的水平，给社会生产力和人类生活水平带来巨大的变化，同时推动人类物质文明和精神文明向前进步。历史学家曾用材料来划分时代，如石器时代、陶器时代、青铜器时代、铁器时代以及涉及半导体与光纤等材料的电子时代和信息时代。在科学技术十分发达的今天，材料仍然是现代文明的一个重要标志，材料工业仍然是国民经济的基础产业，尤其是新兴材料，将会给工业带来革命性的变革。可以说，现在没有哪一个工业技术部门不涉及材料，当今高新技术的发展也必须有新型材料作为物质基础。

1.1　功能材料定义

　　虽然"材料"这个名词早已存在，但至今仍然很难给它下一个确切的定义。一般认为，材料是具有一定性能的物质，可以用来制造机器、器件、结构和产品。材料按形成方式分为天然材料和人工材料；按组分分为金属材料、无机非金属材料（如陶瓷、砷化镓半导体等）、有机高分子材料、先进复合材料四大类。按材料的用途、性能分为结构材料和功能材料。结构材料主要是利用材料的力学和理化性能，以满足高强度、高刚度、高硬度、耐高温、耐磨、耐蚀、抗辐照等性能要求；功能材料主要是利用材料具有的电、磁、声、光、热等效应，以实现某种功能，如半导体材料、磁性材料、光敏材料、热敏材料、隐身材料和核材料等。在国外，常将这类材料称为 functional materials、specialty materials 或 fine materials，这类材料相对于通常的结构材料而言，除了具有机械性能外，还具有其他的功能特性。

　　材料的特定功能与其特定结构是相互联系的，比如生物体蛋白质特定的结构是其行使生物功能的基础，其空间结构决定着蛋白质的生物学功能；对于导电聚合物而言，一般具有长程 π 共轭的结构特点；金属结构中由于弹性马氏体相变能产生记忆效应，出现了形状记忆合金。功能材料科学是一门新的学科，目前对它进行严格的定义尚有一定的难度，就像许多化学变化中存在着物理现象、高级运动中总是伴随着低级运动一样，功能材料既具有材料的一般特性和变化规律，又具有其自身的特点，因此可认为是传统材料更高级的形式。

1.2 功能材料分类

随着技术的发展和人类认识的扩展，新型的功能材料不断被开发出来，其分类可以从不同的角度出发。

1.2.1 按功能性质分类

根据功能的性质不同，可将功能材料分为以下四类：力学功能材料、化学功能材料、物理化学功能材料以及生物化学功能材料。

1.2.1.1 力学功能材料

力学功能材料主要是指强化功能材料和弹性功能材料，如高结晶材料、超高强材料等。此类材料一般可通过对传统结构材料进行改进获得，如最近莱斯大学研究人员所报道的可"编程"成的特定形状的水泥，可使混凝土更坚固，孔隙更少，也更环保[1]。在过去一段时间里，混凝土已经取得了一些非常有趣且有意义的进展，可赋予这种材料更强的防火性以及可弯曲甚至自愈的特性。为了进一步改进混凝土材料，研究人员通过控制水化硅酸钙结晶和颗粒的微观形状，使水泥微粒形成特殊形状，如立方体、三棱柱、枝状晶体、核壳结构和菱面体等，这样的形状能够让它们更密集地聚集在一起。与传统的无序团块状态相比，这种微观结构使得水泥具有更好的防水和耐化学性能。

1.2.1.2 化学功能材料

化学功能材料根据其应用目的可分为：①分离功能材料，如分离膜、离子交换树脂、高分子配合物等；②反应功能材料，如高分子试剂和高分子催化剂等；③生物功能材料，如固定化菌、生物反应器等。近期中国林业科学研究院的科学家们以天然可再生木材为原料开发了一种新型的木材海绵吸附材料[2]，可高效地实现水油分离。研究人员选用低密度轻木（$0.09g \cdot cm^{-3}$）为原料，通过化学处理有序剥离出木材细胞壁中的木质素和半纤维素，保留纤维素骨架，然后经冷冻干燥制得低密度、高孔隙度和具有层状结构的木材海绵。随后在纤维素骨架表面沉积聚硅氧烷涂层，赋予材料良好的疏水/亲油性能，并保留其原始的孔隙结构。以此木材海绵为过滤膜设计的连续吸油装置，可实现连续、高效油水分离，应用于石油和化学品泄漏造成的水体污染治理。

1.2.1.3 物理化学功能材料

物理化学功能材料根据其物理属性可分为：①电学功能材料，如超导体、导电高分子等；②光学功能材料，如光导纤维、感光性高分子等；③能量转换材料，如压电材料、光电材料等。有机-无机杂化钙钛矿材料由于其制备成本较低、易于规模化合成且能量转换效率高等优点，在短短十来年内成了太阳能电池领域的明星材料。太阳能电池可以将清洁可再生的太阳能转换为电能以便于输运、存储和使用，从而备受关注。有机-无机杂化钙钛矿材料的能量转换效率从 2009 年的 3.8％[3] 迅速提高到了目前的 25.2％，比目前市场份额占比约为 90％ 的商用多晶硅太阳能电池模块的效率（约 18％）高出不少。不仅如此，有机-无机杂化钙钛矿材料作为一种具有离子特性的直接带隙半导体材料，在光电器件如发光二极管、光电探测器等方面同样表现出广阔的应用前景。

1.2.1.4 生物化学功能材料

生物化学功能材料根据其应用属性可分为：①医用功能材料，如人工脏器（如人工肾、人工心肺）用材料，可降解的医用缝合线、骨钉、骨板等；②功能性药物，如缓释性高分子、药物活性高分子、高分子农药等；③生物降解材料。很难想象得到，未来服装的某些材料是可以通过生物工程设计出来的（即借助活着的细菌、藻类、酵母、动物细胞或真菌等制成），可以被降解成无毒物质。近日，纽约时装技术学院的一个科研团队利用从海藻中提取出来的海藻酸盐做成水凝胶，随即被拉伸成长条形的可以编织成织物的纤维。这种纤维具有天然的防火性能，而且最主要的是藻类的生物降解速度比棉花（最常见的天然衣料纤维）要快得多，赋予其在服装和纺织领域良好的应用前景。

1.2.2 按功能显示过程分类

材料的功能显示过程是指向材料输入某种能量，经过材料的传输或转换等过程，再输出而提供给外部的一种作用。功能材料按其功能的显示过程又可分为一次功能材料和二次功能材料。

1.2.2.1 一次功能材料

当向材料输入的能量和从材料输出的能量属于同一种形式时，材料起到能量传输部件的作用。材料的这种功能称为一次功能。以一次功能为使用目的的材料称为一次功能材料，又称载体材料，充当能量存储的介质。

一次功能主要有以下八种。

① 力学功能。如惯性、黏性、流动性、润滑性、成型性、超塑性、恒弹性、高弹性、振动性和防震性等。

② 声功能。如隔音性、吸音性等。

③ 热功能。如传热性、隔热性、吸热性和蓄热性等。

④ 电功能。如导电性、超导性、绝缘性等。

⑤ 磁功能。如硬磁性、软磁性、半硬磁性等。

⑥ 光功能。如遮光性、透光性、折射光性、反射光性、吸光性、偏振光性、分光性、聚光性等。

⑦ 化学功能。如吸附作用、气体吸收性、催化作用、生物化学反应、酶催化反应等。

⑧ 其他功能。如放射特性、电磁波特性等。

1.2.2.2 二次功能材料

当向材料输入的能量和从材料输出的能量属于不同形式时，材料起到能量转换部件作用，材料的这种功能称为二次功能或高次功能。有人认为这种材料才是真正的功能材料，其担当能量转换中心的角色。

二次功能按能量的转换系统可分为如下四类。

① 光能与其他形式能量的转换。如光合成反应、光分解反应、光化反应、光致抗蚀、

化学发光、感光反应、光致伸缩、光生伏特效应和光导电效应。

② 电能与其他形式能量的转换。如电磁效应、电阻发热效应、热电效应、光电效应、场致发光效应、电化学效应等。

③ 磁能与其他形式能量的转换。如光磁效应、热磁效应、磁制冷效应和磁性转变效应等。

④ 机械能与其他形式能量的转换。如形状记忆效应、热弹性效应、机械化学效应、压电效应、电致伸缩效应、光压效应、声光效应、光弹性效应和磁致伸缩效应等。

除了按上述"功能性质"及"功能显示过程"分类外，功能材料还可按材料属性分为：金属功能材料、无机非金属功能材料和高分子功能材料。

1.3 功能材料设计的原理和方法

无论哪种功能材料，其能量传递过程或者能量转换形式所涉及的微观过程都与固体物理和固体化学相联系。正是这两门基础科学为功能材料科学的发展奠定了基础，从而也推动了功能材料的研究和应用。它们把功能材料推进到功能设计的时代。

所谓功能设计，就是赋予材料以一次功能或二次功能特性的科学方法。21世纪将有可能逐渐实现按需设计材料。

长期以来，材料研究主要采用"试错法"，需要依赖大量的试验，造成人力、物力和资源的浪费，设计周期也较长。随着科学技术的发展，一些新的试验设备和方法的出现以及固体理论、分子动力学和计算机模拟等技术的发展，为材料设计提供了理论依据和强有力的技术支持。近年来的材料研究表明，将现代新技术用于材料设计，则可用较少的试验获得较为理想的材料，达到事半功倍的效果。

1.3.1 金属功能材料设计

金属功能材料按性能分主要包括磁性功能材料、电性功能材料、力学功能材料、热学功能材料、光学功能材料、化学功能材料、生物功能材料和特种功能材料。其功能设计主要有以下两个方面：

一是寻找具有特定功能的金属材料。有些金属材料本身具有特定的功能，经过科学家们的开发研究后可被进一步加以利用，例如稀土功能材料的制备和应用。稀土功能材料主要包括稀土永磁材料、稀土储氢材料、信息显示材料、催化材料、超磁致伸缩材料、巨磁电阻材料等，其应用现已遍及航空航天、信息、电子、能源、医用等多个领域。我国稀土资源非常丰富，其工业储量约占世界总储量的23%，并承担着世界90%以上的市场供应[4]。如何将我国的稀土资源优势变为产业优势和经济优势，使其研究开发既能带动一批新型高新技术产业，又能促进传统产业的技术进步，是我国目前面临的一大挑战。

二是利用各种金属材料的特性，制备符合使用要求的合金。合金的迅速发展，给金属功能材料的发展提供了广阔的空间。随着合金技术的开发，各种各样的金属功能材料被开发出来，如纳米材料、大块非晶材料、真空快淬材料、形状记忆合金等。形状记忆合金是其中一个代表性的例子，是目前形状记忆材料中形状记忆性能最好的。它是指通过热弹性与马氏体相变及其逆变而具有形状记忆效应的由两种以上金属元素所构成的材料。迄今为止，共发现具有形状记忆效应的合金达50多种，在航空航天领域内的应用有很多成功的范例。比如人造卫星上庞大的天线就可以用形状记忆合金制作，在人造卫星发射之前将抛物面天线折叠起来装进卫星体内，在人造卫星被送到预定轨道后，折叠的卫星天线因具有"记忆"功能在温度升高后而自然展开，恢复抛物面形状。

1.3.2 无机非金属功能材料设计

无机非金属功能材料的主要代表是功能玻璃和功能陶瓷。无机非金属功能材料进行功能设计的方法主要有以下两种：

一是根据功能的要求设计配方。无机非金属功能材料的配方比较复杂，每种不同功能的无机非金属功能材料采用不同的配方。无机非金属功能材料所含的材质决定了其宏观性能。比如通过加入不同的功能材质可制备出性能不同的功能玻璃，包括激光玻璃、半导体玻璃、光色玻璃、生物玻璃等。其中激光玻璃就是由基质玻璃和激活离子（Nd^{3+}）构成。激光玻璃的各种物理化学性质主要取决于基质玻璃，而它的光谱特性主要由激活离子决定，但它们之间也存在相互联系和影响。

二是根据功能的要求设计合适的加工工艺。无机非金属功能材料的加工工艺根据所需功能的不同，有的采用普通的无机非金属材料加工工艺，有的采用特殊的加工工艺，如焰融、提拉、热压铸、等静压、轧膜、流延及蒸镀等方法。不同的加工工艺可得到不同功能的无机非金属功能材料。因此，控制合适的加工工艺对无机非金属功能材料的制造是非常重要的。

1.3.3 高分子功能材料设计

高分子功能材料功能设计的主要途径如下：①通过分子设计获得新功能。分子设计包括高分子结构设计和官能团设计，是使高分子材料获得具有一定化学结构的本征性功能特征的主要方法，又称为化学法。合成可供选择的方法有：共聚合、嵌段聚合、界面缩聚、交联反应、模板聚合、交替共聚等。②通过特殊加工赋予材料以功能特性，这种方法又称为物理方法，通常包括薄膜化和纤维化加工。高分子材料通过薄膜化可制作偏振光膜、滤光片、电磁传感器、薄膜半导体、薄膜电池等，尤其是在超细过滤、反渗透、透析、离子交换等领域得到了广泛的应用。而高分子材料纤维化可用于二次电子倍增管或离子交换纤维，其中塑料光纤的开发应用最引人注目。③通过具有不同功能或性能的材料复合获得新功能，可借助纤维复合、细粒复合、骨架复合及互穿网络等方法。

1.4 功能材料的特点

功能材料虽然制备较为复杂，产量一般也较小，但是基于其特有"功能性"的附加值较高，是目前材料领域发展最快的新领域。功能材料的结构与性能之间存在着密切的联系，研究功能材料的结构与功能之间的关系，可以指导开发更为先进、新颖的功能材料。

1.4.1 金属功能材料特点

金属功能材料是研究较早的一类功能材料，而且持续得以开发。尤其是最近高新技术的发展，大大促进了金属功能材料的发展[5]，许多区别于传统金属材料的新型金属功能材料应运而生，如超导合金、纳米金属、高温合金、减振合金、储氢合金、多孔金属、金属磁性材料等。其中形状记忆合金的发现及相应体系的开发，使得这类新型金属材料在现代军事、电子、汽车、能源、机械、宇航领域得到了广泛的应用。另外，非晶态合金即金属玻璃，既有金属和玻璃的优点，又克服了它们各自的弊病，具有优异的物理、化学性能，是一种极有发展前景的新型金属功能材料。

1.4.2 无机非金属功能材料特点

功能玻璃和功能陶瓷是无机非金属功能材料中的主要组成部分，近年来得到了迅速的发展。

1.4.2.1 新型功能玻璃特点

新型功能玻璃除了具有普通玻璃的一般性质以外，还具有许多独特的性质，如声光玻璃的声光性、磁光玻璃的磁光转换性能、导电玻璃的导电性、记忆玻璃的记忆特性等[6]。新型功能玻璃的发展以光功能玻璃为代表，包括光导玻璃纤维、激光玻璃、光致变色玻璃、光的选择透过和反射玻璃和非线性光学玻璃等，其中光元件转换材料、光存储显示材料及各种非线性光学玻璃特别引人注意，未来光量子时代决定了光功能玻璃材料研究的重要性和迫切性。

1.4.2.2 新型功能陶瓷特点

新型功能陶瓷是一类科技含量极高、制造工艺较为烦琐的非常规材料，目前已经研究比较深入并大量使用的功能陶瓷有绝缘陶瓷、介电陶瓷、压电陶瓷、半导体陶瓷、敏感陶瓷、磁性陶瓷、生物陶瓷和结构陶瓷等。当前功能陶瓷的发展有以下几个趋向[7]；复合化，低维化，多功能化，智能化和材料、设计、工艺一体化。智能材料是功能陶瓷发展和应用的更高阶段，是现代科学技术发展和人类社会需求的必然结果。而材料、设计、工艺的一体化，有助于开发更优异特征和更新功能的功能陶瓷。

1.4.3 高分子功能材料特点

高分子功能材料[8]之所以有许多独具特色的性能，主要与其结构因素有关。比如骨架的性质，如润湿性、溶胀性、多孔性等；另外就是在分子中起到特殊作用的官能团性质。功能高分子材料的制备过程实际上就是通过物理或化学的方法将功能基团与聚合物骨架相结合的过程。功能高分子材料的研发和应用与我们的生活联系日益密切，比如光功能高分子材料的太阳能利用、电功能高分子材料在工业导体中的运用、化学功能多孔高分子材料在能源环境领域的应用，以及生物功能高分子材料在人体植入物中的应用，均为人类生活提供了便利。目前高分子功能材料发展的主要趋势是高性能化、功能化、复合化、精细化和智能化。

1.5 功能材料的发展现状

随着科学技术的进步，材料自身的内容也在不断丰富和变化。近年来，人们在传统材料的基础上，根据现代科技的研究成果，开发出了许多新的功能材料，即新近发展或正在发展的具有优异性能的结构材料和有特殊性质的功能材料。按应用领域可以把当今的研究热点功能材料分为以下几个领域：新能源材料、生态环境材料、电子信息材料、生物医用材料、智能材料等。

1.5.1 新能源材料

新能源和再生清洁能源技术是 21 世纪世界经济发展中最具有决定性影响的技术领域之一，新能源包括太阳能、生物质能、风能、地热、海洋能等一次能源以及二次能源中的氢能等。新能源材料[9] 则是指实现新能源的转化和利用以及发展新能源技术中所要用到的关键材料。最近的热点新能源材料包括嵌锂碳负极及钴酸锂和磷酸铁锂正极为代表的锂离子电池材料、硅半导体材料和有机-无机杂化钙钛矿材料为代表的太阳能电池材料、储氢电极合金材料为代表的镍氢电池材料、金属有机框架材料为代表的储氢材料、氢燃料电池为代表的燃料电池材料等。

1.5.2 生态环境材料

生态环境材料[10] 是在人类认识到生态环境保护的重要战略意义的背景下提出来的，是国内外材料学科研究发展的必然趋势。生态环境材料一般认为是具有满意的使用性能同时又被赋予优异的环境协调性的材料。这类材料具有如下特点：一是生产过程中消耗的资源和能源相对较少；二是使用过程中对生态和环境污染较小，再生利用率高。整个材料的制造、使用、废弃直到再生循环利用的过程，都与生态环境相协调。主要包括以下几类材料：环境相容材料，如纯天然材料（木材、石材等）、仿生材料（人工脏器、人工骨骼等）、绿色包装材料、生态建材（无毒装饰材料等）；环境降解材料（生物降解塑料等）；环境工程材料，如环境修复材料、环境净化材料（分子筛、有机多孔材料）等。生态环境材料研究热点和发展方向主要包括再生聚合物（塑料）的设计，材料环境协调性评价的理论体系，降低材料环境负荷的新工艺、新技术和新方法等。

1.5.3 电子信息材料

电子信息材料[11] 是指在微电子、光电子技术和新型元器件基础产品领域中所用的材料，主要包括以下三类：一是信息探测材料。对电、磁、光、声、热辐射、压力变化或化学物质敏感的材料属于此类，可用来制成传感器，用于各种探测系统，如电磁敏感材料、光敏材料、压电材料等。这些材料有陶瓷、半导体和有机高分子化合物等。二是信息传输材料。指用于各种通信器件的一些能够用来传递信息的材料，如通信电缆材料、光纤通信材料、微波通信材料和 GSM（Global System for Mobile Communications）蜂窝移动通信材料等，利用这些材料构建的综合通信网络，已成为国家信息基础设施的支柱。信息传输材料主要是光导纤维，简称光纤。它重量轻、占空间小、抗电磁干扰、通信保密性强，可以制成光缆以取代电缆，是一种很有发展前途的信息传输材料。三是信息存储材料，包括磁存储材料，主要是金属磁粉和钡铁氧体磁粉，用于计算机存储；光存储材料，有磁光记录材料、相变光盘材料等，用于外存；铁电介质存储材料，用于动态随机存取存储器；半导体动态存储材料，以硅为主，用于内存。这些基础材料及其产品支撑着通信、计算机、信息家电与网络技术等现代信息产业的发展。电子信息材料的总体发展趋势是向着大尺寸、高均匀性、高完整性，以及薄膜化、多功能化和集成化方向发展。当前的研究热点和技术前沿包括柔性晶体管、光子晶体、SiC、GaN、ZnSe 等宽禁带半导体材料为代表的第三代半导体材料、有机显示材料及各种纳米电子材料等。

1.5.4 生物医用材料

生物医用材料[12] 是一类用于诊断、治疗或替换人体组织、器官或增进其功能的新型高技术材料。近些年，生物医用材料及制品的市场一直保持 20% 左右的增长率。生物医用材料按材料组成和性质分为金属医用材料（如钛合金、可降解镁合金等）、高分子医用材料（水凝胶生物材料、高分子药物载体及可降解组织工程支架等）、无机医用材料（如磷酸钙生物材料等）、纳米医用材料（如纳米生物活性玻璃和磁性纳米材料等）及生物医学复合材料等。按应用，生物医用材料又可分为可降解与吸收材料、组织工程材料与人工器官、控制释放材料、仿生智能材料等。

1.5.5 智能材料

智能材料，也称为响应材料，是模仿生命系统，能感知外部环境变化，能实时地改变自身的一种或多种性能参数，并作出相应能与变化后环境相适应的变化的复合材料[13]。智能材料，通常具有一种或多种特性，这些特性可以通过外部刺激以受控方式显著改变，例如应力、温度、湿度、pH、电场或磁场、光照或化学物质等刺激。智能材料是许多应用的基础，包括传感器、制动器和人造肌肉等。构成智能材料的基本材料组元有压电材料、光导纤维、形状记忆材料、磁致伸缩材料和智能高分子材料等。智能材料将是未来社会的主导材料，但目前距离实用阶段还有较远的距离。

1.6 有机功能材料定义

本书涉及的有机功能材料广义上是指具有特殊的光、电、磁等物理性能的有机小分子和高分子化合物，以及由有机材料所组成的信息和能量转换器件的有机固体材料的统称。自 20 世纪 70 年代首例有机导电高分子聚合物发现以来，"导电塑料"的出现不仅打破了有机材料绝缘的传统观念，也打开了有机半导体领域的大门，美国科学家艾伦·黑格、艾伦·马克迪尔米德和日本科学家白川英树也因该项成果获得了 2000 年诺贝尔化学奖。"导电塑料"的出现促进了新概念和新材料的发展，也开启了有机功能材料的研究热潮。继特殊的电学性能之后，20 世纪 90 年代有机材料又表现出优异的光学性能，例如正负载流子在有机材料内复合发光，也就是目前广为熟知的有机电致发光原理。近几十年，在完善有机电学和光学特性的同时，有机功能材料再次刷新人们的认识，表现出新奇的自旋电子学效应。例如，在不含有任何磁性元素的有机材料内，其电光性会表现出独特的磁效应。目前有机功能材料的研究对象范围已十分广泛，包括有机半导体、有机导体、导电高分子、有机非线性光学材料、有机铁磁体等。

有机功能材料资源丰富、价格低廉，并集质轻、柔性、可拉伸、光谱可调、可大面积制备等优势于一身，成为最具发展前景的人工功能材料，其相关研究与应用逐步涉及众多新材料领域，例如航空、电子消费、医疗保健、机器人和工业自动化等，也吸引了涉及物理、化学、材料、信息、生物、医学等不同学科科研工作者的兴趣，开启了从实验室走向市场的崭新旅程。在学科交叉渗透越来越深入的趋势下，秉着让学生了解到尽可能多结构种类的有机功能材料，在编者能力允许范围内，本书将介绍跟能源环境以及生物医用相关的三大类有机功能材料，即有机共轭高分子相关的有机光电材料、具有孔结构的有机多孔材料以及由有机小分子和聚合物"自下而上"合成得到的碳量子点材料。

习题

1. 简述功能材料定义及分类。
2. 从不同角度对功能材料进行分类。
3. 结合实际阐述功能材料的发展现状。

参 考 文 献

[1] Moghaddam S E，Hejazi V，Hwang S H，et al. J. Mater. Chem. A，2017，5(8)：3798-3811.

[2] Guan H，Cheng Z，Wang X. ACS Nano，2018，12(10)：10365-10373.

[3] Kojima A，Teshima K，Shirai Y，et al. J. Am. Chem. Soc.，2009，131(17)：6050-6051.

[4] 中华人民共和国国务院新闻办公室. 中国的稀土状况与政策. 中国金属通报. 2012，(24)：20-24.

[5] 付祖明，陈军，陈国钧. 新世纪功能金属材料发展趋势. 全国稀土永磁材料联合学术研讨会，2001.

[6] Karmakar B. Functional glasses and glass-ceramics：processing，properties and applications. Butterworth-Heinemann，2017.

[7] Yin Q，Zhu B，Zeng H. Microstructure，property and processing of functional ceramics. 2010：337-363.

[8] Frechet J. Prog. Polym. Sci.，2005，30(8-9)：844-857.

[9] Moustakas K，Loizidou M，Rehan M，et al. Renew. Sust. Energ. Rev.，2020，119：109418.

[10] 王天民. 生态环境材料. 天津：天津大学出版社，2000.

[11] 电子信息材料咨询研究组. 电子信息材料咨询报告. 北京：电子工业出版社，2000.

[12] Spector M. Biomed. Mater.，2018，13(3)：030201.

[13] Jin H，Jin Q，Jian J. Wearable Technologies，2018：109.

第2章

有机光电转换材料与器件

2.1 太阳能

随着世界经济和技术的不断进步，能源的消耗量也在不断增加。目前，人类对能源的需求仍高度依赖于化石燃料、天然气和煤炭等。然而，这些能源的不可再生性会使化石能源日益枯竭，此外其燃烧也会造成全球环境的日益恶化。因此，开发可再生、对环境无污染的清洁绿色能源对于全球经济可持续发展和环境保护至关重要。在现有的绿色能源中，太阳能的开发利用被认为是替代化石燃料、解决环境污染和能源危机问题最有效的途径之一。太阳能是由太阳内部氢原子发生氢核聚变而释放的能量，地球每年从太阳获得 3×10^{24} J 的能量，这意味着仅利用太阳能辐射到地球表面能量的 0.13%，就可以满足人类对能源的需求。根据太阳产生的核能速率估算，氢的贮量足够维持上百亿年，而地球的寿命约为几十亿年，从这个意义上讲，太阳能可以说是取之不尽、用之不竭。除了丰富的可利用的太阳能外，光伏电池还有其他优势，如环境友好、无网运行和无地域限制，非常适合在远程站点中使用。

2.2 太阳能电池

太阳能电池是通过光生伏特效应直接将太阳光能转化成为电能的器件，它是太阳能光伏发电的基础和核心。太阳能电池根据光伏活性材料以及器件结构的不同，可分为无机太阳能电池和有机太阳能电池。无机太阳能电池主要包括硅基太阳能电池和砷化镓等多元化合物薄膜太阳能电池。有机太阳能电池主要包括染料敏化太阳能电池、聚合物太阳能电池以及有机-无机杂化太阳能电池。无机太阳能电池具有高效率、高稳定性、生产技术成熟和易于大规模生产等优点，然而其复杂的生产工艺和较高的成本不利于后续大规模可持续发展。有机太阳能电池具有制作成本低、可溶液加工和易制备成大面积器件等诸多优点，特别是其活性吸光材料分子结构可调和材料来源广泛，可大大丰富产品的多样性，因此展现出巨大的应用潜力。近年来有机太阳能电池及其器件成为学术界和工业界的研究热点。本章将全面介绍有机太阳能电池的器件结构、工作原理以及功能材料。

2.3　太阳能电池的光伏性能参数

衡量电池的关键性能参数包括：短路光电流（I_{sc}）、升路光电压（V_{oc}）、填允因子（FF）、能量转换效率（PCE）和器件光电转换效率（IPCE）等。太阳能电池测试的标准条件为：在 25℃ 下，光源为标准空气质量（AM）1.5G 的太阳光模拟灯（光照强度为 $100mW \cdot cm^{-2}$）。如图 2.1 所示为电池在标准条件下测试所获得的电流密度-电压（I-V）曲线。

2.3.1　短路光电流

在标准光照强度下，太阳能电池在短路（即电池输出电压为零）时通过电池的电流即为短路光电流（short-circuit photocurrent，I_{sc}）。如图 2.1 所示，短路光电流（I_{sc}）对应着器件光电流曲线与纵坐标的交点处，通常用光电流密度 J_{sc} 来代替短路光电流 I_{sc}，其单位为 $mA \cdot cm^{-2}$。短路电流与活性吸光层的光谱吸收、太阳光照强度、激子的分离和收集效率等参数密切相关。因此，增强太阳能电池活性材料的摩尔吸光系数、载流子的分离和电荷收集效率是提高电池短路电流的有效方法。

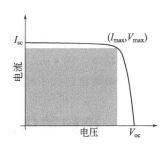

图 2.1　太阳能电池电流密度-电压（I-V）曲线示意图

2.3.2　开路光电压

在标准光照强度下，太阳能电池处于断路时的电压称为开路光电压（open-circuit photovoltage，V_{oc}），它的数值对应着电池器件电流曲线与横坐标的交叉点，单位是 V（伏特）。理论上，有机太阳能电池的开路电压由给体材料的 HOMO 能级和受体材料的 LUMO 能级之间的差值决定。一般而言，其能级差越大，电池的开路电压和光电转换效率就越大，如何提升开路电压也是目前有机太阳能电池的研究热点之一。实验测得的开路光电压一般会低于理论值，这是因为器件中会发生激子复合，使自由电荷的数量减少。因此想要获得较高的电池 V_{oc}，需要尽量降低器件中激子的复合概率。

2.3.3　填充因子

在一定负载下电池最大输出功率（P_{max}）与光电流密度（J_{sc}）和开路光电压（V_{oc}）乘积的比值即为填充因子（fill factor，FF）。它主要受电池活性层材料的载流子迁移率和电池串联电阻的影响。由于太阳能电池中有机半导体材料迁移率较低，导致电池的串联电阻较高，因此电池器件的填充因子也较低。填充因子是衡量电池光电性能的重要参数之一，其表达式为：

$$FF = \frac{P_{max}}{J_{sc}V_{oc}} \qquad (2.1)$$

2.3.4 能量转换效率

衡量太阳能电池器件性能好坏的最终指标是能量转换效率（power conversion efficiency，PCE），它与光电流密度（J_{sc}）、开路电压（V_{oc}）、填充因子（FF）与入射光强度（P_{in}）相关，其数学表达式为：

$$PCE = \frac{J_{sc}V_{oc}FF}{P_{in}} \qquad (2.2)$$

2.3.5 光电转换效率

光电转换效率（incident photo to current conversion efficiency，IPCE）是描述入射单色光子-电子转换效率的物理量，定义为单位时间内外电路中产生的电子数与入射单色光子数之比，表达式为：

$$IPCE = \frac{1240J_{sc}}{\lambda P_{光}} \qquad (2.3)$$

式中，J_{sc} 为短路光电流密度，$A \cdot cm^{-2}$；λ 为入射单色光的波长，nm；$P_{光}$ 为入射单色光的功率，$W \cdot m^{-2}$。由于太阳能电池的光谱响应范围较窄，一般在太阳光（白光）下的光电转换效率要低于其吸收峰的单色光照射（实验室条件）下的光电转换效率。

2.4 染料敏化太阳能电池

染料敏化太阳能电池（dye-sensitized solar cell，DSSC）是一种以染料与无机半导体复合体系作为活性吸光材料，利用氧化还原反应把太阳能转化为电能的装置。染料敏化太阳能电池的研究历史可以追溯到 1972 年，当时以叶绿素作为光敏剂、以 ZnO 纳米颗粒作为光阴极来制备 DSSC 器件，电池成功地实现了 2.5% 的光电转换效率。1991 年，M. Grätzel 教授课题组首次使用纳米多孔晶体 TiO_2 作为电极，利用金属钌配合物作为光吸收材料，将 DSSC 的效率提升到 7.0%[1]。此后，随着新型光敏材料和电极材料的不断发展，染料敏化太阳能电池的光电转换效率达到约 15%。染料敏化太阳能电池因具有制造工艺简单、生产成本低、重量轻和光电转换效率优异等特性，被认为是最有应用前途的新型太阳能电池之一。

2.4.1 电池结构

如图 2.2 所示，染料敏化太阳能电池主要由半导体电极、染料、电解质和对电极四部分构成，这几部分通过透明氟掺杂氧化锡（FTO）或锡掺杂氧化铟（ITO）导电氧化物结合在一起。DSSC 器件的半导体电极多为多孔纳米结构材料，它们的主要功能是增加有效比表面积，提高纳米材料对染料的吸附量，从而达到吸收太阳光的目的，最常用的是 TiO_2 和 ZnO 纳米材料。染料是染料敏化太阳能电池的核心部分，直接决定电池的光电转换效率，因为它能有效地吸收太阳光并产生激子，最终产生光电流。理想的染料必须满足以下条件：①具有宽的吸收光谱和高的摩尔消光系数；②染料分子中含有锚定功能基团（譬如—COOH），确保染料能够牢固地吸附在多孔半导体电极上；③具有与半导体电极匹配的能带；④在电解液中能够快速再生从而避免激子复合；⑤在基态和激发态都有很好的光、热稳定性。在染料敏化过程中，DSSC 中的电解质负责染料的再生，同时电解质对器件的效率和长期稳定性有很大的影响。氧化还原电对 I^-/I_3^- 被认为是 DSSC 电解质的最佳体系，由于它们对纳米多孔 TiO_2 薄膜具有良好的渗透性，染料再生速度非常快。对电极也是 DSSC 的另一个重要组成部分，其主要作用是：在染料再生过程中，作为氧化还原反应的催化剂。最常用的对电极材料是金属铂，它具有优良的催化活性和稳定性，然而其资源稀缺导致价格昂贵。因此碳纳米管、导电聚合物以及一些过渡金属可替代的对电极材料近年来得到了广泛的关注。

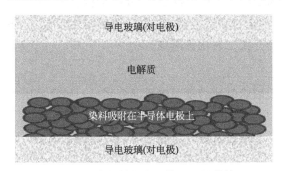

图 2.2　染料敏化太阳能电池的结构

2.4.2　电池工作原理

电池在产生光电流过程中，通常经历以下几个过程：光激发、电子注入、染料和电解质再生，工作原理如图 2.3 所示。首先，吸附在半导体薄膜上的染料吸收入射的太阳光，由基态跃迁到激发态，形成激发态染料（S^*），如图中式（1）所示。由于材料的能级不同，这种处于激发态的染料可以将光生电子注入半导体 TiO_2 的导带中［式（2）］，注入的电子通过外部电路到达对电极被收集，而此时的染料自身带正电荷（S^+）。电解质中的 I^- 使氧化态的染料迅速再生回基态 S［式（3）］，同时自身变成氧化态 I_3^-，随后扩散到对电极上，得到光生电子被重新还原回 I^-［式（4）］，自此完成光生电流的全过程。

$$S + h\nu \longrightarrow S^* \text{（光激发）} \qquad (1)$$

$$S^* \longrightarrow S^+ + e^-_{\text{注入}} \text{（电子注入）} \qquad (2)$$

$$2S^+ + 3I^- \longrightarrow 2S + I_3^- \text{（染料再生）} \qquad (3)$$

$$I_3^- + e^-(TiO_2) \longrightarrow 3I^- + TiO_2 \qquad (4)$$

图 2.3　光生电流的平衡式（工作原理）

2.4.3　电池器件材料

染料敏化太阳能电池的结构可分为四部分：工作电极、染料、电解质和对电极。在透明导电基底上制备一层纳米多孔半导体薄膜，然后再将染料分子吸附在多孔膜的表面，这样就构成工作电极，通常称为光阳极。对电极一般是镀有一层铂的 FTO 导电玻璃，也可以用碳或其他金属代替。工作电极和对电极之间充满电解质，电解质可以是液态、准固态或固态的。

2.4.3.1 光阳极

光阳极材料通常由纳米多孔半导体氧化物（如 TiO_2、ZnO、SnO_2）制成，光阳极与光吸收、电子注入和电子收集有关。纳米结构的金属氧化物作为染料吸附的基质和光生电子传输的通道，对电池效率的提高起着非常重要的作用。理想的纳米结构半导体应具有大比表面积的介孔形貌结构，这种结构有利于提高染料的吸附量，能够显著增大电池的短路电流。纳米结构 TiO_2 具有光稳定性好、比表面积较大以及生产成本低等特点，目前是 DSSC 应用最广泛的光阳极材料。在典型的 DSSC 器件中，TiO_2 颗粒的尺寸约为 20nm，通常使用丝网印刷或刮涂技术在 FTO 衬底上沉积一层纳米 TiO_2 薄膜，然后在 450～550℃ 下退火，去除有机添加剂得到互连良好的介孔二氧化钛薄膜。

2.4.3.2 对电极

对电极是染料敏化太阳能电池的重要组成部分之一。通常采用热解、溅射和气相沉积等方法在 FTO 玻璃上镀一层金属铂，其电荷转移电阻小于 $1\Omega \cdot cm^2$。然而，铂的稀有特性也促使其他非铂对电极材料的迅速发展和广泛应用，如石墨、炭黑、碳纳米管和导电聚合物聚（3，4-亚乙基二氧噻吩）等。Michael Grätzel 等人发现 CoS 是一种非常适用于 DSSC 的对电极材料。与 Pt 相比，CoS 显示出更高的电催化活性和较低的电荷转移电阻。利用钌吡啶配合物光敏剂和离子液体电解质，基于 CoS 作为对电极的电池可取得 6.5％ 的光电转换效率。稳定性研究发现，在温度为 60℃ 和持续光照 1000h 的情况下，电池还能维持最初效率的 85％，显示出优异的光和热稳定性[2]。

2.4.3.3 电解质

染料敏化太阳能电池的电解质一般分为液体、离子液体和固体三种形式。自 Michael Grätzel 首次报道以来，I^-/I_3^- 体系作为氧化还原电对在 DSSC 中得到了广泛的应用，效率达到 13％ 以上。然而，I^-/I_3^- 液体电解质容易挥发和泄漏，导致电池的稳定性较差。近年来，室温离子液体因其自身可忽略的蒸气压、高的离子电导率以及良好的化学稳定性等优势引起了研究人员的极大兴趣，能够很好地替代挥发性液态电解质。如用烷基取代咪唑碘化物制得的离子液体电解质，其 DSSC 光电转换效率高达 6.3％，此外，长期稳定性研究发现，在连续光照 1500h 后，电池仍能保持 6％ 的效率[3]。固体电解质也是当前研究的热点，如有机小分子空穴材料和聚合物，其固态特性可以很好地解决液体电解质挥发引发的稳定性问题。如三芳胺类有机小分子空穴传输材料和聚（3-烷基噻吩）（如 P3HT）等固态电解质已经在染料敏化太阳能电池中得到广泛应用。在所有固态电解质中，Spiro-OMeTAD 因具有优良光电性能而成为应用最广泛的空穴传输材料，基于其制备的电池效率已超过 8％。然而，基于固体电解质的 DSSC 的效率仍然低于液态电解质电池，这可能是由于：①有机固体材料的导电率较低；②固体材料未完全渗透到介孔 TiO_2 电极的孔中；③界面电荷复合过快。

2.4.3.4 染料敏化剂

染料敏化剂是 DSSC 中将入射光转换成光电流的重要组成部分，它的性能直接决定电池的光电转换效率。理想的敏化剂通常需要具备以下特性：①具有较强、较宽的太阳光吸收谱以及高摩尔消光系数，特别是在近红外区域，以便尽可能多地捕获光子。②必须有能够牢固地吸附到半导体光阳极的功能基团，如羧基、磷酸基等。③敏化剂的 LUMO 能级必须高于半导体光阳极的导带顶能级，才能有效地将激发染料的电子迅速注入电极的导带。④敏化剂的 HOMO 能级必须低于电解质的氧化还原电位，以保证氧化态敏化剂获得电子进行有效再生。⑤具有良好的光热稳定性。

目前光敏剂主要分为金属配合物染料和有机染料。

（1）多吡啶金属钌配合物染料敏化剂

金属钌配合物染料因其具有宽吸收光谱、长的激发寿命和化学稳定性等特性被广泛研究。迄今为止，多吡啶金属钌（Ⅱ）配合物（如图 2.4 所示）是 DSSC 中最成功的一类染料敏化剂：金属离子 Ru（Ⅱ）为中心，联吡啶或二吡啶为辅助配体，可以通过不同的取代基如烷基、芳基和杂环单元来调节辅助配体，达到调节敏化剂光电性质的目的。1993 年，Michael Grätzel 等人在染料分子中引入—SCN 等基团，合成了一个带有四个羧基的金属钌配合物染料敏化剂 N3。研究发现该敏化剂具有宽的可见光吸收光谱，300～800nm 有很强的吸收、足够长的激发态寿命和在 TiO_2 表面强的吸附性，基于 N3 染料的太阳能电池取得了 10% 的光电转换效率[4]。为了进一步提高 DSSC 的效率，需要将敏化剂的吸收光谱扩展到近红外区域。因此，Michael Grätzel 等人设计了名为 N749 的"黑色染料"，其中钌中心外围连接三个硫氰酸盐配体和三个羧基取代的三吡啶配体。在 AM 1.5G、100mW·cm^{-2} 的辐照下，电池的 IPCE 光谱可以扩展到 920nm 的近红外区，光电转换效率提高到 10.4%[5]。Wang 等人[6] 报道了一类高摩尔消光系数的多吡啶钌敏化剂 C101，其特征是以烷基噻吩作为辅助配体。在 AM 1.5G 光照下，采用 I^-/I_3^- 作为电解质的电池获得了 11% 的光电转换效率。研究发现，由于敏化剂本身具有高的摩尔消光系数，光阳极二氧化钛薄膜的厚度可以减小，从而有利于提高电荷收集效率，同时可降低电荷复合概率。

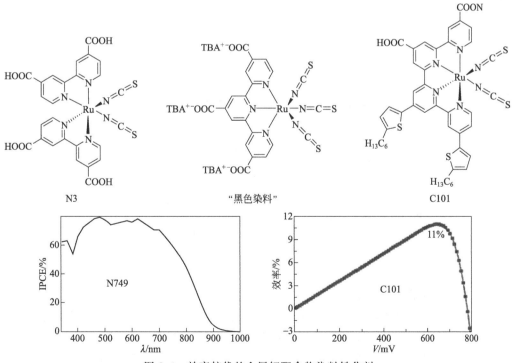

图 2.4　效率较优的金属钌配合物染料敏化剂

（2）卟啉类染料敏化剂

卟啉类化合物在 400～450nm（Soret 带）和 500～700nm（Q 带）之间具有较好的光谱

吸收，同时电荷分离寿命较长以及化学、光和热稳定性良好，这些性质表明卟啉是一类很有应用前景的染料敏化剂（图 2.5）。1993 年，Kay 等人首次把铜卟啉 P1 应用在染料敏化太阳能电池中，取得了 2.6％的光电转换效率且 IPCE 超过 80％[7]。在随后的十几年中，卟啉作为 DSSC 敏化剂的开发几乎没有进展。直到 2007 年，Michael Grätzel 等人合成了一种锌卟啉 P2，在共吸附剂 chenodeoxycholic acid（CDCA）存在下，电池取得了 5.6％的效率[8]。共吸附剂的使用为提高 DSSC 的效率提供了一个良好的思路。与金属钌配合物染料敏化剂相比，卟啉类染料容易在 TiO$_2$ 膜聚集，从而引起电池效率降低。为了解决卟啉的聚集问题，Diau 等人在卟啉环的中间位置引入了大位阻基团 3,5-二叔丁基苯基和长烷基链，合成了 YD2。与 CDCA 共吸附后，基于 YD2 的器件效率进一步提高到 6.8％[9]。2020 年，Xie 等人[10] 通过共价桥联方法把卟啉与有机小分子连接在一起，合成了具有对光吸收互补特性的 XW61。基于 XW61 与 CDCA 共吸附的 DSSC 器件取得了 12.4％的效率，是当时 I$^-$/I$_3^-$ 作为电解质的染料敏化太阳能电池的最高值。

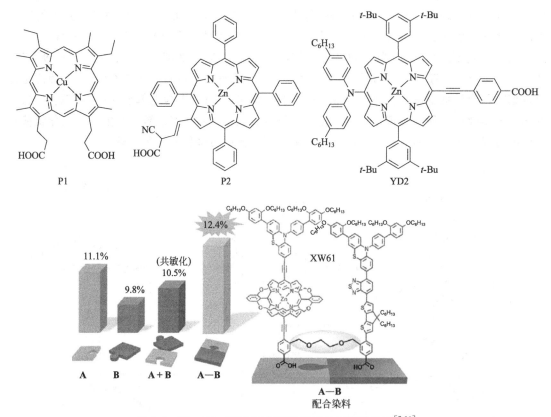

图 2.5 P1、P2、YD2 和 XW61 卟啉类染料敏化剂[7-10]

（3）有机小分子染料敏化剂

为了降低染料敏化太阳能的制备成本，研究人员开发了大量的有机小分子染料敏化剂来替代昂贵的金属钌配合物，并取得了显著的效果。与钌配合物敏化剂相比，有机小分子敏化剂具有成本低、易于合成以及摩尔消光系数高等优点。一般说来，有机小分子染料敏化剂由电子给体（donor，D）、π 共轭中心（π-conjugation）和电子受体（acceptor，A）构成，简称为 D-π-A 结构。D、π 和 A 单元可进行任意改变，从而获得具有不同吸收光谱特性、不同能级以及不同光电性能的敏化剂。三苯胺及其衍生物具有良好的给电子能力和空穴传输能力，在染料敏化太阳能电池中得到了广泛的研究。Yanagida 等人[11] 首次将三苯胺单元作为给电子基团引入有机小分子光敏剂中，合成结构简单的染料 2b（结构如图 2.6 所示），应用在 DSSC 中取得了 5.3％的光电转换效率。为了进一步提升基于三苯胺类光敏剂的光电性能，Tian 等人[12] 通过在三苯胺的外侧引入电子给体基团，合成了一种具有 D-D-π-A 结构的新型三苯胺类敏化剂 S4。研究发现：电子给体单元的引入能使电池的吸收光谱红移、摩尔消光系数增大，同时可以有效抑制分子间的聚集，提高太阳能电池的稳定性。基于 S4 的 DSSC 器件取得了 6.02％的光电转换效率。Ko 等人[13] 开发了一种基于二甲基芴的三苯胺衍生物作为供电子基团的敏化剂 JK2，与简单的三苯胺相比，JK2 在光照下展现良好的光稳定性。此外，JK2 的非平面结构可以有效地抑制分子在 TiO_2 膜上的聚集，其光电转换效率为 7.63％。2010 年，Wang 等人[14] 将烷氧基和亚乙基二氧基噻吩引入分子中得到染料 C219。敏化剂在氯仿中具有 300～780nm 的宽吸收带，493nm 处摩尔消光系数高达 $57.5×10^3 mol \cdot L^{-1} \cdot cm^{-1}$，其光电转换效率超过 10％。更重要的是，基于这种新型染料的电池在离子液体电解质中可获得 8.9％的效率，非常有利于室内的大规模应用。

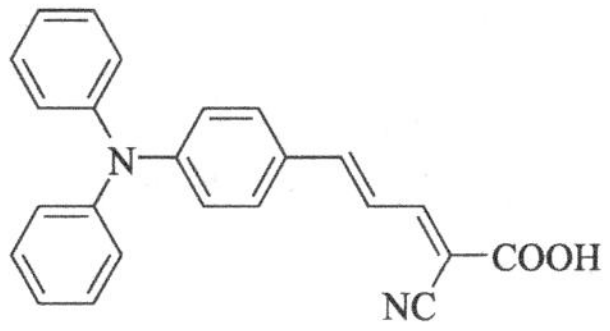

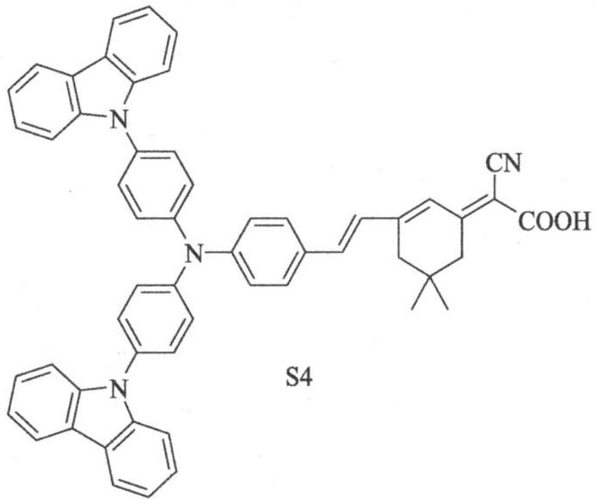

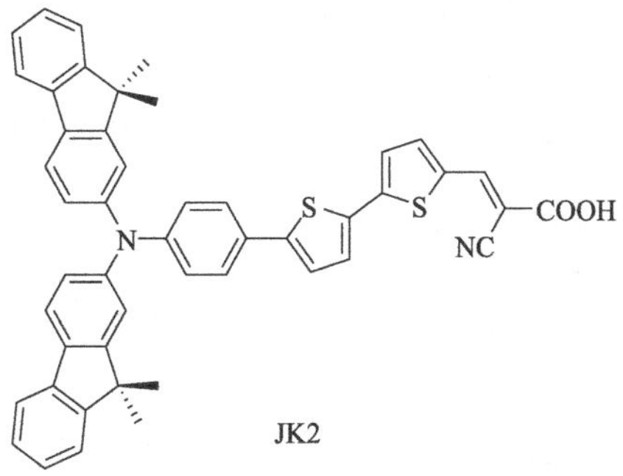

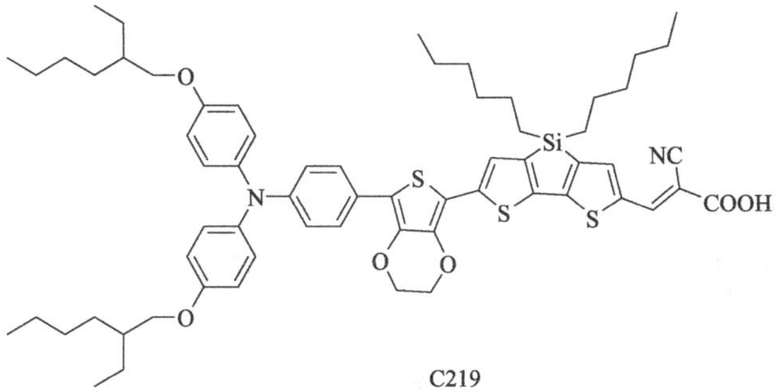

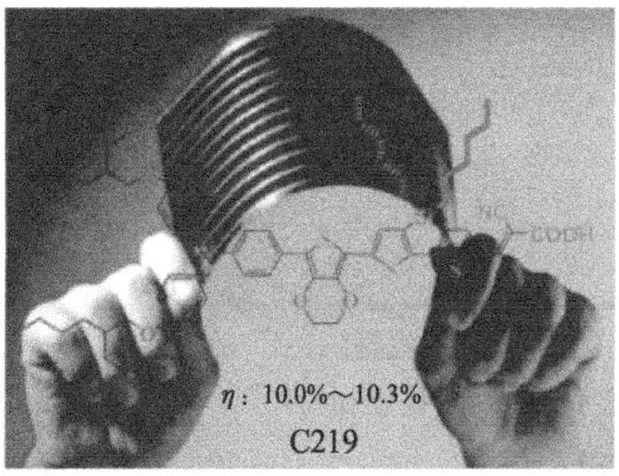

图 2.6　三苯胺类有机小分子染料敏化剂[11-14]

染料敏化太阳能电池由于制备工艺简单，制造成本低廉，近年来成为太阳能电池领域的研究热点。目前 DSSC 的光电转换效率还远低于其理论值，高效染料敏化剂的设计与合成对提高 DSSC 的效率具有重要的意义。染料敏化剂对整个太阳能电池的效率及长期稳定性起着关键性的作用，目前所研究的光敏剂对太阳光的吸收光谱较窄，限制了电池电流的提高，因此开发新型的近红外光谱光敏剂，拓宽光敏剂的光谱响应到近红外区才能进一步提高染料敏化太阳能电池的光电转换效率。

2.5 聚合物太阳能电池

有机聚合物太阳能电池（polymer solar cells）是一种主要基于聚合物给体材料和受体材料形成异质结吸收太阳光从而实现光电转换的光伏器件，这种电池具有易于制造、低成本、可大面积生产、机械灵活性以及性能优异等优点，展现出巨大的商业应用前景，近年来引起了学术界和工业界的广泛关注，其器件结构的发展也经历了不同阶段（图 2.7）。1982年，Weinberger 等人首次将导电聚乙炔应用到单层结构聚合物太阳能电池（肖特基电池）中，取得了 0.30% 的光电转换效率。单层电池结构即是聚合物活性吸光层置于两个不同功函数的电极之间，其中低功函数的电极一般为金属，高功函数的电极一般为透明的导电玻璃ITO。1986 年，邓青云博士首次制备出了基于给体-受体的双层异质结有机太阳能电池器件，由于材料的电子/空穴迁移率低、激子较短以及载流子复合严重，该器件的光电转换效率只有 1%[15]。在双层异质结电池中，给体材料和受体材料复合层分别排列于两个电极之间，从而形成给体-受体双异质结界面。随后研究人员将 MEH-PPV 与 C_{60} 衍生物按一定比例混合形成给体-受体异质结网络状的活性吸光层，使用氧化铟锡（ITO）和钙（Ca）作为电极，有效提高了载流子收集效率和器件性能。自此，聚合物太阳能电池的发展进入了本体异质结器件时代。在本体异质结器件中，给体和受体在整个活性层范围内充分混合，每个给体/受体界面处即形成一个异质结，分布于整个活性层薄膜中，因此本体异质结器件中激子解离效率较高，激子复合概率大大降低。与此同时，研究者发现在活性吸光层与电极之间引入界面

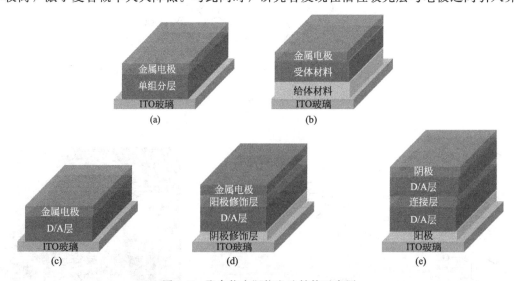

图 2.7　聚合物太阳能电池结构示意图
(a) 单层电池；(b) 双层异质结电池；(c) 体异质结电池；(d) p-i-n 结构电池；(e) 叠层结构电池

修饰层（阴极修饰层和阳极修饰层），可以有效提高聚合物太阳能电池的光电转换效率。目前体相异质结结构是研究最广泛和光电转换效率最高的聚合物太阳能电池结构，单节电池器件的效率已经超过了 17%。为了克服有机吸光层吸收强度较弱和吸收窄的问题，研究人员开发了叠层结构的有机太阳能电池，它是将两个或两个以上的单个器件以串联的形式制成一个器件，从而最大程度地吸收太阳光，可以有效提高太阳能电池的光电压和效率。

2.5.1　电池工作原理

聚合物太阳能电池一般利用聚合物作为给体材料，富勒烯或非富勒烯类有机材料作为受体材料，其工作原理如图 2.8 所示。具体的光电转换步骤如下：①光子吸收导致激子产生；②激子扩散到给体/受体异质结，并在异质结处解离形成自由电荷；③电荷在活性层传输；④电荷被电极收集。

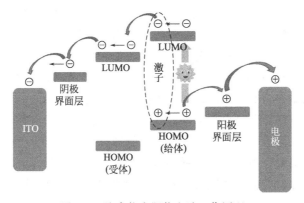

图 2.8　聚合物太阳能电池工作原理

激子产生：当太阳光照射到聚合物太阳能电池器件时，活性层中的给体材料吸收相应波长的光子，半导体中的电子被激发从 HOMO 能级跃迁至 LUMO 能级，而在 HOMO 轨道上留下一个空位，即为空穴。由于有机半导体材料通常具有较低的介电常数，局域电子与空穴之间存在强大的库仑引力，产生的束缚电子-空穴对称为激子。一般来说，材料对光子的吸收效率越高，产生的激子就越多，因此，激子的产生是聚合物太阳能电池取得高效率关键性的一步。

激子扩散与解离：室温下，由于有机材料对激子的束缚较弱，大量激子将扩散到给/受体材料界面处，在内建电场的作用下发生分离，从而形成自由移动的载流子。激子在复合前能扩散的距离叫作激子扩散长度，一般有机半导体的激子扩散长度较短，只有几十纳米。在该扩散长度内，若激子未能到达异质结进行下一步解离，便会发生复合和猝灭。

电荷传输：载流子在给/受体界面解离后，在内部电场作用下，电子将向阴极传输，空穴向阳极传输。传输的主要驱动力来自两方面，一是电池内部的渐变电场，二是器件内部自由电荷浓度。其中渐变电场主要由太阳能电池中两个电极的功函数决定。当施加外部电压时，载流子沿着太阳能电池的内部电场朝向各自的电极移动。器件中载流子输运的一个驱动力是自由电荷浓度梯度，因为载流子倾向于从高浓度区域向低浓度区域扩散。例如，在界面附近受体 LUMO 能级中的电子由于浓度较大，倾向于向受体内浓度较低的区域扩散，逐渐接近电极。类似地，浓度较高的界面附近空穴由高浓度区域向低浓度区域扩散，逐渐接近电极。此外，材料的迁移率也是决定电荷输运的一个关键因素。由于有机材料中的空穴和电子迁移率通常较低，载流子运输时会发生复合导致电池较低的光电流，因此，设计高迁移率的材料是提高有机聚合物电池性能的有效方法。通常电子的迁移率高于空穴，因此电子传输到阴极的速率快于空穴到达阳极的速率，电子容易积聚在阴极界面附近的活性层中，产生空间电荷效应，不利于电荷收集从而影响电池转换效率。因此，要实现高效的太阳能电池，需要平衡的空穴和电子迁移率。

电荷收集：最终，载流子将被相应的电极所收集，其中电子被阴极收集，空穴被阳极收集，从而形成光电流。为了实现高效率的载流子收集，理想的情况是阳极的功函数与给体HOMO 能级相匹配，而阴极的功函数与受体 LUMO 能级相匹配。

2.5.2 电池活性层材料

聚合物太阳能电池一般采用三明治夹心结构，光活性层夹在透明电极和金属电极之间，通常电池的光活性层是由 p-型共轭聚合物（电子给体）与 n-型半导体材料（电子受体）共混制得，是高性能聚合物太阳能电池的关键组成。理想的活性材料需要具备如下特征：①为了更好地利用太阳光，活性层材料需要具有宽吸收带和较高的摩尔消光系数。②为了电荷能够有效地分离，给体材料的 HOMO 和 LUMO 能级需要比受体材料高 $0.2 \sim 0.3 \mathrm{eV}$。如果能级相差太小，电荷很难得到有效分离；如果能级相差太大，电池的能量损失严重。③较高的给体和受体载流子迁移率，也是提高太阳能电池效率的关键。④良好的溶解性、成膜性和化学稳定性。在聚合物太阳能电池中应用最广泛的给体材料有聚噻吩类衍生物、苯并噻二唑类聚合物和苯并二噻吩类聚合物等；受体材料可分为富勒烯 C_{60} 及其衍生物和非富勒烯受体材料，其中非富勒烯受体材料包括酰亚胺类和 A-D-A 型电子受体材料。

2.5.2.1 电子给体材料

（1）聚噻吩类衍生物

在众多的共轭聚合物中，聚噻吩类衍生物（图 2.9）如聚（3-己基噻吩）（P3HT）是研究最多的共轭聚合物。它具有独特的半晶态结构和高空穴迁移率，能够与富勒烯类受体如PCBM（[6,6]-苯基 C_{61} 丁酸甲酯）具有良好的混合比，目前基于 P3HT/PCBM 的电池效率已经突破 10%。尽管 P3HT 表现出了良好的光伏特性，但是这种聚合物的吸收光谱较窄（$300 \sim 480 \mathrm{nm}$），不利于获得更好的光电性能。因此，开发二维共轭聚噻吩被认为是拓宽吸收的一条可行的途径。Li 等人[16] 设计合成了一种含二（噻吩乙烯基）侧链的二维共轭聚噻吩给体材料 biTV-PTs，与 P3HT 相比，二维共轭聚噻吩展现出更宽的光吸收波长范围（$350 \sim 650 \mathrm{nm}$）。基于二维共轭聚噻吩的电池取得了 3.18% 的光电转换效率，比基于 P3HT的器件提高了 38%。另一种降低 P3HT 带隙和拓宽光吸收范围的策略是合成聚（3-己基硒

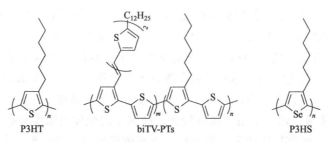

图 2.9 聚噻吩类衍生物的分子结构

吩）（P3HS），Ballantyne 等人[17] 合成了这种聚合物并将其应用于聚合物太阳能电池。这种新聚合物具有更小的带隙（1.6eV），比 P3HT（1.9eV）更低，因此 P3HS 对光的吸收可以扩展到 760nm，有利于电池电流的提高，与 PCBM 共混的器件电流达到约 $10mA \cdot cm^{-2}$，高于 P3HT 的器件（约 $5mA \cdot cm^{-2}$）。

（2）苯并噻二唑类聚合物

2,1,3-苯并噻二唑（BT）基是一种缺电子基团，广泛用来构筑具有 D/A 结构的共轭聚合物（图 2.10），这类聚合物给体材料已被广泛研究并显示出优异的光伏性能。众所周知，噻吩是一种典型的富电子物质，因此噻吩衍生物作为供电子物质被广泛用来合成共轭聚合物。PCPDTBT 是第一个成功应用于聚合物太阳能电池的基于 2,1,3-苯并噻二唑的低带隙聚合物。它具有强而宽的近红外区吸收光谱和良好的空穴迁移率。最初，PCPDTBT/PCBM 活性层电池器件的效率约为 3.2%。随后，用二碘辛烷 DIO 作为添加剂对活性层的形貌进行了优化，电池的效率提高到约 5%，其原因是 PCBM 在 DIO 中的溶解度较好，可避免 PCBM 结晶现象的发生[18]。为了开发更高效的给体材料，可在 BT 基的 4 位和 7 位上引入噻吩设计合成 DTBT，基于 DTBT 的共轭聚合物具有优异的光伏性能。Marks 等人[19] 合成了一种基于 DTBT 的 D-A-D-A 结构的聚合物 PBTATBT-4f。研究发现聚合物的光伏性质可以通过改变聚合物中氟原子的数量来调节。在无添加剂情况下，基于 PBTATBT-4f/Y6 体异质结太阳能电池获得了 16.08% 的光电转换效率。PBTATBT-4f/Y6 活性层的电子与空穴迁移率具有很好的平衡，有利于降低电荷复合概率，从而提高电池的光电流和填充因子。

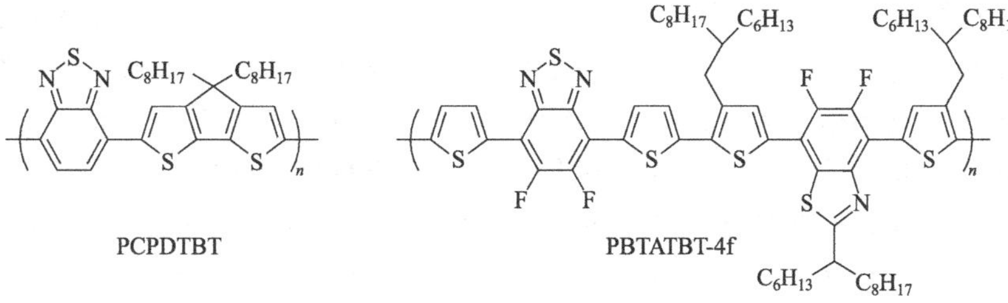

图 2.10　苯并噻二唑类聚合物的分子结构

（3）苯并二噻吩类聚合物

苯并[1,2-b:4,5-b′]二噻吩类聚合物具有良好的对称、平面共轭结构，空穴迁移率以及成膜性，应用于聚合物太阳能电池中表现出优异的光电性能。共轭聚合物的带隙和分子能级对提高电池的光伏性能具有重要意义，调整这些参数的常见方法是改变共轭聚合物的分子结构，如在苯并二噻吩的苯环上引入不同的侧链取代基如烷氧基、烷基和烷基噻吩等（图 2.11）。2008 年，Hou 等人[20] 首次设计合成了基于苯并二噻吩的聚合物。研究发现，器件的 V_{oc} 和电子给体材料的 HOMO 能级与受体材料 PCBM 的 LUMO 能级之间的能带台阶成正比。聚合物 PBDTTPZ 具有强而宽的吸收带，但基于 PBDTTPZ/PCBM 的器件仅仅只有 0.2V 的电压，主要是由于 PBDTTPZ 的 HOMO 能级太高，与受体材料 PCBM 能级不匹配，这意味着材料拥有合适的能带和 HOMO 能级对电池的性能具有重要影响。自此工作发表后，越来越多基于苯并二噻吩的聚合物被开发，如 PBDTFTAZ 和 PBTTT-C-T，应用于聚合物太阳能电池中取得了较好的光电性能。

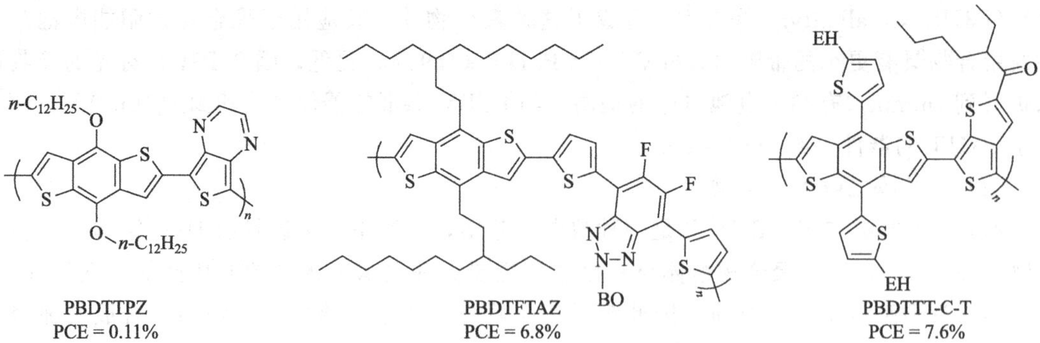

PBDTTPZ
PCE = 0.11%

PBDTFTAZ
PCE = 6.8%

PBDTTT-C-T
PCE = 7.6%

图 2.11　苯并[1,2-b;4,5-b′]二噻吩类聚合物的分子结构

2.5.2.2　电子受体材料

只有具有匹配能级、较强的电子接受能力、较高的电子迁移率和良好的溶解性和成膜性等性能的材料才可作为聚合物太阳能电池的电子受体材料。目前常见的电子受体材料包括富勒烯衍生物、苝二酰亚胺类和 A-D-A 结构有机小分子等。

（1）富勒烯衍生物

富勒烯 C_{60} 具有良好的对称结构和电子迁移率，一个 C_{60} 分子最多可以接受 6 个电子，因此，C_{60} 及其衍生物可用作电子受体材料。然而，C_{60} 在大多数有机溶剂中溶解性较差，在制备电池中容易造成给体/受体混合物严重的相分离，从而导致电池的效率较低。为了解决 C_{60} 溶解性差的问题，研究人员开发了两个富勒烯衍生物 $PC_{61}BM$ 和 $PC_{71}BM$（结构如图 2.12 所示），它们不仅具有良好的溶解性，而且还保留了 C_{60} 结构的强电子吸收能力和高电子迁移率，能够进行三维电子传输以及与给体材料形成均匀薄膜，达到平衡电荷传输的效果。目前这两个富勒烯衍生物已经成为主要的电子受体材料，基于富勒烯活性层光伏器件的光电转换效率已经超过了 11%。尽管富勒烯受体展现出良好的光电性能，但是它们也存在一定的局限性。首先，富勒烯材料本身在太阳光谱可见区域的吸收不强。同时，它们的合成较为复杂，很难通过化学合成来大幅度调节它们的光电特性。而且在制备电池器件时发现，富勒烯薄膜在空气中的光稳定性较差。因此，开发新型可替代富勒烯的受体材料是非常必要的。

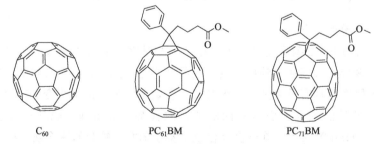

C_{60}　　　　$PC_{61}BM$　　　　$PC_{71}BM$

图 2.12　富勒烯衍生物电子受体材料的分子结构

（2）苝二酰亚胺类

在非富勒烯受体材料中，苝二酰亚胺（PDI）类受体材料由于具有良好的电子迁移率，高电子亲和力、易于调控的低 LUMO 能级，在可见光区有较宽吸收和卓越的光、热稳定性等特性，很早就作为受体材料（图 2.13）被广泛研究。Brunsveld 等人[21] 在 PDI 单体的 bay 位引入具有不同长度烷基链的苯环，合成了受体材料分子 a1，系统地研究了不同烷基对

光电性能的影响。研究表明：烷基链长度对材料光吸收性能和电化学性能影响不大，但对电池的光伏性能影响明显。其中，基于最短烷基链的 4-PP-PDI 分子具有最好的光伏性能，太阳能电池效率为 0.77%。对于聚合物太阳能电池而言，PDI 单体具有很强的聚集性，无法实现激子的有效分离。因此，在 PDI 分子中引入位阻功能基团能使分子发生扭曲，从而有效抑制 PDI 分子的聚集。Duan 等人[22] 以三嗪为核心单元来合成具有 3D 扭曲结构的三聚体受体 Ta-PDI，研究发现此结构相比于 PDI 单体具有更高的电子迁移率。基于 Ta-PDI/PTB7-Th 的电池器件取得了 9.18% 的效率。利用同样的策略，Yan 等人[23] 以四噻吩基苯为核心，分别与四个 PDI 单元连接得到受体材料 FTTB-PDI4，该分子在性能上表现优异，如与给体材料具有更匹配的能级、更强的光吸收能力以及更高的电子迁移率，最终电池器件仅有 0.53V 的电压损失，效率高达 10.58%。

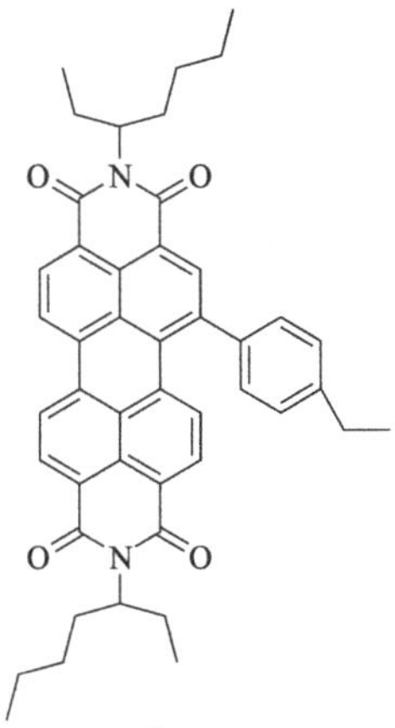

al

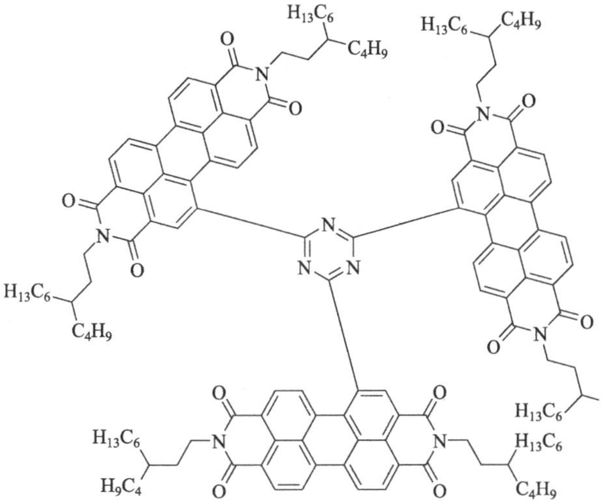

Ta-PDI

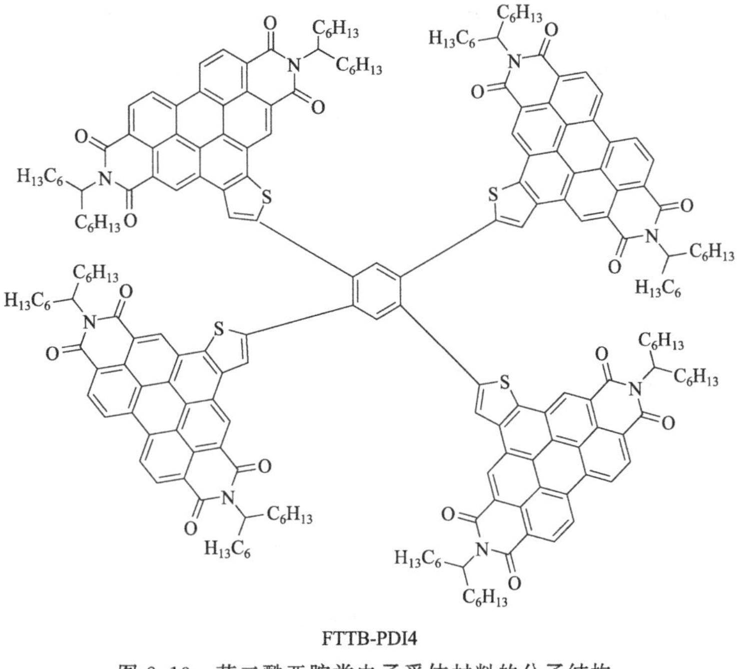

FTTB-PDI4

图 2.13　苝二酰亚胺类电子受体材料的分子结构

（3）A-D-A 结构有机小分子

A-D-A 结构有机小分子非富勒烯受体具有如下优势：①在可见区吸收光谱宽且强，由于分子内电荷转移强，光吸收很容易调至近红外区；②分子能级容易通过材料的分子结构修饰来调控；③能量损失较低，有利于提高电池的 V_{oc}。近几年来 A-D-A 结构非富勒烯受体材料（图 2.14）发展很快，其相关电池效率已经超过 17%。Wu 等人[24] 设计合成了一个 A-D-A 型平面电子受体材料 IDT-2BR。化合物 IDT-2BR 在 300～800nm 段表现出强吸收，有利于 IDT-2BR 和给体材料 P3HT 的互补吸收。与 PC$_{61}$BM 相比，IDT-2BR 具有较高的 LUMO 能级和电子迁移率。基于 IDT-2BR 的电池效率可以达到 5.12%，高于基于 PC$_{61}$BM 的器件效率（3.71%）。A-D-A 型受体材料的侧链能够有效地调节电池的相关性能。Zhao 等人[25] 合成了一个含噻吩基的电子受体材料 ITIC-Th，研究表明，噻吩基侧链可以提高纳米尺度的分子有序性，此外分子间存在 S-S 相互作用，有利于电子传输。最终，基于 PDBT-T1/ITIC-Th 的电池取得了高达 9.6% 的效率。Zhou 等人[26] 通过引入具有高迁移率的缺电子单元苯并噻二唑来替代稠环中心的苯并三氮唑，并用并噻吩取代稠环末端的噻吩来调控材料的电子迁移率和进一步拓宽材料的光谱吸收范围，这样得到的非富勒烯受体 Y6 具有较强的光吸收和较窄的带隙（1.33eV）以及优异的电子迁移率，基于 Y6 制备的单结太阳能电池取得了 15.7% 的能量转换效率，这一研究成果对单结有机太阳能电池的研究具有极其重要的推动作用。

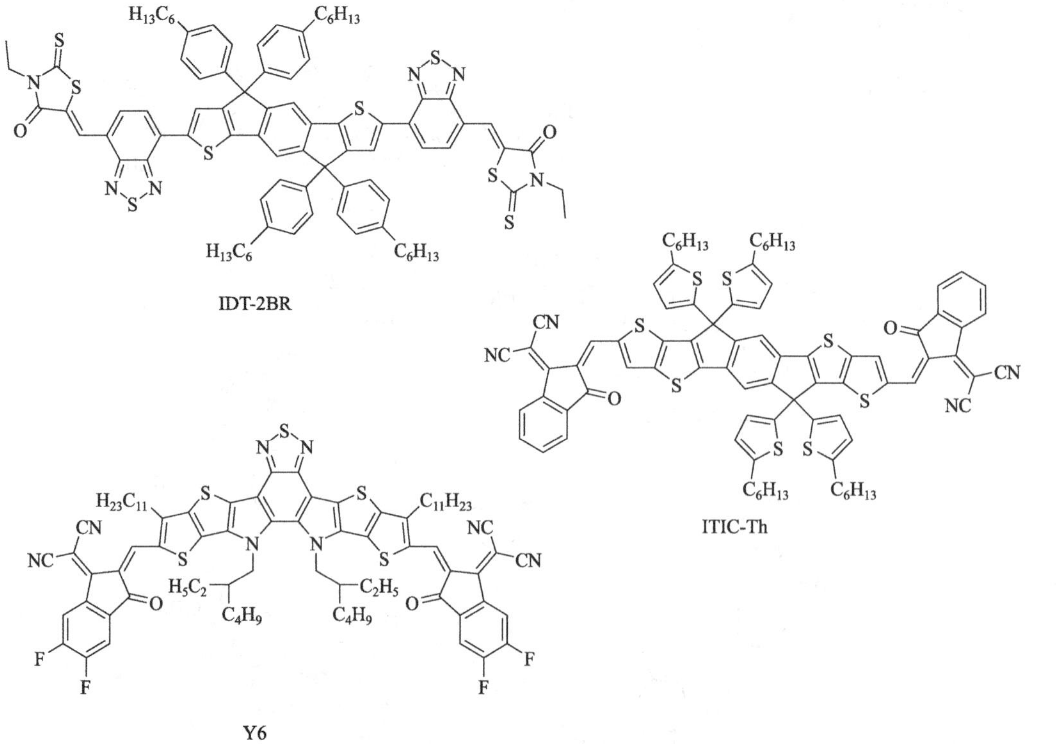

IDT-2BR

ITIC-Th

Y6

图 2.14　A-D-A 结构非富勒烯受体材料的分子结构

在过去的 20 年里，许多有机光伏给体材料和受体材料被设计、合成，并应用于聚合物太阳能电池中。然而尽管电池的光电转换效率已经超过了 17%，但目前聚合物太阳能电池仍存在活性层材料的光吸收范围窄、吸光系数较低、给/受体材料能级不匹配、载流子迁移率偏低和界面传输等问题，因此，开发性能优异的给体材料和受体材料仍是提高器件效率的关键。

2.6　有机-无机钙钛矿太阳能电池

近年来，钙钛矿太阳能电池因具有制作工艺简单、成本低、材料来源广泛、效率高等优势成为光伏研究的热点，得到了快速发展，实验室的最高能量转换效率从 2009 年的 3.8％提高到目前的 25.2％，可以与商业化硅基太阳能电池的性能相媲美，在 2013 年钙钛矿太阳能电池研究被 Science 期刊评选为年度十项重大的科学突破之一。在本节中，我们将对钙钛矿太阳能电池的结构、工作原理、基本组成及其发展现状等进行介绍。

2.6.1　电池结构

钙钛矿太阳能电池是由染料敏化太阳能电池演化而来的。2009 年，日本 Miyasaka 课题组首次将钙钛矿材料（$CH_3NH_3PbX_3$，X＝Cl、Br、I）应用到染料敏化太阳能电池中作为吸光材料，取得了 3.8％的光电转换效率，但是这种钙钛矿材料在液态电解质中极不稳定，电池几分钟后就会失效[27]。随后，为了提高电池的效率和稳定性，2012 年，Michael Grätzel 课题组利用有机固态空穴传输材料 $2,2',7,7'$-四[N,N-二（4-甲氧基苯基）氨基]-9,$9'$-螺二芴（Spiro-OMeTAD）来代替液态电解质，使电池的光电转换效率提高到了 9.7％，并且 500h 后电池的效率衰减很小，大大改善了钙钛矿太阳能电池的稳定性[28]。这是介孔钙钛矿太阳能电池首次被报道，实现了钙钛矿太阳能电池的突破性进展，也促使钙钛矿太阳能电池成为光伏领域的研究新热点。随后，H.J.Snaith 课题组用绝缘的介孔 Al_2O_3 纳米颗粒代替介孔 TiO_2 纳米颗粒，电池获得了高达 1.13V 的开路电压和 10.9％的光电转换效率[29]，研究表明 Al_2O_3 骨架层能有效避免开路电压的损失。上述两个研究工作报道后，钙钛矿太阳能电池得到突飞猛进的发展，在短短几年时间里，成果很快超过了其他类型电池数十年的研究积累，介孔钙钛矿太阳能电池光电转换效率已经突破 25.2％。根据结构的不同，钙钛矿太阳能电池可分为介孔结构钙钛矿太阳能电池和平面异质结钙钛矿太阳电池，而平面异质结钙钛矿太阳能电池根据 ETL 和 HTL 层的组装顺序又分为正式结构和反式结构。各类钙钛矿太阳能电池的结构示意图如图 2.15 所示。

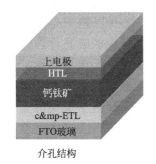
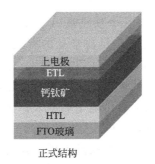
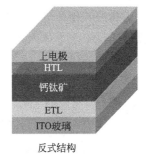

介孔结构　　　　　　　　　　正式结构　　　　　　　　　　反式结构

图 2.15　各类钙钛矿太阳能电池的结构示意图

2.6.2 电池工作机理

一般高效的钙钛矿太阳能电池包括电子传输层（electron transport layer，ETL）和空穴传输层（hole transport layer，HTL），钙钛矿活性吸光层置于 ETL 和 HTL 两层之间。钙钛矿太阳能电池的工作机理主要包括光吸收、电荷分离、电荷传输和收集几个过程。以 $FTO/TiO_2/$钙钛矿$/HTM/Au$ 结构的太阳能电池为例，其工作原理如图 2.16 所示：①首先，当钙钛矿活性层吸收太阳光被激发后，基态电子在光子的激发下从最高占有分子轨道 HOMO 能级跃迁到最低未占分子轨道 LUMO 能级上，产生一对自由电子和空穴；②产生的自由电子扩散到钙钛矿$/TiO_2$ 界面处，并注入 TiO_2 的导带里，自由电子在 TiO_2 层中传输并到达 FTO 电极，然后经外电路到达 Au 电极；③产生的空穴扩散到钙钛矿/空穴传输层界面，然后注入空穴传输材料的价带中。空穴在空穴传输层中传输并到达 Au 电极，在此处与自由电子结合，完成一个回路，最后形成光电流。

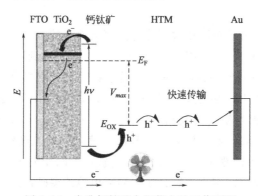

图 2.16　介孔钙钛矿太阳能电池工作原理

2.6.3 电池基本构成

2.6.3.1 钙钛矿材料

钙钛矿是一种具有独特性质的晶体材料，它是 1839 年由俄罗斯矿物学家 Perovskite 发现并命名的，其分子式是 $CaTiO_3$。后来，具有与 $CaTiO_3$ 相同晶体结构的材料都被统称为钙钛矿材料。有机-无机钙钛矿材料是从有机卤化物和金属卤化物盐结晶得到的，其化学通式为 ABX_3，其中 A 是有机阳离子，常见的有 Cs^+、$CH_3NH_3^+$ 和 $HC(NH_2)_2^+$ 等；B 是金属阳离子，如 Sn^{2+} 和 Pb^{2+}；X 是卤化物阴离子，即 I^-、Br^- 和 Cl^-。一般钙钛矿材料为立方体或八面体（图 2.17），立方体八个顶点被 A 占据，立方体的中心即晶胞中心由 B 占据，X 位于立方体六个面的面心位置。目前常见的有机-无机杂化的钙钛矿吸光材料包括 $MAPbI_3$、$FAPbI_3$、$MA_xFA_{1-x}PbI_{3-y}Br_y$、$Cs_xFA_{1-x}PbI_{3-y}Br_y$ 等。有机-无机钙钛矿材

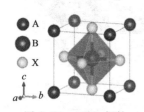

图 2.17　ABX_3 钙钛矿晶体结构图

料具备如下优势：①激子束缚能较小，光照后产生的激子在常温下便能分离成为自由电子和空穴；②钙钛矿材料有着近乎完美的晶体结构，可通过 100℃ 左右的低温工艺制备获得，使得制备成本显著降低；③钙钛矿材料载流子扩散长度可达到 $1\mu m$，这可以有效降低载流子复合，从而提升电池的光电转换效率；④载流子迁移率较高，这使得电子和空穴能够有效分离，从而抑制载流子的累积；⑤钙钛矿电池内部的电压损耗低，仅为 0.4eV 左右，开路电压能达到 1.2V

左右；⑥较宽的可见光谱响应范围，从 300～800nm 都有较强的光吸收。

当阳离子 A 和 B 被其他元素取代或者阳、阴离子的半径大小被改变时，钙钛矿的立方结构可以变成正交或菱形结构，从而导致钙钛矿光电性质和稳定性能发生变化。目前，甲基铵铅三碘化物 MAPbI$_3$ 是制备钙钛矿太阳能电池应用最广泛的活性吸光材料，它的能带为 1.5eV，在 500nm 处的吸收系数高达 1×10^5 cm^{-1}，比晶体硅高一个数量级，而且材料本身能够发生直接带隙跃迁，从而有利于光电转换。A 位的 MA 阳离子可以被甲脒（FA）阳离子取代，FA 阳离子半径比 MA 阳离子稍大，因此 FAPbI$_3$ 钙钛矿材料具有较高的钙钛矿容限因子和对称性，从而导致材料电子带隙减小和吸收光谱扩宽。由于 MAPbI$_3$ 对水分敏感，所以在空气中的稳定性较差。研究发现在 MAPbI$_3$ 材料中 X 位引入少量 Br^{-1} 或者 Cl^{-1}，可以显著提高 MAPbI$_3$ 材料的稳定性，因为 MAPbI$_{3-x}$Cl$_x$ 中 Cl^{-1} 半径较小，会导致晶格常数降低和结合常数增大，从而降低 MAPbI$_{3-x}$Cl$_x$ 对湿度、光照和温度的敏感程度。

到目前为止，研究人员已经开发了多种制备钙钛矿薄膜的方法，涉及真空和非真空方法。真空热蒸发法制备的钙钛矿薄膜通常具有良好的均匀性和再现性，然而这种方法需要在高真空和高温条件下进行，限制了其工业应用。非真空溶液法，如溶液旋涂法（包括一步法和两步法，如图 2.18 所示）[30] 是一种简单、低成本的制备方法，制备的钙钛矿薄膜具有较高的器件效率和良好的重现性，此方法在制作钙钛矿薄膜中应用广泛。其中一步溶液法因为制备工艺简单、设备要求低、制备时间短等优点应用最为普遍：将钙钛矿前驱液通过旋涂、刮涂或其他的成膜工艺沉积在玻璃基底上，然后通过加热促使溶剂挥发和钙钛矿晶化形成均匀的薄膜。然而较为迅速的溶剂挥发导致了前驱体之间的快速反应，从而导致钙钛矿晶体大小不均匀，薄膜出现大量针孔。这些大小不均的针孔会降低钙钛矿薄膜的覆盖率，严重阻碍空穴和电荷的传输，也导致器件出现较大的漏电流。针对这一问题，研究者采用调节前驱体和混合溶剂的比例、改变钙钛矿成膜基底，以及对钙钛矿薄膜进行掺杂优化处理等方法，在一定程度上降低钙钛矿薄膜的结晶速率，改善钙钛矿晶粒的分布和大小。譬如将 1,8-二碘辛烷引入钙钛矿前驱体溶液中，能够降低钙钛矿前驱体的反应速率，使钙钛矿薄膜成核更均匀，从而改善晶体的界面能以及钙钛矿层的表面粗糙度，同时可提高钙钛矿薄膜的覆盖率。两步溶液法首先需要在介孔电子传输层上面沉积一层几百纳米厚的碘化铅，然后将有机铵盐溶液旋涂在碘化铅薄膜表面，或者将碘化铅薄膜的基片浸泡在有机铵盐溶液中一段时间，最后退火烧结即可得到结晶性能良好的钙钛矿薄膜。两步法制备的薄膜覆盖率高、钙钛矿晶粒

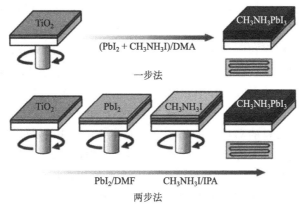

图 2.18　钙钛矿太阳能电池的两种典型的溶液沉积方法[30]

尺寸大。真空气相法是指通过热蒸发沉积的方法制备钙钛矿薄膜。双源共蒸的方法是将碘甲胺和碘化铅作为热蒸发源来制备钙钛矿薄膜，通过优化两个蒸发源的蒸发速率，可获得致密均匀且具有较高覆盖率的钙钛矿晶体薄膜。

2.6.3.2　电子传输层

为了实现钙钛矿太阳能电池的高效率和长期稳定性，开发性能优异的电子传输材料是非常重要的。理想的电子传输材料要具有高的电子迁移率、与钙钛矿材料相匹配的导带能级、较高的透光率、简单的制备工艺以及良好的稳定性。目前常用的电子传输材料为 TiO_2 纳米粒子，然而 TiO_2 电子传输层需要在 500℃高温下制得，不利于大规模工业化应用。Kelly 等人[31] 采用低温法制备 ZnO 纳米颗粒，用作电子传输层，制备出效率为 15.75％的平面异质结钙钛矿太阳能电池，研究发现钙钛矿薄膜在 100℃ 退火时，ZnO 会与钙钛矿薄膜层发生反应，从而导致钙钛矿的分解和电池器件稳定性的降低。Seok 等人[32] 在低于 300℃的条件下制备 $BaSnO_3$ 电子传输层，基于 $MAPbI_3$ 钙钛矿的太阳能电池取得了 21.2％的效率，高于 TiO_2 基电池。近年来，采用 SnO_2 作为电子传输层来制备高效钙钛矿太阳能电池也获得了越来越多的关注。这主要得益于 SnO_2 独特的光电性质：①较深的导带和在 ETL/钙钛矿界面处较好的能级匹配，有利于电子的抽取和空穴的阻挡；②较高的电子迁移率（$240cm^2 \cdot V^{-1} \cdot s^{-1}$），能够提高电子的传输效率和减少载流子的复合损失；③高透光率，能够有效地透过大部分可见光，从而提升钙钛矿对可见光的利用率；④较高的化学稳定性和抗紫外能力，可以提高器件的长期稳定性；⑤易于低温（200℃）制备，适合柔性衬底和叠层器件的应用。起初氧化锡的制备需通过高温（450℃）退火烧结，然而制备的器件效率普遍低于 TiO_2 基器件，这是由于高温退火导致大量氧空位等缺陷的存在，器件内部载流子复合损失比较严重。为了避免高温退火引入的缺陷，随后各种低温制备 SnO_2 策略相继被报道。Fang 等人[33] 通过简易的溶液旋涂法制得 SnO_2 电子传输层，该材料仅需在 180℃下退火 1 h 即可制得，器件的效率达 17.2％。You 等人[34] 采用有机卤化物盐苯乙基铵来钝化钙钛矿薄膜表面缺陷，从而有效抑制了电池的非辐射复合。结果，SnO_2 作为 ETL 的平面钙钛矿型太阳能电池取得了 23.32％的光电转换效率。这些研究结果表明 SnO_2 作为电子传输层具有广阔的应用前景。

2.6.3.3　空穴传输层

由钙钛矿太阳能电池工作机理可知，空穴传输层（hole transport material，HTM）是钙钛矿太阳能电池重要组成部分之一，它的主要作用是收集并传输由钙钛矿层注入的空穴，实现电子和空穴在功能界面的有效分离，从而抑制钙钛矿层与 HTM 界面处的载流子复合，提高电池的性能。理想的空穴传输材料应该满足如下要求：①HOMO 能级与钙钛矿材料价带匹配；②高的空穴迁移率和电导率；③制作工艺简单，生产成本低；④溶解性好，成膜性好；⑤良好的光和热稳定性。已报道的空穴传输材料主要分为无机材料和有机材料两大类。无机空穴传输材料具有高的空穴迁移率和电导率、较低的成本和高稳定性等特性，但是由于无机空穴传输材料较厚、薄膜的均匀性较差，导致界面电子和空穴容易发生复合，因此其效率与基于有机空穴传输材料的器件相差仍较大。有机空穴传输材料（图 2.19）分为有机小分子和有机聚合物两类，它们应用于钙钛矿太阳能电池中性能普遍优异，研究相对广泛。目前，商业化的 Spiro-OMeTAD 是钙钛矿太阳能电池中使用最广泛的空穴传输材料，经常被用作参比来检验新开发的空穴传输材料性能，其最高效率已达到 21.6％，但是其合成条件苛刻，步骤比较复杂，部分反应需要在无水无氧、强酸（HCl）和侵蚀性液溴（Br_2）等条

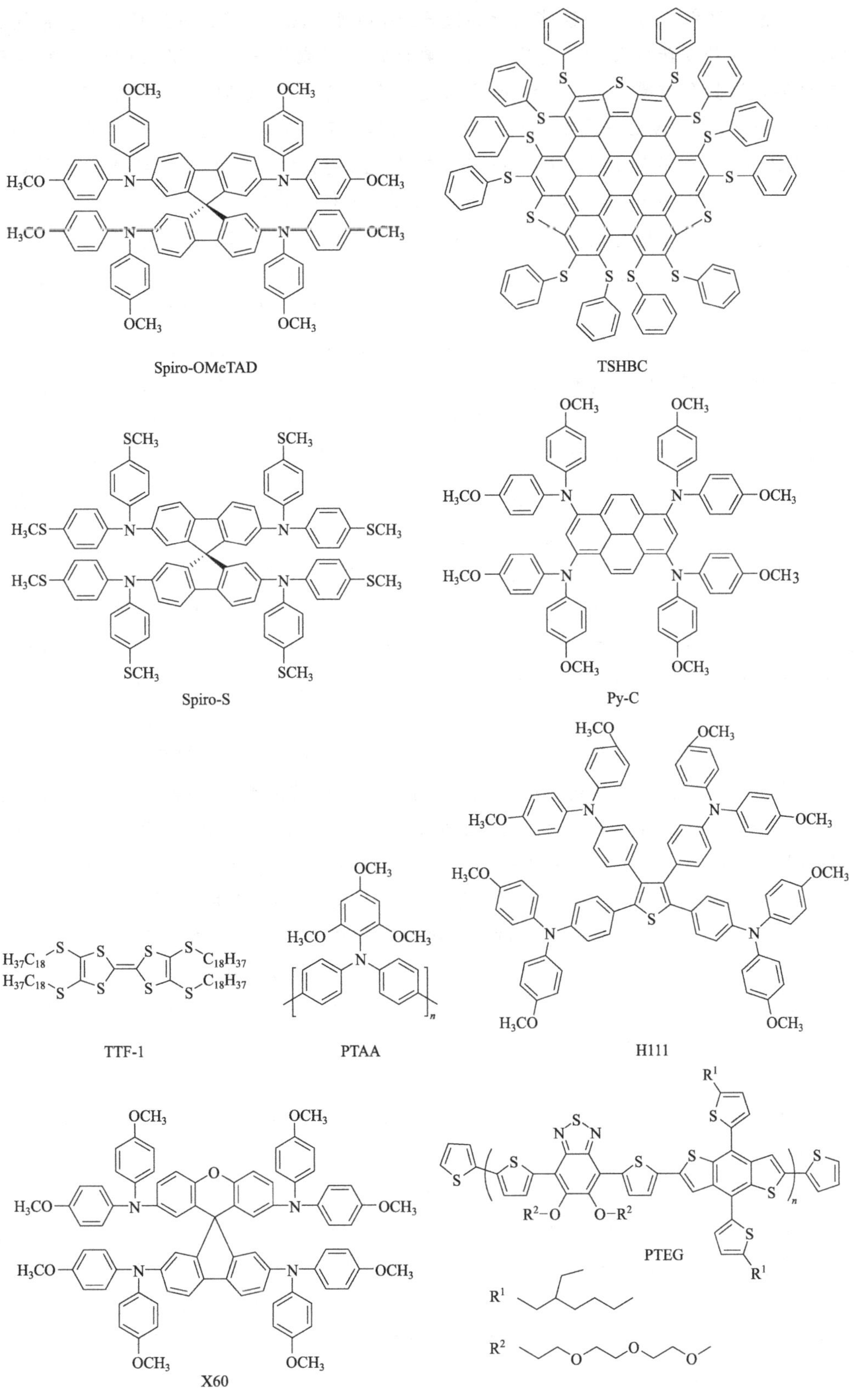

图 2.19　有机空穴传输材料分子结构示意图

件下完成，总产率低于 37%。这些因素导致 Spiro-OMeTAD 合成成本过高，其价格比黄金还昂贵。因此，开发新型廉价的有机空穴传输材料用以取代 Spiro-OMeTAD，对钙钛矿太阳能电池的发展具有重要的意义。Seok 等人用芘来代替 Spiro-OMeTAD 的螺二芴中心，合成了 Py-A、Py-B 和 Py-C 三种新型的空穴传输材料，应用在介孔钙钛矿太阳能电池中，基于化合物 Py-C 制备的电池取得了 12.4% 的光电转换效率，其效率与 Spiro-OMeTAD（12.7%）相当[35]。Grimsdale 等人用噻吩和联噻吩为核，合成了两个含有三苯胺的有机小分子空穴传输材料，并将它们成功用于钙钛矿太阳能电池中，基于空穴传输材料 H111 和 H112 所制备的电池效率都比 Spiro-OMeTAD 高，最高效率可达 15.4%，并且电池的稳定性较好[36]。Zheng 等人巧妙地将巯基化的六苯并苯 TSHBC 作为空穴传输材料应用到钙钛矿太阳能电池中，电池取得了 12.8% 的效率。当掺杂石墨烯片时效率提升 14.0%，且由于此种材料具有天然疏水性，电池可以在湿度为 45% 的情况下稳定保存[37]。聚合物空穴传输材料具有高的空穴迁移率和成膜性能好等优点，也受到了极大的关注。Seok 等人利用分子内交换的方法来制备大颗粒且致密的 $FAPbI_3$ 钙钛矿薄膜，采用聚合物 PTAA 为空穴传输材料的电池效率达到了 20.2%[38]。Sun 等人合成了一种螺［芴-9，9-氧杂蒽］为核的有机小分子空穴传输材料 X60，该材料成功应用于钙钛矿太阳能电池和固态染料敏化太阳能电池，分别取得了 19.8% 和 7.3% 的光电转换效率。更重要的是该材料合成方法简单，反应条件温和，易纯化，成本远远低于 Spiro-OMeTAD，展现出了良好的工业化前景[39]。Huang 等人系统研究了基于三种不同元素（S、N、O）的取代基对材料本身的物理性能和电池的光电性能的影响。研究发现 Spiro-S 具有较高的空穴迁移率和较低的 HOMO 能级，其电池取得了 15.92% 的效率，远远高于 Spiro-OMeTAD 的效率（11.55%），此工作对设计新的空穴传输材料有很好的理论指导意义[40]。尽管研究人员开发了许多高效的空穴传输材料，但是大部分有机空穴传输材料往往需要通过化学掺杂双三氟甲烷磺酰亚胺锂（Li-TFSI）、4-叔丁基吡啶（TBP）或钴配合物 FK209 等添加剂来改善其空穴迁移率和电导率，进一步获得较好的器件性能。研究表明 Li-TFSI 不仅本身具有吸湿性，而且其在空穴传输层中移动时容易形成小孔，会加速水分子与钙钛矿材料接触，不利于电池的稳定性；尽管 TBP 能够有效抑制电子从 TiO_2 到 HTM 的反向复合过程，提高钙钛矿太阳能电池的开路电压，然而 TBP 会和 PbI_2 相互作用形成［$PbI_2 \cdot xTBP$］，从而引起钙钛矿材料的降解。由此可见，Li-TFSI 和 TBP 的存在会导致钙钛矿降解，从而降低钙钛矿太阳能电池的稳定性。在提高钙钛矿太阳电池稳定性的相关研究中，开发非掺杂空穴传输材料被认为是最有效的方法之一，也是当前钙钛矿太阳能电池领域非常重要的研究课题。Han 等人[41] 报道了一种四硫富瓦烯的非掺杂空穴传输材料 TTF-1，这种材料的空穴迁移率高达 $0.1 cm^2 \cdot V^{-1} \cdot s^{-1}$，应用在钙钛矿太阳能电池中，得到了 11.03% 的光电转换效率，而经过掺杂的 Spiro-OMeTAD 电池效率为 11.4%。此外，在湿度为 40% 的室温条件下对这两种 HTM 的稳定性进行测试发现，经过 500h 后，TTF-1 的稳定性明显好于 Spiro-OMeTAD。Park 等人[42] 报道了一种 D-A 型导电均聚物空穴传输材料 PTEG。在不掺杂的情况下，PTEG 在平面异质结钙钛矿太阳能电池中，取得了 19.8% 的效率。尽管聚合物是目前应用在钙钛矿太阳能电池中效率最高的一类非掺杂空穴传输材料，但是它们合成复杂以及纯化困难，导致其价格昂贵和相应电池的制作成本较高，不利于进一步的商业应用。因此，开发合成简单、高效的非掺杂空穴传输材料对推进稳定的钙钛矿太阳能电池未来的商业应用尤为重要。

2.6.3.4　对电极

在钙钛矿太阳能电池中，对电极能够促使电荷有效地传输到外电路中，从而完成光电流产生的最后环节。对电极一般选择高功函的金属，可以通过热蒸镀的工艺将其制备到器件里。目前许多金属被用作电极材料应用到钙钛矿太阳能电池中，如 Ag、Cu、Cr、Au 等金属，其中 Au 是效率最高的电极材料。然而，高能耗真空蒸发法制备贵金属电极不利于以后大规模的商业化。此外，金属电极材料容易扩散到钙钛矿层，与钙钛矿发生化学反应，从而加速钙钛矿材料分解。因此，金属电极的使用不利于钙钛矿太阳能电池的长期稳定性。相较于金属，碳材料由于成本低，稳定性好，在商业化应用中有很大的潜力。不同类型的碳材料，如碳纳米管、碳纤维、石墨烯等，都已成功应用于钙钛矿太阳能电池中，取得了令人瞩目的成果。目前大多数报道的碳材料都需要高温处理，这会阻碍太阳能电池的大规模生产，开发低成本、低温工艺和良好稳定性的新型碳材料对钙钛矿太阳能电池的商业化具有重要意义。

近年来钙钛矿太阳能电池取得了巨大的成就，光电转换效率已经能够与硅基太阳能电池相媲美，现在研究人员正在努力去实现钙钛矿太阳能电池商业化，希望能够在将来实现廉价生产和可持续的太阳能发电。目前还有一些关键性问题包括电荷载流子输运、电池能量损失的主要来源以及电池长期稳定性有待进一步解决，这些问题对于充分理解钙钛矿太阳能电池的工作方式和实现钙钛矿太阳能电池最终商业化具有重要的推动作用。

总之，在过去的二十年里，虽然有机太阳能电池取得了快速的发展，实验室器件的光电转换效率已经达到了 25% 左右，满足商业化的要求，但是与已经大规模工业化的无机硅太阳能电池相比，有机太阳能电池的稳定性还有待进一步提高。环境因素包括水、空气、光照、温度等都会影响太阳能电池的稳定性；光活性层材料、电极，以及界面各层材料都会影响有机太阳能电池的稳定性。因此，深入了解和研究环境因素、有机太阳能电池各成分和界面之间的作用机理，对提高有机太阳能电池的稳定性具有重要作用。

习题

1. 解释下列名词：短路电流、电流电压、填充因子、光电转换效率。
2. 简述双层异质结太阳能电池和体相异质结太阳能电池的异同点。
3. 浅谈提高聚合物太阳能电池的因素有哪些。
4. 简述聚合物太阳能电池和染料敏化太阳能电池的工作原理，并讨论其异同点。
5. 简述太阳能发光的优点。
6. 太阳能电池光电转换效率的表达式。

参 考 文 献

[1] O'Regan B, Grätzel M. Nature, 1991, 353(6346)：737-740.

[2] Wang P, Wenger B, Humphry-Baker R, et al. J. Am. Chem. Soc., 2005, 127 (18)：6850-6856.

[3] Wang H, Li J, Gong F, et al. J. Am. Chem. Soc., 2013, 135(34)：12627-12633.

[4] Nazeeruddin M K，Kay A，Rodicio I，et al. J. Am. Chem. Soc. ，1993，115(14)：6382-6390.

[5] Nazeeruddin K M，Péchy P，Grätzel M. Chem. Commun. ，1997，(18)：1705-1706.

[6] Gao F，Wang Y，Shi D，et al. J. Am. Chem. Soc. ，2008，130(32)：10720-10728.

[7] Kay A，Graetzel M. J. Phys. Chem. ，1993，97(23)：6272-6277.

[8] Campbell W M，Jolley K W，Wagner P，et al. J. Phys. Chem. C，2007，111(32)：11760-11762.

[9] Hsieh C P，Lu H P，Chiu C L，et al. J. Mater. Chem. ，2010，20(6)：1127-1134.

[10] Zeng K，Chen Y，Zhu W H，et al. J. Am. Chem. Soc. ，2020，142(11)：5154-5161.

[11] Kitamura T，Ikeda M，Shigaki K，et al. Chem. Mater. ，2004，16(9)：1806-1812.

[12] Ning Z，Zhang Q，Wu W，et al. J. Org. Chem. ，2008，73(10)：3791-3797.

[13] Kim S，Kim D，Choi H，et al. Chem. Commun. ，2008，(40)：4951-4953.

[14] Zeng W，Cao Y，Bai Y，et al. Chem. Mater. ，2010，22(5)：1915-1925.

[15] Tang C W. Appl. Phys. Lett. ，1986，48(2)：183-185.

[16] Hou J，Tan Z A，Yan Y，et al. J. Am. Chem. Soc. ，2006，128(14)：4911-4916.

[17] Ballantyne A M，Chen L，Nelson J，et al. Adv. Mater. ，2007，19(24)：4544-4547.

[18] Su M S，Kuo C Y，Yuan M C，et al. Adv. Mater. ，2011，23(29)：3315-3319.

[19] Feng L W，Chen J，Mukherjee S，et al. ACS Energy Lett. ，2020，5(6)：1780-1787.

[20] Hou J，Park M H，Zhang S，et al. Macromolecules，2008，41(16)：6012-6018.

[21] Schill J，van Dun S，Pouderoijen M J，et al. Chemistry-A European Journal，2018，24(30)：7734-7741.

[22] Duan Y，Xu X，Yan H，et al. Adv. Mater. ，2017，29(7)：1605115.

[23] Zhang J，Li Y，Huang J，et al. J. Am. Chem. Soc. ，2017，139(45)：16092-16095.

[24] Wu Y，Bai H，Wang Z，et al. Energy & Environmental Science，2015，8(11)：3215-3221.

[25] Lin Y，Zhao F，He Q，et al. J. Am. Chem. Soc. ，2016，138(14)：4955-4961.

[26] Yuan J，Zhang Y，Zhou L，et al. Joule，2019，3(4)：1140-1151.

[27] Kojima A，Teshima K，Shirai Y，et al. J. Am. Chem. Soc. ，2009，131(17)：6050-6051.

[28] Kim H S，Lee C R，Im J H，et al. Sci. ，Rep. ，2012，2(1)：591.

[29] Lee M M，Teuscher J，Miyasaka T，et al. Science，2012，338(6107)：643.

[30] Im J H，Kim H S，Park N G. APL Materials，2014，2(8)：081510.

[31] Liu D，Kelly T L. Nature Photonics，2014，8(2)：133-138.

[32] Shin S S，Yeom E J，Yang W S，et al. Science，2017，356(6334)：167.

[33] Ke W，Fang G，Liu Q，et al. J. Am. Chem. Soc. ，2015，137(21)：6730-6733.

［34］Jiang Q，Zhao Y，Zhang X，et al. J. Nature Photonics，2019，13(7)：460-466.

［35］Jeon N J，Lee J，Noh J H，et al. J. Am. Chem. Soc.，2013，135(51)：19087-19090.

［36］Li H，Fu K，Boix P P，et al. ChemSusChem，2014，7(12)：3420-3425.

［37］Cao J，Liu Y M，Jing X，et al. J. Am. Chem. Soc.，2015，137(34)：10914-10917.

［38］Yang W S，Noh J H，Jeon N J，et al. Science，2015，348(6240)：1234.

［39］Xu B，Bi D，Hua Y，et al. Energy & Environmental Science，2016，9(3)：873-877.

［40］Hu Z，Fu W，Yan L，et al. Chem. Sci.，2016，7(8)：5007-5012.

［41］Liu J，Wu Y，Qin C，et al. Energy & Environmental Science，2014，7(9)：2963-2967.

［42］Kim G W，Lee J，Kang G，et al. Adv. Energy Mater.，2018，8(4)：1701935.

第3章

有机电致发光材料与器件

有机电致发光是以有机小分子或聚合物为活性层，在外加电压的作用下活性层发光的现象，这种器件称为有机发光二极管（organic light-emitting diode，OLED）。有机电致发光的研究可以追溯到 1963 年，Pope 等人发现在 $10\mu m$ 蒽单晶片两侧施加 100V 电压，可观测到蓝光发射现象[1]。1987 年，美国柯达公司的 Tang 等人发明了三明治结构有机电致发光器件[2]，自此之后，有机电致发光技术得到了快速的发展。本章将重点介绍有机电致发光器件结构、工作原理、器件性能参数和活性材料。

3.1　器件结构

早期 OLED 器件是非常简单的单层器件结构，有机发光材料夹在阳极和阴极之间。如图 3.1（a）所示，当施加外电压到器件上时，空穴和电子分别从阳极和阴极注入器件，它们在有机发光层中相遇重组形成激子，最后，激子辐射衰减到基态并发射光。尽管单层器件具有制备简单、成本低等优势，但其效率偏低，性能较差，这是由于有机半导体材料传输空穴的能力高于其传输电子的能力，无法保证空穴与电子同时到达活性层，从而导致载流子复合概率和器件量子效率大大降低。此外，有机发光材料发光层自身存在许多缺陷，导致大量的非辐射跃迁，这也是导致单层器件性能普遍较差的原因之一。双层 OLED 器件是由电极、发光层和空穴传输层三部分构成的，如图 3.1（b）所示，在器件中，能级匹配的空穴传输层和电子传输层位于电极中间，且它们的能级必须与电极相匹配，这样才能保证电子和空穴有效地注入与传输。与单层器件相比，双层器件的空穴和电子注入都比较容易，因此器件的驱动电压降低，载流子复合概率和发光效率显著提高。为了进一步优化器件结构和性能，研究人员开发了三层器件结构，主要由阳极、空穴传输层、发光层、电子传输层以及阴极五部分构成，如图 3.1（c）所示。这种器件的优点在于可以有效地调控空穴与电子的注入，将载流子的复合区域限制在发光层里，最终提高载流子复合概率和器件的发光效率。随着新材料与技术的发展，目前 OLED 器件性能最好的是多层结构，如图 3.1（d）所示，主要包括阳极、空穴注入层、空穴传输层、发光层、电子传输层、电子注入层和阴极。与前三种 OLED 器件相比，采用多层结构的器件在材料选择和器件结构优化方面具有优势，可有效改善电荷注入和电荷传输，大大提高器件效率。

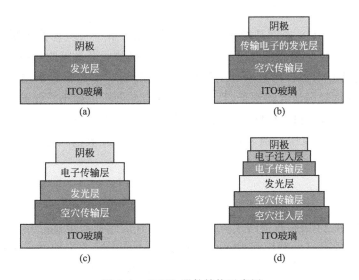

图 3.1　OLED 器件结构示意图

3.2　工作原理

OLED 器件的工作原理可以大致概括为如下过程（图 3.2）：载流子注入、载流子传输、载流子相遇与激子复合以及激子辐射衰减与发光。当器件受到正向偏压驱动时，会导致电子和空穴分别从阴极和阳极注入，即完成载流子注入过程。在外加电场作用下，电子注入电子传输材层的 LOMO 能级，同时空穴注入空穴传输层的 HOMO 能级，这个过程即为载流子传输，随后电子和空穴分别经由电子传输层和空穴传输层传输到发光层。在库仑力的作用下，电子和空穴相结合形成"电子-空穴对"，称为激子。激子以辐射形式衰减跃迁回到基态而释放大量的光子。在发光过程中，激子可分为单线态激子和三线态激子。通常单线态激子的辐射跃迁产生荧光，而三线态激子的辐射跃迁产生磷光。

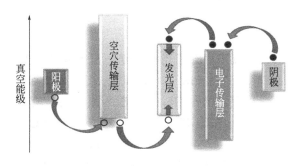

图 3.2　OLED 发光机理及过程示意图

3.3 器件性能参数

3.3.1 启亮电压

器件的启亮电压（V）通常是指在器件亮度为 $1cd \cdot m^{-2}$（坎德拉每平方米）时所需的电压。金属阴极和阳极与相邻有机层的接触势垒、有机功能层之间的势垒以及各个功能材料的电子/空穴迁移率等对器件的启亮电压都有着一定的影响。在载流子传输过程中，当金属电极与有机功能层之间的注入势垒低时，所需要的启亮电压也越小。如前所述，电子和空穴经有机功能层的 LUMO 和 HOMO 能级注入发光层。因此，选用迁移率高的功能层材料也利于降低器件的启亮电压。通常情况下，启亮电压的最低值一般不会小于发光材料的能隙。

3.3.2 发光效率

发光效率是评价 OLED 器件的主要指标，通常有三种表示方法：量子效率、功率效率和电流效率。量子效率（quantum efficiency）是 OLED 器件产生的光量子数与注入总载流子数的比值，又分为内量子效率（internal quantum efficiency，IQE）和外量子效率（external quantum efficiency，EQE），它们的单位为％。内量子效率指器件里产生的总光子数与注入的载流子数之比；外量子效率指器件发射出的总光子数与注入载流子数之比。电流效率（current efficiency，CE）是指器件的发光亮度与注入电流密度的比值，单位为 $cd \cdot A^{-1}$。功率效率（power efficiency，PE）指器件所输出的光功率与输入功率的比值，单位为 $1m \cdot W^{-1}$，它是衡量器件能否达到商业化的最为重要的指标。

3.3.3 器件寿命

器件寿命定义为，在恒定电压或电流驱动下，器件的亮度衰减到初始亮度的一半时所需要的时间。目前，器件寿命是评估 OLED 好坏和产业化的主要指标之一。影响 OLED 寿命的因素有很多，主要有如下几个方面：①器件中所用有机功能材料的光、热、氧稳定性；②器件封装不良导致空气中的水和氧等对器件的金属电极的侵蚀和对有机功能材料的破坏；③器件本身结构原因，如：电子和空穴载流子的注入和传输不平衡、有机层界面势垒大等，这些因素也会导致器件的寿命急剧缩短。

3.3.4 色度坐标

OLED 器件的发光颜色可以用国际通用的色度坐标来表示。美国国家电视标准委员会（National Television Standards Committee，NTSC）在 1931 年制定了色度坐标标准，即 CIE 1931 色度坐标。如图 3.3 所示的（CIE_x，CIE_y）组成的马蹄形封闭曲线，中心坐标标准白色坐标是（0.333,0.333），美国国家电视标准委员会（NTSC）制定的红绿蓝三基色标准光坐标分别是（0.67,0.33）、（0.21,0.71）和（0.14,0.08）。OLED 器件若是应用于显示器领域的话，色彩饱和度（三基色 RGB 组成的三角形区域面积与 NTSC 标准色域面积比）越大越好。

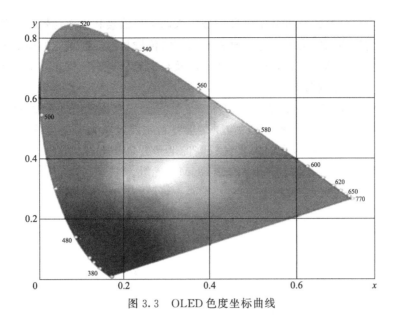

图 3.3　OLED 色度坐标曲线

3.4　有机电致发光功能材料

3.4.1　阳极材料

作为有机电致发光器件的阳极材料，它应具有高导电性、良好的稳定性和可见光范围内的高透明度等特性。为了确保空穴能够有效地注入有机半导体里，阳极材料应具有较高的功函数，其值应与相邻空穴注入材料的 HOMO 能级接近。ITO 具有较高的光透射率、电导率和功函数，已成为 OLED 中应用最广泛的透明阳极材料。一般情况下，未经处理的 ITO 的功函数在 4.5～4.8eV，可以通过氧等离子体或紫外臭氧处理将 ITO 功函数提高到 5.0eV，从而有效地降低其与空穴传输材料之间的注入能级势垒。目前 ITO 主要是由磁控溅射沉积制得，导致 OLED 器件生产成本高。此外 ITO 柔性较差，不能满足柔性有机电子器件的发展需要。因此，探索和开发具有优良光电性能的廉价阳极材料来取代传统 ITO 电极是实现 OLED 大规模应用的关键。

3.4.2　阴极材料

理想的阴极材料应该具有较低的功函数，如锂、镁和钙等活泼金属。低功函数的阴极材料有利于电子注入有机材料的 LUMO 能级。然而，低功函数意味着材料具有高的化学反应活性，对空气中的水分和氧气敏感，导致 OLED 器件的使用寿命缩短。因此，采用较小功函数金属和抗腐蚀金属组成的合金作为阴极材料，可以有效提高器件的稳定性。Mg/Ag 合金是最常用的 OLED 阴极材料，金属银的加入不仅可以提高阴极材料的稳定性，而且还可以增强阴极材料与有机层之间的附着力，显著改善界面特性。

3.4.3　空穴传输材料与电子传输材料

为了实现 OLED 的高发光效率，平衡器件中电荷注入和输运是非常有必要的。在外界电场的驱动下，电子和空穴分别从阴极和阳极注入电子传输层和空穴传输层，然后分别输运到发光层。具有传输空穴能力的半导体材料称为空穴传输材料，通常它们应具有较好的光热稳定性、较高的空穴迁移率、良好的成膜能力以及与发光材料匹配的 HOMO 能级。目前在 OLED 中经常使用的空穴传输材料是三苯胺类分子，其空穴迁移率较高，可达 $10^{-4} \sim 10^{-3} \, \text{cm}^2 \cdot \text{V}^{-1} \cdot \text{s}^{-1}$，它们的分子结构如图 3.4 所示。具有传输电子能力的材料称为电子传输材料，目前在 OLED 中广泛使用的电子传输材料主要包括金属配合物和含 N 的有机小分子，如 Alq_3、BCP 等。一般它们应具有较高的电子迁移率、较低的激发能量、良好的成膜性与热稳定性以及接近阴极材料功函数的 LUMO 能级。

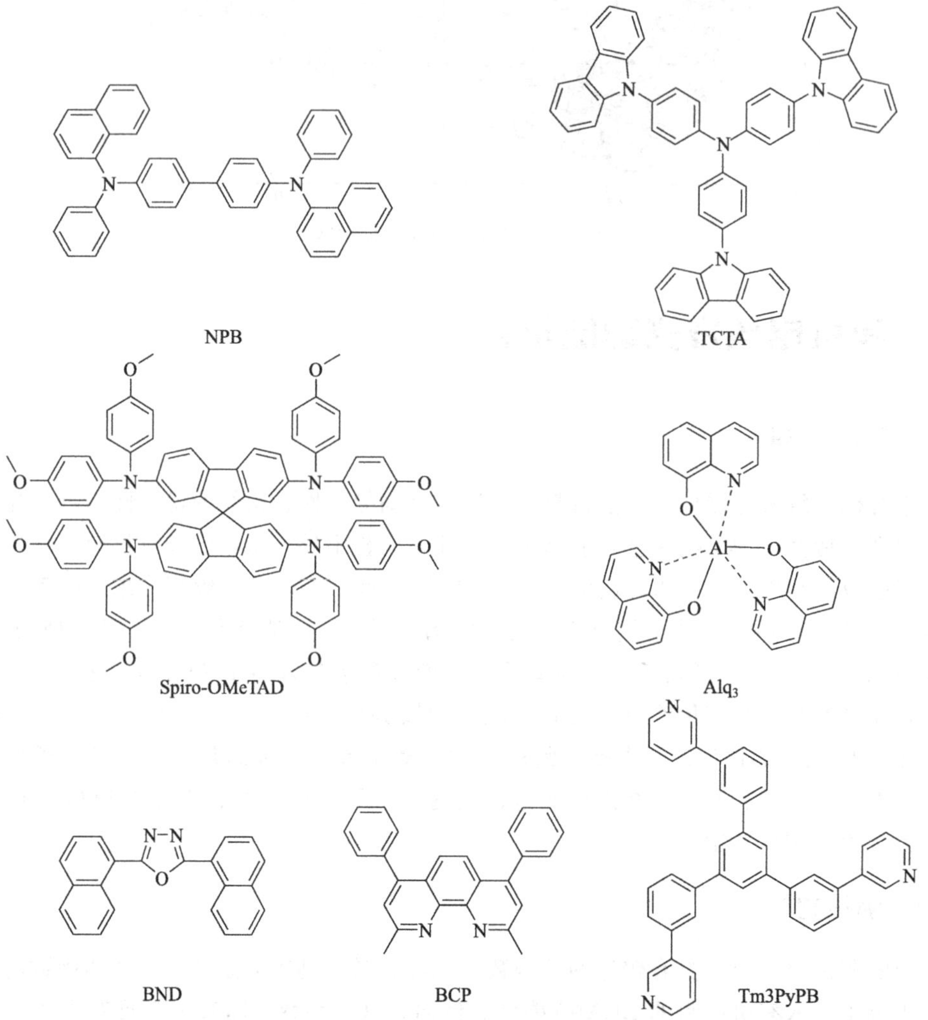

NPB

TCTA

Spiro-OMeTAD

Alq_3

BND

BCP

Tm3PyPB

图 3.4　典型空穴传输/电子传输材料

3.4.4　有机电致发光材料

在 OLED 器件中，有机电致发光材料无疑是最重要的组成部分。理想的材料应具有高的发光量子效率、较强的载流子传输能力、与载流子传输材料匹配的能级、良好的成膜能力以及光热稳定性。OLED 发光材料有多种，它们包括有机小分子、聚合物和有机配合物，根据材料的发光机制来分，可分为荧光发光材料（图 3.5）和磷光发光材料（图 3.6），前者为一种非对称性的单线态激子旋转方式，后者为三种对称性的三线态激子旋转方式。最早应用到 OLED 器件中的是红色荧光材料 DCM[3]，即为 4-(二氰亚甲基)-2-甲基-6-(4-二甲氨基苯乙烯基)-4H-吡喃 { 4-(dicyanomethylene)-2-methyl-6-[4-(dimethylaminostyryl)-4H-pyran]}，其辐射波长为 650nm 左右。然而，器件在最佳掺杂浓度（DCM 约为 0.5%）下不是真正的红色而是橙色，色纯度不好且外量子效率仅为 2.3%，这种红色器件的亮度和效率较低，不适合实际工业化应用。为了得到发光效率更高和色度更纯的材料，其中最有效的方法之一是在 DCM 分子结构中引入平面性更好的给体基团。柯达公司的研究人员合成了一个刚性较好的发光材料 4-(二氰亚甲基)-2-甲基-6-(久罗尼定-9-烯基)-4H-吡喃[4-(dicyanomethylene)-2-methyl-6-(julolidyl-9-enyl)-4H-pyran，DCJ]。与 DCM 分子结构相比，DCJ 具有更好的分子平面性，制备的 OLED 器件显示出更高效的饱和红光发射光。近年来，基于金属配合物的红色磷光材料得到了较好的发展。Huang 等人[4] 报道了一种具有应用潜力的红光材料 Ir（BPPa）₃，基于该材料制备的 OLED 器件发光峰位于 625nm，色坐标为（0.69，0.30），外量子效率为 8.3%。Leo 等人[5] 报道了一种寿命超过 10^6 h 的红光材料，其发光效率高达 12.4%，材料展现出良好的商业化应用潜力。性能优良的蓝光材料能够有效地降低全彩显示器的功率消耗，对 OLED 的发展具有十分重要的意义。一般蓝光材料的发光峰位在 450nm 左右，禁带较宽以及载流子寿命较长。芴基材料是目前 OLED 领域研究最为广泛的蓝光材料。Müllen 等人[6] 合成了一种基于螺环芴的蓝光材料 Spiro-F，其 OLED 器件结构为 ITO/Spiro-F/LiF/Al，蓝色发光器件的开启电压在 4.7V 左右，最大亮度可达 240.7cd·m^{-2}，由于分子具有较好的 3D 立体空间结构，能有效地防止薄膜中的分子聚集，有利于提高器件的效率与稳定性。OLED 器件的光电性能和稳定性可以通过发光材料的分子结构来调控。Huang 等人[7] 通过将高度非平面的功能基团引入聚芴中合成了一系列材料用于发光器件，研究结果表明空间位阻较大的聚合物 PODPF-co-SFX 有利于提高器件的稳定性和发光效率，为解决器件的稳定性问题提供了一条有效的策略。绿色 OLED 的发光效率远高于红色 OLED 和蓝色 OLED。Shibata 等人[8] 开发了一种外量子效率高达 10% 的绿色荧光有机发光器件，器件的结构如下：ITO/NPB/C545T doped TPBA/DBzA/LiF/Al，色坐标也非常好，为（0.24，0.62），在电流密度为 80mA·cm^{-2} 下器件的寿命可达 71h，展现了良好的应用潜力。

虽然荧光 OLED 得到了广泛的研究，但是荧光发光材料量子效率的极限值仅为 25%，很难进一步提高。与荧光 OLED 相比，磷光 OLED 可以同时利用单重态和三重态激子，理论上基于磷光材料的 OLED 器件量子效率可达 100%，为荧光 OLED 的四倍，将大大提高 OLED 器件的发光效率，因此磷光材料引起了学术界和工业界极大的研究兴趣。通常在有机分子中引入重金属原子，能够有效地增强自旋轨道耦合作用，从而提高电子自旋翻转的跃迁速率常数，达到提高磷光强度的目的，这就是所谓的"重原子效应"。到目前为止，磷光材料中研究较多的重金属原子是过渡金属，比如铱、铂、金等。最先应用于 OLED 的是基于金属铂的磷光染料（PtOEP），该材料的器件发射饱和红光，色坐标为（0.7，0.3），量子效率为 4%[9]。Yam 等人开发了一类新型炔基铂（Ⅱ）配合物，并将其作为磷光材料应用于 OLED 中。研究发现铂（Ⅱ）配合物具有双极性电荷输运特性，器件的光致发光量子产率高达 75%。更重要的是，该材料的器件发射绿光，最大电流效率高达 57.4cd·A^{-1}，外量子效率高达 16.0%，这是基于铂金属配合物的有机发光二极管的最佳性能之一[10]。当

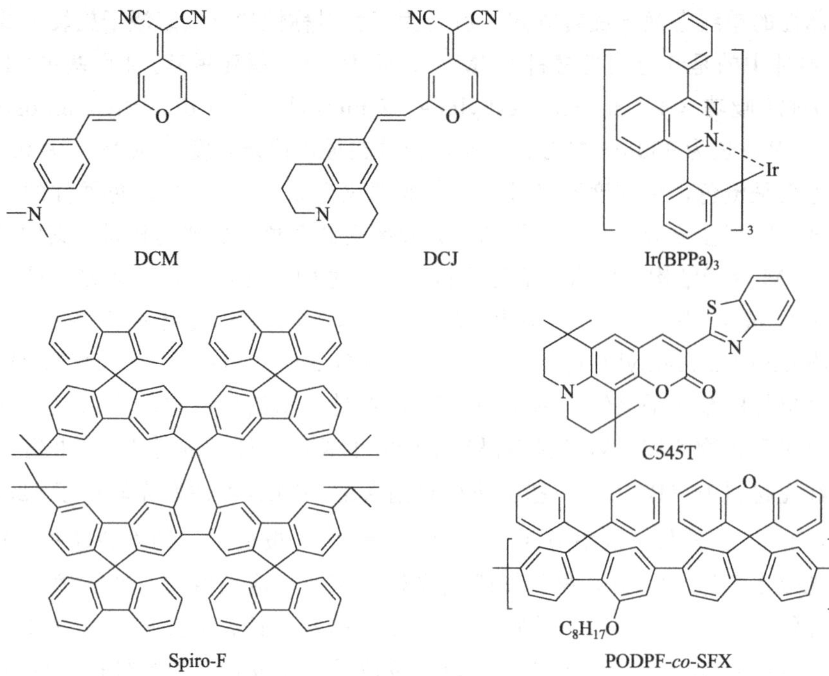

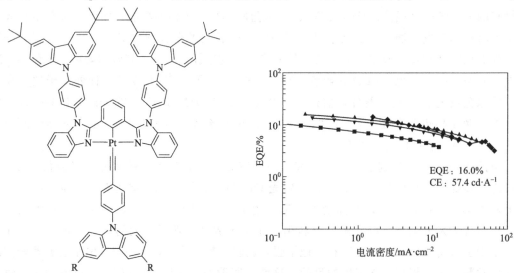

图 3.5 典型荧光发光材料的分子结构

中心金属原子铂被铱取代时，得到深蓝色铱（Ⅲ）配合物磷光材料（TF）2Ir（pic）。密度函数理论（DFT）计算表明：（TF）2Ir（pic）具有宽禁带，材料中存在较强的自旋-轨道耦合。基于（TF）2Ir（pic）的 OLED 器件外量子效率高达 17.1%，电流效率为 21.7cd·A^{-1}[11]。

图 3.6 典型磷光发光材料的分子结构及效率图

在过去的几十年中，OLED 一直是研究人员关注的焦点，其在显示领域如移动电话、数码相机等中的应用也取得了较大的进步。在 OLED 的发展中，电致发光材料起着至关重要的作用。第一代电致发光材料是荧光灯，可以提供令人满意的红、绿、蓝颜色，但器件效率不高，发光寿命较短。第二代发光材料是磷光材料，理论上这类材料可以 100% 地利用激子，显著提高 OLED 的发光效率，红色和绿色的磷光材料具有效率高和寿命长等优势，目前已经实现了商业化。考虑到电致发光材料在 OLED 技术中的关键作用，继续开发高效率、长寿命以及低成本的电致发光材料对 OLED 技术的大规模商业化意义重大。

习题

1. 解释下列名词：电子传输材料、空穴传输材料、发光亮度、启亮电压、发光效率、器件寿命和色度。

2. 简述空穴传输材料的主要特点。

3. OLED 有哪些优点？

4. 简述有机电致发光器件的组成和工作原理。

5. 蓝光材料的能带间隙为多少伏？

6. 表征有机电致发光器件的参数指标有哪些？

7. 性能优异的电致发光材料应具有哪些特点？

8. 下图为有机聚合物太阳能电池和有机电致发光电池两种器件的结构，试比较两者工作原理的异同点。

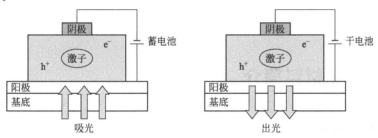

参 考 文 献

[1] Pope M，Kallmann H P，Magnante P. The Journal of Chemical Physics，1963，38 (8)：2042-2043.

[2] Tang C W，VanSlyke S A. Appl. Phys. Lett.，1987，51(12)：913-915.

[3] Tang C W，VanSlyke S A，Chen C H. J. Appl. Phys.，1989，65(9)：3610-3616.

[4] Mi B X，Wang P F，Gao Z Q，et al. Adv. Mater.，2009，21(3)：339-343.

[5] Meerheim R，Walzer K，Pfeiffer M，et al. Appl. Phys. Lett.，2006，89 (6)：061111.

[6] Xia D，Duan C，Liu S，et al. New J. Chem.，2019，43(9)：3788-3792.

[7] Bai L，Liu B，Han Y，et al. ACS Appl. Mater. Interface，2017，9（43）：37856-37863.

[8] Okumoto K，Kanno H，Hamaa Y，et al. Appl. Phys. Lett.，2006，89 (6)：063504.

[9] Baldo M A，O'Brien D F，You Y，et al. Nature，1998，395(6698)：151-154.

[10] Kong F K W，Tang M C，Wong Y C，et al. J. Am. Chem. Soc.，2017，139(18)：6351-6362.

[11] Lee S，Kim S O，Shin H，et al. J. Am. Chem. Soc.，2013，135（38）：14321-14328.

第4章
有机多孔材料及吸附性能

4.1 有机多孔材料简介

4.1.1 多孔材料定义

多孔材料是一种由相互贯通或封闭的孔洞构成网络结构的材料，孔洞的边界或表面由支柱或平板构成。典型的孔结构有以下两种，一是由大量多边形孔在平面上聚集形成的二维结构，由于其形状类似于蜂房的六边形结构而被称为"蜂窝"材料；二是由大量多面体形状的孔洞在空间聚集形成的三维结构（更为普遍），通常称为"泡沫"材料。

4.1.2 有机多孔材料定义

有机多孔材料可以看作一类具有多孔性的高分子聚合物，其组成元素包括碳、氢、氧、氮、硼等轻元素。通常指利用分子设计方法将具有几何形状的特定构筑结构单元通过共价键连接形成的本征多孔材料，具有结构稳定性高、比表面积大、孔容大、功能可修饰性强等特点。作为一类新型功能材料，有机多孔材料在气体储存和分离、传感、催化、光电等方面展现了优良的性能。为了获得具有特定结构和可调控性质的有机多孔材料，研究其拓扑学结构，有针对性地筛选出适合的构筑结构单元和开发相关高效的聚合反应显得至关重要。另外，充分利用有机构筑单元的可修饰性，引入活性官能团，对提升有机多孔材料的综合性能和应用范围意义重大。

4.1.3 有机多孔材料特点与分类

多孔材料的发展经历了无机多孔材料（如分子筛）、有机-无机杂化多孔材料（如 metal-organic framework，MOF）和有机多孔材料（porous organic material，POM）三个阶段。

有机多孔材料由于兼具多孔性和有机物易设计性的特性，从而备受关注。首先，跟无机多孔材料的结构局限性相比，POM 可以通过结构的合理设计和单体的选择来调整其结构和性能，丰富的材料种类可以满足多种实际应用需求。其次，由于 POM 完全依靠共价键来实现原子或单体之间的连接，因而表现出很好的热稳定性和化学稳定性。与 MOF 相比，其在苛刻的条件下（例如高温、潮湿、酸碱、氧化环境等）具有更高的稳定性。此外，POM 完全由轻元素组成，结合其多孔性，通常表现出非常高的比表面积。

到目前为止，POM 主要分为以下几种类型：

① 无定形有机多孔材料（amorphous porous organic material，APOM）：a. 超交联聚合物（hyper-crosslinked polymer，HCP），依靠聚合物链之间的高度交联支化来阻止链间的紧密堆积，构造出多孔结构；b. 固有微孔聚合物（polymer of intrinsic microporosity，PIM），通过限制分子链的自由运动从而占据一定体积来获得孔隙，一般由刚性的具有扭曲空间构型的分子单体来制备；c. 共轭微孔聚合物（conjugated microporous polymers，CMP），其骨架由共轭刚性结构组成，通过大共轭体系撑出孔道结构。

② 晶性有机多孔材料（crystalline porous organic material，CPOM），即共价有机框架材料（covalent organic framework，COF），是通过动态共价键将有机构筑基元连接而成的晶态多孔高分子材料，代表了一种非常有前景的新型多孔有机材料，因其高比表面积、低密度、高度有序的周期性结构和易于功能化等特点，在气体吸附和存储、光电器件、催化、储能和传感等领域都展现出了广阔的应用前景。COF 的出现和发展使得人们在一定程度上实现了对二维聚合物和三维聚合物的二级结构和三级结构的精准调控。

4.1.4　有机多孔材料结构特征

多孔材料区别于普通密实固体材料的最显著特点是具有实用的孔隙。因此，多孔材料最基本的参量是直接表征其孔隙性状的指标，如孔隙率、孔径大小与分布、孔形、比表面积等（图 4.1）[1]。有机多孔材料有以下几个重要的结构特征，包括孔的几何形状（pore geometry）、孔径（pore size）、孔表面（pore surface）及功能基团（functional groups）以及包括组成（composition）、拓扑（topology）性和功能性（functionality）的聚合物骨架结构（framework structure）。孔的几何形状包括球形、管状和网状形，这些形状的孔可能是无序堆积也有可能形成有序的阵列结构。孔径及其分布对孔材料的性质具有决定性的意义。

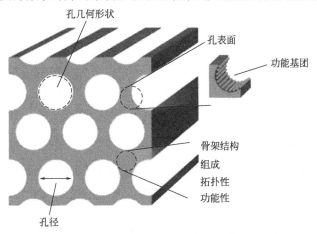

图 4.1　多孔聚合物的孔几何形状、孔表面、孔径和骨架结构示意图[1]

按照孔径大小的不同，多孔材料又可以分为微孔（孔径小于 2nm）材料、介孔（孔径为 2～50nm）材料和大孔（孔径大于 50nm）材料。通常，较小尺寸的孔（例如微孔）有助于得到高比表面积的材料。除了孔的物理结构外，聚合物骨架和孔表面的功能性对其应用范围的拓展也非常重要。利用有机合成的优势，研究者们可以通过使用功能性前体或借助后修饰的方法来灵活设计骨架和孔表面的功能性。

4.1.4.1 孔的类型和几何形状

多孔材料实际的孔结构都是复杂的，通常由不同类型的孔组成。从分子水平上看，孔的内表面几乎都是不光滑的。通常将多孔材料中与外界连通的空腔和孔道称为开孔（open pore），包括交联孔（inter-connected pore）、通孔（passing pore）和盲孔（dead end pore）（图 4.2）。开孔影响整个多孔材料对流体（含气体和液体）的透过性（渗透性）及内表面活性（利用多孔材料内表面的场合，如表面催化过程和阻尼过程）等性能，主要用于过滤、分离和催化等领域。这些孔道的表面积可以通过气体吸附法进行分析。除了可测定孔外，固体中可能还有一些孔，这些孔与外表面不相通，且流体不能渗入，因此不在气体吸附法或压汞法的测定范围内。这种不与外界连通的孔称为闭孔（closed pore）。闭孔作为存储空间，在应用于漂浮、隔热、包装、相变储能及其他结构件等用途时才需要较高的闭孔率。开孔与闭孔大多为在多孔材料制备过程中形成，有时也可在后处理过程中形成，如高温烧结可使开孔变为闭孔。这些孔结构根据几何形状的不同又可分为多类[2]（如图 4.2），不同的几何形状可直接反映到气体吸脱附行为中。其中最典型的是筒形孔（圆柱孔，cylindrical pore），它是孔分布计算的一个基础模型。第二种是锥形孔（楔形孔，棱锥形空隙，concial pore），挤压固化但还未烧结的球形或多面体粒子多是这种形状。裂隙孔［包括裂缝孔（slits）、空隙或裂缝（interstices）］是由粒子间接触或堆砌而形成的空间。这个模型通常是溶胀和凝聚现象的计算基础。墨水瓶孔（球形孔，spherical pore or ink bottle pore）通常都具有孔颈。其孔颈是较大孔隙的颈口，因此墨水瓶孔也可以看成是球形孔与筒形孔的组合。

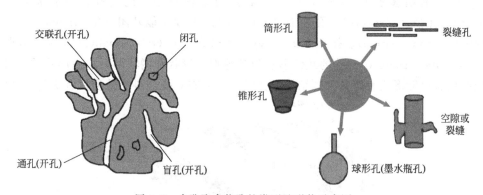

图 4.2　多孔聚合物孔的类型及形状示意图

4.1.4.2 孔体积与比表面积

孔体积或孔容是指单位质量多孔固体所具有的孔总容积，是多孔结构吸附剂或催化剂的特征值之一。多孔材料的孔结构比较复杂，因此孔径通常指的是多孔材料中孔隙的名义直径，一般都只有平均或等效的意义，其表征方式有最大孔径、平均孔径、孔径分布等，材料中存在的各级孔径按数量或体积计算的百分率称为孔径分布（PSD，pore size distribution）。

孔径与孔径分布对多孔材料的力学性能和热性能的影响较小，但对材料的透过性、渗透速率、过滤性能、浸润性等有显著影响。多孔材料中孔隙体积与材料在自然状态下总体积的比称为孔隙率，以 P 表示。与材料孔隙率相对应的另一个概念，是材料的密实度。密实度表示材料内被固体所填充的程度，它在量上反映了材料内部固体的含量，对于材料性质的影响正好与孔隙率的影响相反。

　　除了体积外，比表面积也是多孔材料的一个重要参数，直接影响其性能。比表面积是指单位质量物料所具有的总面积，分为外表面积、内表面积两类。国标单位为 $m^2 \cdot g^{-1}$。理想的非孔性材料只具有外表面积，多孔材料的比表面积通常指的是单位质量材料的外表面积和孔的内表面积之和。通常所说的 BET 比表面积是通过 BET 比表面积测试法获得的，该方法是依据著名的 BET（Brunauer、Emmett 和 Teller 三位科学家的首字母缩写）理论（见下一节）为基础而得名。比表面积和分散度有关，分散度是指物质分散成细小微粒的程度。物质分割得越小，分散度越高，比表面积也越大。

4.2　有机多孔材料的吸附性能与表征

4.2.1　吸附

4.2.1.1　吸附概念

　　吸附（adsorption）是指在固相-气相、固相-液相、固相-固相、液相-气相、液相-液相等体系中，某个相的物质密度或溶于该相中的溶质浓度在界面上发生改变（与本体相不同）的现象。从原子水平来看，界面是不均匀的。另外，界面处的原子也不同于其均匀受力的内部原子，界面以上的作用力没有达到平衡而保留有自由的力场。这两种原因导致界面处具有剩余的表面自由能。因此，当某个相的分子碰撞到界面时受到这些不平衡力的吸引而停留或被吸附在界面上，从而产生吸附现象。在此过程中，实施吸附的物质称为吸附剂（adsorbent），而被吸附的物质称为吸附质（adsorbate）。吸附产生的最终结果是吸附质在界面或吸附剂的内部如孔内聚积，从而使界面处的表面自由能降低。

4.2.1.2　物理吸附和化学吸附

　　根据吸附剂表面与吸附质分子间的不同性质的作用力，可将吸附分为物理吸附和化学吸附两种。物理吸附是指被吸附分子与吸附剂表面分子间的作用力为分子间吸引力，即范德华力，是一个可逆过程，通常选择性比较差。当吸附剂表面分子与吸附质分子间的吸引力作用大于吸附质内部分子的引力时，就会发生吸附现象。从分子运动的观点来看，这些被吸附的分子由于分子运动，也会从界面处脱落而进入其本体相，本身不发生任何的化学变化，不发生电子转移、原子重排及化学键的破坏与生成，因此吸附能小。随着温度升高，吸附质分子动能增加，就可以把被吸附的气体逐出吸附剂表面，这种吸附质离开界面引起吸附量减少的现象称为脱附（desorption）。这种吸附-脱附的可逆现象是物理吸附的一种普遍现象。如用活性炭吸附气体，只要升高温度，就可以把被吸附的气体逐出活性炭表面。化学吸附是指吸附剂与吸附质之间发生化学作用，生成化学键引起的吸附。化学吸附由于分子间存在化学作用，有电子的交换、转移或共享，所以选择性较强，吸附能较大，要逐出被吸附的物质需要较高的温度，而且被吸附的物质即使被逐出，也已经产生了化学变化，不再是原来的物质了，一般催化剂都是以这种吸附方式起作用。同时，化学吸附一般速度较慢，只能形成单分子层且不可逆。

物理吸附和化学吸附并不是孤立的，往往相伴发生。在污水处理技术中，大部分的吸附往往是几种吸附综合作用的结果。由于吸附质、吸附剂及其他因素的影响，可能某种吸附是起主导作用的。物理吸附现象通常比较普遍，而化学吸附只有一定条件下才能产生，如惰性气体就不能产生化学吸附。如果表面原子的价键已经和邻近的原子形成饱和键，也不能产生化学吸附。化学吸附时，化学键的作用力比范德华引力大得多，吸附相互作用距离更短。在产生化学吸附的过程中，气体原子和表面原子之间产生电子的转移。物理吸附与分子在表面上的凝聚现象相似，它是没有选择性的。由于吸附相分子与气相分子间的范德华引力，可以形成多个吸附层。

物理吸附和化学吸附利用其不同的性质可以应用到不同的领域。如利用物理吸附的可逆性特点就可实现吸附剂再生和吸附质分离提纯的目的，其间只需通过改变操作条件，使吸附的物质发生脱落即可。此外物理吸附还可用于固体材料的比表面积、孔容和孔径的分布等参数的测试；而化学吸附则是发生多相催化反应的前提，还可用于测定表面浓度、吸附和脱附速率，评估固相催化剂活性表面中心等。

吸附属于一种传质过程，无论是物理吸附还是化学吸附，都发生在吸附剂表面，为了增大吸附容量，吸附剂应具有较大的比表面积。物质内部的分子和周围分子有互相吸引的引力，但物质表面的分子，其相对物质外部的作用力没有充分发挥，所以液体或固体物质的表面可以吸附其他的液体或气体，尤其是在比表面积很大的情况下，这种吸附力能产生很大的作用，所以工业上经常利用大比表面积的物质进行吸附，如活性炭、水膜、有机多孔材料等。

不同的吸附体系或同一吸附体系，在不同的条件下，吸脱附的速率是不一样的。吸附速率有以下三种决定因素（以气体吸附质为例）：

① 单位表面上气体分子的碰撞数目。气体分子碰撞的概率越大，吸附速率越大。

② 吸附活化能 E_a。碰撞在界面处的分子只有能量超过 E_a 的才能被吸附。统计热力学显示这种分子所占比例正比于 $\exp[-E_a/(RT)]$。

③ 表面覆盖率（θ_A）。其定义为被吸附质 A 覆盖的中心数与总活性中心数的比值。碰撞在界面处的且活化能超过 E_a 的部分气体分子只有碰撞到有效区域及界面空白处的活性中心才能被吸附。

决定脱附速率的两种因素为：

① 吸附量。吸附量越大，表面覆盖率越大，脱附量也越大，相应的脱附速度也越大。

② 脱附活化能（E_d）。类似于吸附速率的影响因素，被吸附的分子中心活化能高于 E_d 才能脱附，其百分率正比于 $\exp[-E_d/(RT)]$。

4.2.1.3 吸附等温线及其分类

吸附量以单位质量吸附剂上吸附的吸附质量来表示，是吸附研究中最重要的数据。当吸附速率与脱附速率相等时，吸附剂表面上吸附的气体量维持不变，这种状态即为吸附平衡。吸附平衡与压力、温度、吸附剂的性质等因素有关。一般地，物理吸附达到平衡很快，而化学吸附则很慢。对于给定的物系，在温度恒定和达到平衡的条件下，吸附质与压力的关系称为吸附等温式或吸附平衡式，绘制的曲线称为吸附等温线（adsorption isotherm）。

　　虽然文献中报道过许多不同形状的气体吸附等温线，但绝大多数可以归为图 4.3 所示的六种类型[3]，分别是 I 型、II 型、III 型、IV 型、V 型和 VI 型吸附等温线。图中纵坐标表示吸附量，横坐标为相对压力 P/P_0。P_0 表示气体在吸附温度时的饱和蒸气压，P 表示吸附平衡时气相的压力。各种吸附等温线对应着吸附时气体在固体表面上的排列形式，固体的孔、比表面积、孔径分布以及孔容积等有关信息。

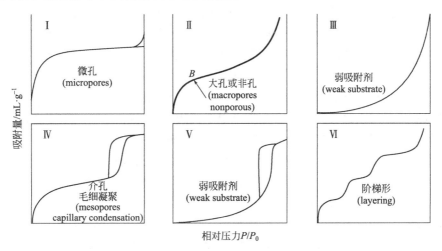

图 4.3　六种气体吸附等温线示意图

　　I 型吸附等温线，又称为 Langmuir 吸附等温线。化学吸附或气体在开放表面的单分子层物理吸附，可以得到 I 型吸附等温线。I 型吸附等温线在较低的相对压力下吸附量迅速上升，达到一定相对压力后吸附出现饱和值，类似于 Langmuir 型吸附等温线。一般地，I 型吸附等温线往往反映的是微孔吸附剂（分子筛、微孔活性炭）上的微孔填充现象，饱和吸附值等于微孔的填充体积。对于微孔材料来说，微孔内相邻壁面的气固作用势能相互叠加，使得微孔对气体的吸附作用显著增强，低压下吸附量便迅速升高，这种现象称为微孔填充。随后等温线平台的出现表明：发生在微孔内的吸附已经结束，随后发生外表面吸附，但外表面的吸附相对于微孔内的吸附可以忽略不计，这是由于外表面积相对于孔内表面积来说要小很多。理想情况下，当吸附剂的孔径为分子尺度大小且分布均一时，吸附等温线在低压下笔直上升，迅速达到饱和。相反，当吸附剂孔径分布较宽时，吸附达到饱和所需的压力也越大，吸附等温线达到平台之前会有一个圆滑的过渡过程。微孔硅胶、沸石和炭分子筛等常出现这类吸附等温线。由于微粒之间存在缝隙，这类吸附等温线在接近饱和蒸气压时会发生类似于大孔的吸附，吸附等温线迅速上升。

　　II 型吸附等温线，常称为 S 形等温线。当在大孔材料或非多孔性固体表面上进行单一多层可逆吸附时，一般呈现 II 型吸附等温线。II 型吸附等温线反映非孔性或者大孔吸附剂上典型的可逆物理吸附过程，这是 BET 公式最常说明的对象。无论是大孔还是非孔结构，吸附剂表面的吸附空间都没有限制，因此随着压力的升高，吸附由单分子层逐渐向多分子层过渡。从等温线形状上看，由于吸附质与表面存在较强的相互作用，在较低的相对压力（P/P_0）下，吸附量迅速上升，等温线上凸。到达某一点后，在一定的压力范围内等温线近似呈与 X 轴平行的直线，即吸附量保持不变。我们将该点定义为 B 点，是吸附等温线的第一个拐点，预示单分子层吸附完成，对应的吸附量即为单分子层的饱和吸附量。随着相对压力的增加，多分子层吸附开始。线性段以后随着压力的继续升高，等温线下凹。当平衡压力达到饱和蒸气压时，气体在吸附剂表面发生凝聚，吸附层无穷多，导致试验难以测定准确的极限平衡吸附值。这种类型的吸附等温线，在吸附剂孔径大于 20nm 时比较常见。其固体孔径的尺寸没有上限。在低相对压力区，曲线凸向上或凸向下，反映了吸附质与吸附剂相互作用的强或弱。

Ⅲ型吸附等温线，这种类型较少见。吸附等温线下凹，且没有拐点，吸附气体量随组分分压增加而上升。曲线下凹是因为吸附质分子间的相互作用比吸附质与吸附剂之间的强，第一层的吸附热比吸附质的液化热小，以致吸附初期吸附质较难吸附，低压下气体分子仅吸附在固体表面少数的活性位点上。随着压力的升高，气体分子优先吸附在已被吸附的分子附近形成团簇，因此在吸附剂表面没有形成完整的单分子层情况下，在局部已经形成多分子层吸附，因此吸附等温线上没有类似Ⅱ型吸附等温线的 B 点。随着吸附过程的进行，吸附出现自加速现象，吸附层数也不受限制。比如，当水分子吸附到疏水性活性炭上时，则表现为Ⅲ型吸附等温线。352K 时，Br_2 在硅胶上的吸附也表现为此类吸附等温线。

Ⅳ型吸附等温线，一般为中孔材料的吸附特征等温线。在较低的相对压力（P/P_0）下，吸附等温线与Ⅱ型吸附等温线相同，吸附机理基本一致。相对压力达到一定值时，吸附质在中孔内发生毛细凝聚，吸附量会迅速上升。所谓毛细凝聚现象，是指在一个毛细孔中，若能形成一个凹形的液面，与该液面成平衡的蒸气压力 P 必小于同一温度下平液面的饱和蒸气压力 P_0，当毛细孔直径越小时，凹液面的曲率半径越小，与其相平衡的蒸气压力越低，换句话说，当毛细孔直径越小时，可在较低的 P/P_0 下，在孔中形成凝聚液，但随着孔尺寸增加，只有在更高的 P/P_0 下才能形成凝聚液。当所有中孔的毛细凝聚结束后，吸附开始在外表面上发生，与Ⅰ型吸附等温线类似，吸附等温线出现平台，不同的是，Ⅰ型吸附等温线此平台对应的饱和吸附量常用来估算微孔体积，而此平台对应的是中孔体积。由于吸附剂的孔径分布、孔结构的几何形状以及实验温度等的影响，毛细凝聚区会观察到明显的滞后现象，即脱附等温线和吸附等温线不完全重合，脱附等温线位于吸附等温线上方，产生吸附滞后（adsorption hysteresis）现象，因此Ⅳ型等温线一般具有回线，即回滞环。

如图 4.4 所示，中孔材料物理吸附-脱附过程依次为：a. 在较低的 P/P_0 下先形成单分子层吸附，拐点对应单分子层的饱和吸附量；b. 多层吸附；c. 在中等的 P/P_0 下开始毛细凝聚；d. 毛细凝聚过程；e. 外表面吸附；f. 毛细管内脱附开始；g. 毛细管内脱附过程；h. 多层脱附。其中，滞后回线的起始点表示最小毛细孔开始凝聚；滞后回线的终点表示最大的孔被凝聚液充满；滞后环以后出现的平台，表示整个体系被凝聚液充满，吸附量不再增加，这也意味着体系中的孔有一定的上限。在中等的相对压力下，由于毛细凝聚的发生，Ⅳ型吸附等温线较Ⅱ型吸附等温线上升得更快。中孔毛细凝聚过程后，如果吸附剂还有大孔径的孔或者吸附质分子相互作用强，可能继续吸附形成多分子层，吸附等温线继续上升。但在大多数情况下毛细凝聚结束后，出现一吸附终止平台，并不发生进一步的多分子层吸附。

Ⅴ型吸附等温线。其结合了Ⅲ型和Ⅳ型吸附等温线两者的特点：在较低的 P/P_0 下与Ⅲ型吸附等温线类似，说明吸附质与吸附剂之间的相互作用较弱；达到中等 P/P_0 后，吸附迅速达到饱和，吸附等温线陡然上升，并伴有回滞环，同时出现与Ⅳ型等温线类似的平台。当 P/P_0 接近 1 时，由于吸附层数有限，吸附量趋于一极限值。

Ⅵ型吸附等温线，又称阶梯型吸附等温线，是一类特殊的等温线，是固体均匀表面上多层吸附的结果（如氪气在某些洁净金属表面上的吸附）。BET 多分子层理论其中一个假设是

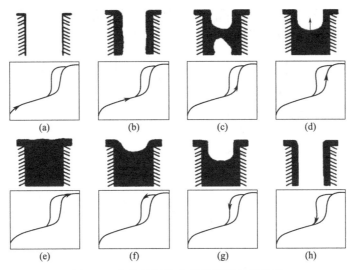

图 4.4　中孔材料物理吸附-脱附过程曲线

吸附分子间无相互作用，没有横向相互作用，即吸附质只受吸附剂表面或下面一层已经被吸附分子的作用，同层的相邻吸附质之间不存在相互作用力。大部分情况下，吸附剂表面都是不均匀的，此时吸附质相互之间的侧面作用常被表面的不均匀性所掩盖，因此很难遇到以上情况。当吸附发生在真正均匀表面上时，吸附质分子之间的侧面作用便不能忽略，会发生相应的二维凝聚现象，导致等温线呈阶梯状，每一台阶代表一层吸附质分子层的吸满。特殊情况下，具有球形对称结构的非极性气体分子（如氩、氪等）在经处理后的炭黑上的吸附等温线表现出这种类型的吸附曲线。

等温线的形状跟吸附质和吸附剂本身的性质密切相关，因此对等温线的研究和分析可获取有关吸附质和吸附剂性质的信息。例如：由 I 型、II 型或 IV 型吸附等温线可计算吸附剂的比表面积；IV 型吸附等温线是中孔的特征表现，同时具有拐点和回滞环，因而被用于中孔的孔径分布计算。

4.2.1.4　吸附等温线中的回滞环类型

回滞环常见于 IV 型吸附等温线，指在一定的相对压力范围内吸附量随平衡压力增加时测得的吸附分支和压力减小时所测得的脱附分支不重合的现象：在相同的相对压力下，脱附分支的吸附量大于吸附分支的吸附量；而当相对压力下降至约 0.4 以下时，滞后现象消失，吸附-脱附曲线又重合到一起，从而形成回滞环。回滞环产生的原因可归结为中孔孔结构的作用：吸附剂被吸附到吸附质孔中的过程，阻力比较小，吸附容易进行；脱附阶段压力下降时，吸附质脱附过程阻力较大，导致脱附不完全，需要到更低的压力下才能脱附出来，于是便产生回滞环。解释的理论主要是毛细凝聚理论。在许多测得的中孔材料吸附等温线中出现这种现象，但并不是所有 IV 型吸附等温线都存在吸附回滞环，如一端封闭的圆筒孔结构。根据最新的 IUPAC 的分类，有以下六种回滞环（图 4.5）。

H1 型和 H2 型回滞环吸附等温线上均有饱和吸附平台，说明孔径分布比较均匀。其中，H1 型回滞线的吸附和脱附曲线都很陡（近乎垂直）且两部分几乎平行，通常凝聚和脱附发生在中等相对压力范围，反映的是两端开口的孔径分布较窄且大小均一的圆筒状孔，H1 型回滞线可在孔径分布相对较窄的介孔材料和尺寸较均匀的球形颗粒聚集体中观察到。而 H2

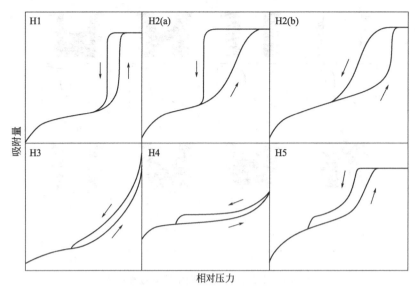

图 4.5　常见的六种回滞环类型

型回滞线的吸附支由于发生毛细凝聚现象逐渐上升，而脱附支在较低的压力下则急剧下降，反映的孔结构相对 H1 型来说要复杂，包括典型的"墨水瓶"孔、孔径分布不均的管形孔和密堆积球形颗粒间隙孔等。吸附可从半径较大的孔结构底部开始（$R/r<2$，R 为底部孔半径，r 为孔颈处半径），也可从曲率半径较小的瓶颈开始（$R/r>2$）；而脱附过程始终从半径小的瓶口开始，由于孔口曲率半径小于瓶体内，导致后续脱附很容易发生。H2（a）型中脱附支很陡峭，这是由于孔颈在一个狭窄的范围内发生气穴控制的蒸发，也许还存在着孔道阻塞或渗流。H2（a）型回滞环常见于硅凝胶以及一些有序介孔材料。H2（b）型回滞环也与孔道堵塞相关，但孔颈宽度的尺寸分布要比 H2（a）型宽得多，常见于介孔泡沫硅和一些经过水热处理后的有序介孔硅材料。H3 型和 H4 型回滞环等温线没有明显的饱和吸附平台，表明孔结构很不规整。H3 型回滞环的吸附支和 Ⅱ 型吸附等温线类似，脱附支也是缓慢下降。H3 型反映的孔包括平板狭缝结构、裂缝和楔形结构等。典型的例子是具有平行狭缝孔结构的蒙脱土等层状黏土矿类材料。开始凝聚时，由于气液界面是大平面，只有当压力接近饱和蒸气压时才发生毛细凝聚，难以形成凹液面，吸附等温线类似于 Ⅱ 型吸附等温线。H4 型回滞环与 H3 型的有些类似，但吸附分支是由 Ⅰ 型和 Ⅱ 型吸附等温线复合组成。在较低的相对压力下有非常明显的吸附量，与微孔填充有关。H4 型出现在微孔和中孔混合的吸附剂上和含有狭窄裂隙孔的固体中，如活性炭、分子筛。H5 型回滞环较为少见，但它有与一定孔隙结构相关的明确形式，即同时具有开放和阻塞的两种介孔结构。

通常，对于特定的吸附气体和吸附温度，H3 型、H4 型和 H5 型回滞环的脱附分支在一个非常窄的相对压力范围内急剧下降。例如，在液氮下的氮吸附中，这个范围是 0.4～0.5。这是 H3 型、H4 型和 H5 型回滞环的共同特征。

4.2.2　吸附理论

不同的固体表面与吸附质组合得到上述不同类型的吸附等温线，这些吸附等温线的形状反映了固体表面结构、孔结构和固体-吸附质的相互作用，通过解析这些等温线就能知道吸附相互作用和表征固体表面。研究者对其进行了大量的理论研究，也提出了很多的吸附模型，经典的包括以下三个：Langmuir 单分子层吸附模型、BET 多分子层吸附模型以及毛细孔凝聚理论。

4.2.2.1　Langmuir 单分子层吸附模型

Langmuir 单分子层吸附模型是根据分子间力随距离的增加而迅速下降的事实，由美国物理化学家朗格缪尔于 1916 年提出，气体分子只有碰撞到固体表面与固体分子接触时才有可能被吸附，即气体分子与表面相接触是吸附的先决条件。此理论认为：在固体表面的分子或原子存在向外的剩余价力，可以吸附分子，吸附位可以均匀地分布在整个表面，但只是吸附在表面的特定位置，称为特异吸附。

Langmuir 单分子层吸附理论在建立吸附模型时有如下的基本假设：

① 单分子层吸附。固体表面具有吸附能力，是因为吸附剂表面的力场没有饱和，有剩余价力。该力场的作用范围与分子直径大小相当，只有气体分子碰撞到尚未被吸附的固体空白表面上，才有可能发生吸附作用。所以该理论认为固体表面对气体只能发生单分子层吸附。

② 固体表面是均匀的，即表面上所有部位的吸附能力都相同。摩尔吸附热是个常数，不随覆盖程度的大小而变化。

③ 被吸附在固体表面上的分子相互之间无作用力，即气体分子吸附与解吸的难易程度，与其周围是否有被吸附的吸附质分子无关，不会受到周围环境和吸附位置的影响。

④ 吸附平衡是动态平衡。已吸附在吸附剂表面上的气体分子，当其热运动的动能足以克服吸附剂引力场的位能时，又可以重新回到气相中，这种现象称为脱附（或解吸）。当吸附开始时，吸附速率大于脱附速率，但随着吸附量的逐渐增加，固体表面上未被气体覆盖的空白部分越来越少，气体分子碰撞到空白面上的可能性必然减小，吸附速率逐渐降低。相反，随固体表面被覆盖面积的增加，脱附速率却越来越大，当吸附速率与脱附速率相等时，就达到吸附平衡。此时吸附与脱附仍在不断进行，但从表观看，气体不再被吸附，即吸附平衡为动态平衡。

Langmuir 吸附等温方程如下式：

$$\frac{P}{V} = \frac{1}{V_m b} + \frac{P}{V_m} \tag{4.1}$$

式中，P 为气体压力；V 为实际吸附量；V_m 为单层饱和吸附量；b 为与吸附热相关的常数。

Langmuir 吸附模型在固体表面的吸附作用相当均匀，且吸附限于单分子层时，能够较好地代表实验结果。例如化学吸附一般是单分子层吸附，因此 Langmuir 模型特别适用。然而，由于它的假定不够严格，具有相当的局限性：①在临界温度（即物质由气态变成液态的最高温度）以下的物理吸附中，多分子层吸附远比单分子层吸附更加普遍；②应用于超临界吸附时需要对 Langmuir 方程作相应的修正；③由于真实表面都是不均匀的，Langmuir 方程在实际使用中常常要对表面的不均匀性进行修正。

4.2.2.2　BET 多分子层吸附模型

Brunauer、Emmett 和 Teller 三人于 1938 年提出了 BET 多分子层吸附理论，其基本假设是：①吸附位在热力学和动力学意义上是均一的（吸附剂表面性质均匀），吸附热与表面覆盖度无关；②吸附质分子间无相互作用，没有横向相互作用；③吸附可以是多分子层的，且不一定形成完整单层后再继续形成多层，两者可同时进行；④第一层吸附是气体分子与固体表面直接作用，其吸附热与后续各层吸附热不同，而第二层以后各层则是相同气体分子间的相互作用，各层吸附热都相同，为吸附质的液化热。他们在这些假设的基础上，根据吸附达到平衡时，每一层的凝聚速度与蒸发速度相等，导出熟知的 BET 二常数吸附等温式：

$$\frac{P}{V(P_0-P)}=\frac{1}{V_mC}+\frac{C-1}{V_mC}\times\frac{P}{P_0} \qquad (4.2)$$

式中，V 为被吸附气体的体积；V_m 为单分子层饱和吸附时的吸附量；P 为被吸附气体在吸附温度下平衡时的压力；P_0 为在同温度下吸附质的饱和蒸气压；C 为常数，与吸附质的吸附热和液化热有关。

当物理吸附的实验数据按 $P/[V(P_0-P)]$ 与 P/P_0 作图时应得到一条直线。直线的斜率 $m=(C-1)/(V_mC)$，在纵轴上的截距 $b=1/(V_mC)$，从而推导出 $V_m=1/(m+b)$，$C=m/b+1$。

BET 吸附模型最重要的应用是测定吸附剂或催化剂的比表面积，从所得的值可以计算铺满单分子层的分子个数。若已知每个分子所占面积为 σ_m，即可得到表面积 S，具体公式如下：

$$S=\frac{V_m}{22400}N_A\sigma_m \qquad (4.3)$$

式中，S 为吸附剂的总表面积；V_m 为标准状态下氮气分子单层饱和吸附量，mL；σ_m 为吸附质分子的截面积；N_A 为阿伏伽德罗常数，为 6.023×10^{23}；22400 为标准状态下 1mol 气体的体积，mL。

通常情况下，BET 公式只适用于处理相对压力（P/P_0）约为 0.05～0.35 的吸附数据，这时的表面覆盖率 $\theta=V/V_m$，约为 0.5～1.5。因为 $P/P_0<0.05$，压力太小，不能建立多分子层物理吸附平衡（实为单分子层）；当 $P/P_0>0.35$，毛细凝聚现象显著，亦破坏多分子层物理吸附。在上述 BET 公式中，参数 C 反映的是吸附质与吸附剂之间作用力的强弱，通常在 50～300。当 BET 比表面积大于 $500m^2\cdot g^{-1}$ 时，如果 C 值超过 300，那么测试结果就是可疑的。负的或高的 C 值均与微孔有关，通常需要加以修正才能利用 BET 公式来进行分析。

4.2.2.3　毛细孔凝聚理论

除了以上两个经典理论外，还有一个针对中孔材料的毛细孔凝聚理论。Kelvin 认为，在多孔性吸附剂中，若能在吸附初期形成凹液面，凹液面上的蒸气压总小于平液面上的饱和蒸气压，所以在小于饱和蒸气压时，凹液面上方已达饱和而发生蒸气的凝结，这就是毛细管凝聚。发生这种蒸汽凝结的作用总是从小孔向大孔，随着气体压力的增加，发生气体凝结的毛细孔越来越大。

毛细孔凝聚理论有一定的适用范围，因为 Kelvin 方程式（4.4）是从热力学公式推导出来的，对于具有分子尺度孔径的孔并不适用。毛细凝聚发生前产生的吸附膜如图 4.6。另外对于大孔来说，由于孔径较大，发生毛细孔凝聚时的压力十分接近饱和蒸气压，在实验中很难测出。

$$\ln\frac{P}{P_0}=-\frac{2\sigma V_L}{RT}\times\frac{1}{r_m} \qquad (4.4)$$

式中，σ 是表面张力；V_L 是液体的摩尔体积。

一个曲面，一般需要用两个互相垂直面的曲率半径 r_1 和 r_2 来描述，每一个面都从固体表面上的一点法向垂直地穿过去，如图 4.7 所示。r_m 与 r_1、r_2 关系如下式所示。

$$\frac{2}{r_m} = \frac{1}{r_1} + \frac{1}{r_2} \tag{4.5}$$

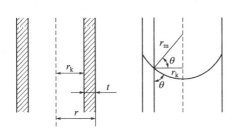 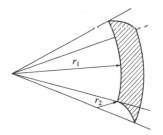

图 4.6　毛细凝聚发生前产生的吸附膜　　　　　图 4.7　液气界面的一小部分
r_k—毛细管的有效半径，r_m—弯曲液面的曲率半径；
$r_m = r_k/\cos\theta$；r—毛细管的半径；t—多层吸附膜的厚度

Kelvin 方程可以有效地处理中孔凝聚现象。以一端封闭的圆筒孔和两端开口的圆筒孔为例（$\theta = 0$），对于一端封闭的圆筒孔，发生凝聚和蒸发时，气液界面都是球形曲面，$r_m = r_1 = r_2 = r_k$，无论是凝聚还是蒸发，相对压力都可以表示为：$\ln\dfrac{P}{P_0} = -\dfrac{2\sigma V_L}{RT} \times \dfrac{1}{r_k}$，因此吸附和脱附分支之间没有回线。对于两端开口的圆筒孔，发生毛细孔凝聚时，气液界面是圆柱形，$r_1 = r_k$，$r_2 = \infty$，因而 $r_m = 2r_k$，相对压力可以表示为：$\left(\ln\dfrac{P}{P_0}\right)_a = -\dfrac{\sigma V_L}{RT} \times \dfrac{1}{r_k}$。发生蒸发时，气液界面为球形，相对压力表示为：$\left(\ln\dfrac{P}{P_0}\right)_d = -\dfrac{2\sigma V_L}{RT} \times \dfrac{1}{r_k}$，两式相比，$P_a > P_d$，这时，吸附与脱附分支就会存在回线，且脱附曲线在吸附曲线的左侧。

4.3　孔结构表征

按国际理论化学与应用化学学会（IUPAC）的划分，孔结构按孔径大小可分为：微孔（小于 2nm）、中孔或介孔（2～50nm）、大孔（大于 50nm），微孔可再细分为小于 0.7nm 的超微孔和 0.7～2.0nm 的亚微孔[4]。微孔内具有较高的吸附势，吸附质分子通过"微孔填充"吸附机制来进行吸附；中孔可在中等相对压力下发生毛细凝聚现象；大孔主要作为吸附质分子进入吸附部分的通道。多孔材料孔结构的特征参数包括比表面积、孔容和孔径分布等。不同大小的孔结构通常需要采用不同的测试方法，目前已经发展出来的方法包括气体吸附法、压汞法、气体渗透法、泡点法、小角 X 射线衍射法和电镜观察法等。针对微孔和中孔的测试，一般采用气体吸附法，而大孔一般采用压汞法来测定。

4.3.1　气体吸附法

4.3.1.1　测试原理
气体吸附法是测量材料比表面积和孔径分布最常用的方法。在一定压力下，被测样品表面在恒定温度（通常是超低温）下对气体分子进行可逆物理吸附作用，通过测定一系列不同相对压力下的平衡吸附量，随后借助理论模型即可求出被测样品的比表面积和孔径分布等与物理吸附有关的物理量。气体吸附法根据所测孔径范围的不同又可分为氮气吸附和二氧化碳吸附两种方法，前者主要用来测试 2～50nm 的中孔和 100nm 以上的大孔；而后者由于二氧化碳在实验条件下比氮气扩散速度更快，更易达到饱和吸附，主要用来测试小于 2nm 的微孔孔隙结构。其中氮气低温吸附法是测量材料比表面积和孔径分布比较成熟而且广泛采用的方法。在液氮温度下，氮气在固体表面的吸附量取决于氮气的相对压力（P/P_0）。当 P/P_0 在 0.05～0.35 范围内时，吸附量与相对压力 P/P_0 符合 BET 方程的线性关系，这是氮吸附法测定比表面积的依据；当相对压力进一步升高时，毛细凝聚现象发生，BET 方程不再适用。

4.3.1.2 气体选择

在利用气体吸附法测量材料比表面积和孔径分布过程中，气体需要满足一个最基本的要求就是其化学性质稳定，在吸附过程中不会发生化学反应以保证吸附剂表面的吸附特性不变，同时必须是可逆的物理吸附。满足此条件的吸附质气体包括氮气、二氧化碳、氩气、氦气等。部分代表性气体吸附质的物理参数见表 4.1。其中氮气由于价格低廉、制备方法简单且容易提纯，更重要的是它与固体吸附质之间的作用力较强，是最常使用的吸附质。至今为止，绝大多数报道的吸附剂测定选择氮气作为吸附质，测试结果的准确性和重复性都很理想。但氮气吸附不太适用于尺度比较小的微孔，这是由于氮气分子动力学直径[5]相对来说比较大，当微孔尺寸与其接近时，一方面氮气分子很难进入微孔内，导致吸附不完全；另一方面气体分子在与其直径相当的孔内发生吸附时情况非常复杂，受额外因素影响较大，因此吸附曲线不能完全反映出样品的真实吸附情况，从而影响比表面积和孔径分布的测定。对于这类以微孔为主的样品，一般采用分子动力学直径更小的气体如氩气或氦气作为吸附质，以保证测试结果的有效性。与氮气吸附（77.35K 下）相比，氩气由于缺少四极矩，与孔壁的相互作用较弱，在 87.27K（液氩温度）时填充孔径为 0.5～1.0nm 的孔时相对压力比液氮条件下的氮气填充要高很多，而较高的温度和填充压力均有助于加速扩散和平衡的进程。因此，采用氩气作为吸附质，在液氩温度（87.27K）下进行微孔材料分析更为有利。除氩气外，二氧化碳也是较理想的吸附气体，其测试通常是在室温下进行，比氮气和氩气的低温吸附更有利于扩散。

表 4.1 部分代表性气体吸附质的物理参数

吸附质	沸点/K	液体摩尔体积/ $cm^3 \cdot mol^{-1}$	临界温度/K	临界摩尔体积/ $cm^3 \cdot mol^{-1}$	临界压力/bar	动力学直径/Å	极化率/ $\times 10^{25} cm^{-3}$	偶极矩/ $\times 10^{18} esu \cdot cm$	四极矩/ $\times 10^{26} esu \cdot cm^2$
He	4.30	32.54	5.19	57.30	2.27	2.551	2.04956	0	0.0
Ne	27.07	16.76	44.40	41.70	27.60	2.82	3.956	0	0.0
Ar	87.27	28.70	150.86	74.57	48.98	3.542	16.411	0	0.0
Kr	119.74	34.63	209.40	91.20	55.00	3.655	24.844	0	0.0
Xe	165.01	42.91	289.74	18.00	58.40	4.047	40.44	0	0.0
H_2	20.27	28.50	32.98	64.20	12.93	2.827～2.89	8.042	0	0.662

续表

吸附质	沸点/K	液体摩尔体积/$cm^3 \cdot mol^{-1}$	临界温度/K	临界摩尔体积/$cm^3 \cdot mol^{-1}$	临界压力/bar	动力学直径/Å	极化率/$\times 10^{25} cm^{-3}$	偶极矩/$\times 10^{18} esu \cdot cm$	四极矩/$\times 10^{26} esu \cdot cm^2$
D_2	23.65	24.81	38.35	60.20	16.65	2.827～2.89	7.954	0	—
N_2	77.35	34.70	126.20	90.10	33.98	3.6～3.8	17.403	0	1.52
O_2	90.17	27.85	154.58	73.37	50.43	3.467	15.812	0	0.39
Cl_2	239.12	45.36	417.00	124.00	77.00	4.217	46.1	0	—
Br_2	331.90	51.51	584.10	135.00	103.00	4.296	70.2	0	—
CO	81.66	35.50	132.85	93.10	34.94	3.69	19.5	0.1098	2.50
CO_2	216.55	37.40	304.12	94.07	73.74	3.3	29.11	0	4.30

注：$1Å=10^{-10} m$，$1esu=3.335\times10^{-10} C$，$1bar=10^5 Pa$。

4.3.1.3　气体吸附法的测试方法

目前，几乎所有的比表面积和孔径分布测定仪都采用自动控制，可得到 BET 比表面积、Langmuir 比表面积、BJH 中孔孔分布及总孔体积等多种数据。图 4.8 是麦克仪器公司（Micromeritics）ASAP2460 比表面积和孔径分布测定仪，由分析系统、微机控制系统和界面控制器组成。分析系统有样品处理口、分析口、分析用液氮瓶、控制面板、冷阱及饱和蒸气测定管等。采用氮气低温吸附法测定多孔材料的比表面积和孔径分布时，一般先将样品通过加热和抽真空进行脱气脱水处理，之后称重，再置于液氮中保温。在预先设定的不同压力点测定样品的氮气吸脱附量，从而获得吸脱附等温线。在此基础上，利用软件处理所得数据，进一步计算样品的比表面积、孔容和孔径分布等参数。

图 4.8　麦克仪器公司（Micromeritics）ASAP2460 比表面积和孔径分布测定仪

4.3.1.4　比表面积计算

比表面积是多孔材料最重要的物理参数之一。通常用单位质量的固体所具有的表面积来表示（$m^2 \cdot g^{-1}$），表示为 $S_g = S/m$，其中，m 为被测样品质量（g），S 为被测样品表面积（m^2），一般采用 BET 公式计算比表面积，见式（4.3），则比表面积 $S_g = S/m = V_m N_A \sigma_m / (22400m)$。采用 BET 吸附法测量比表面积时，吸附质分子截面的数值可由多种方法获得（见表4.2），通常认为77.4K时氮气分子的截面积为 0.162nm^2，由此可得 $S_g = 4.36 V_m/m$。如果只需要计算比表面积，可以只选 $P/P_0 = 0.05 \sim 0.35$ 之间五点进行测量和分析就可以了，这就是所谓的"五点法确定比表面积"。在比较粗略的计算中，也可采用单点法来计算比表面积。因为氮气吸附时 C 常数一般都在 $50 \sim 300$，此时 BET 作图时跟 C 成倒数关系的截距常常很小，因此可忽略不计。可将相对压力为 $0.20 \sim 0.25$ 的一个实验点和原点相连构建直线，由它的斜率的倒数计算 V_m 值，再求算比表面积。另外一个比较近似的方法就是 B 点法，B 点对应第一层吸附达到饱和的点，其吸附量 V_B 近似等于 V_m，由 V_m 直接求出吸附剂的比表面积。

除了 BET 比表面积之外，还有一种作图方法也比较常用，即 t-plot 法。此法在一些情况下可以分别求出不同尺寸的孔的比表面积（BET 和 Langmuir 法计算出的都是总比表面积）。$V = St$，由 V、t 可以求出比表面积。具体方法在后面孔分布章节中一并介绍。

表 4.2　不同方法得到的吸附质分子的截面积值　　　　　　nm^2

吸附质	液体密度法	范德华常数法	吸附参比法
N_2	0.162(77K)	0.153	0.162(标准)
Ar	0.138(77K)	0.136	0.147
Kr	0.195(77K)	—	0.202
O_2	0.141(77K)	0.135	0.136
CO_2	0.170(195K)	0.164	0.218
H_2O	0.105(298K)	0.130	0.125
CH_4	0.158(77K)	0.165	0.178

4.3.1.5　孔径分布计算

孔径分布指材料中存在的各级孔径按数量或体积计算的百分比。孔径分布分析主要是以热力学的气液平衡理论研究吸附等温线的特征，然后采用合适的模型进行孔分布计算。针对不同类型的微孔结构，可以选用微孔 DR（Dubinin-Radushkevich）理论、HK（Horvaih-Kawazoe）狭缝孔理论、SF（Saito-Foley）圆柱形孔理论分析；针对介孔结构，可以选择 BJH（Barrett-Joyner-Halenda）、DH 等计算模型；而密度泛函理论和 t-plot 法可同时适用于微孔和介孔分析。

（1）BJH 理论

BJH（Barrett-Joyner-Halenda）法是目前使用历史最长，普遍被接受的孔径分布计算模型，它是基于 Kelvin 毛细管凝聚理论发展的，计算方法如式（4.6）所示，同时具有以下限定条件：①孔隙是刚性的，并且有规则的形状（比如圆柱状或狭缝形）；②不存在微孔；③孔径分布不连续超出此方法所能测定的最大孔隙，即在最高相对压力处，所有测定的孔隙均已被充满。只有当实验数据具有上述特点时，用 BJH 理论计算孔径分布才是可靠的。

$$r_m = 2\gamma V_m / [RT\ln(P/P_0)] \tag{4.6}$$

其总体计算策略为：①数据点可以从等温线的吸附分支采取，也可以从脱附分支采取，但均应按相对压力降低的顺序排列。②将压力降低时氮气吸附体积的变化归于以下两方面的原因。一是在由 Kelvin 方程针对高、低两个压力区计算出的尺寸范围内的孔隙中毛细管凝聚物的脱除，二是脱除了毛细管凝聚物的孔壁上多层吸附膜的减薄。③为测定实际孔径和孔体积，必须考虑在毛细管凝聚物从孔隙中脱除时，残留了多层吸附膜。

（2）t-plot 法（经验作图法）

德·博尔（De Boer）建立起来的 t-plot 法也称 t-曲线，是以吸附量对吸附膜的统计厚度 t［t 在这里等于 $(n/n_m) \times \sigma$，n 为被吸附的吸附质的物质的量，n_m 为单层饱和吸附时吸附质的物质的量，σ 为单层厚度］作图，用来检验样品的吸附行为（实验等温线）与标准样品吸附行为（标准等温线）的差异，从而得到样品的孔体积、孔径分布及比表面积等信息。

对于固体表面上无阻碍地形成多分子层的物理吸附，BET 理论给出吸附层数：

$$n = \frac{V}{V_m} = \frac{CP/P_0}{(1-P/P_0)[1+(C-1)P/P_0]} \tag{4.7}$$

C 为常数时，n 为相对压力的函数，令单层的厚度为 t_m，则吸附层厚度 t 随相对压力改变而变化。对于 77.4K 时吸附剂表面上的氮气吸附来说，C 值虽然不可能在各种样品上都相等，但受 C 变动的影响并不大，已由德·博尔等人从实验上求得（称为氮吸附的公共曲线）。采用标准化的 t-plot 法就可以根据氮气吸附数据计算出各点 i 对应的 t 值：

$$t_i = \left[\frac{113.99}{0.034 - \lg(P_i/P_0)} \right]^{1/2} \tag{4.8}$$

根据得到的 t 图可求出斜率 S_t（外表面积）和截距 I_t（孔体积），并计算 t 面积。另外，由式（4.3）可以得出，氮气吸附时 BET 比表面积 $= 4.353V_m$，所以吸附质比表面积 $=$ BET 比表面积 $-t$ 面积，而微孔体积 $= 1.547 \times 10^{-3}I_t$，其中 0.01547 是标准状态下 1mL 氮气凝聚液毫升数。

标准等温线是建立在已知的非孔（尤其是无微孔）固体上，同时该固体的化学性质应当与被测样品相同，以保证吸附性质类似。如果待测样品中也不含孔，那么它与标准等温线形状一致（即为一条直线），而仅仅是吸附量不同。如果样品中含有孔，那么实验等温线将偏离标准等温线。t-plot 法正是检验偏离标准等温线的有效方法。t-plot 图不仅可以检验中孔的毛细凝聚现象，而且还可用于提示微孔的存在与计算其体积贡献（图 4.9）。

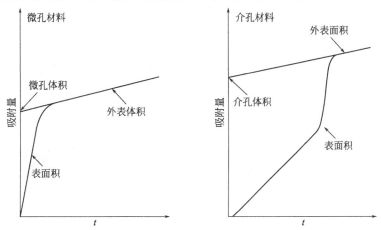

图 4.9　t-plot 图确定表面积及微孔与介孔体积示意图

① 如果 t-plot 是一条通过原点的直线，则表明吸附量以与标准等温线相同的速率增加，该吸附剂被视为无孔材料。此时吸附发生在外表面，吸附层厚度 t 与吸附量成正比，表现为一条直线，斜率即为该样品的表面积。

② 如果 t-plot 具有两个不同的斜率，其中一个是上升较快的通过原点的斜率，另一个是平缓的斜率，则表示吸附剂具有均匀大小的微孔。在吸附初期，由于微孔填充的发生，吸附量急剧增加，但吸附的厚度并没有增加太多，导致 t-plot 的斜率较大。当微孔被完全填充后，吸附随后在外表面进行，吸附趋于平缓，斜率较小。

③ 如果吸附剂中含有介孔（但不含微孔），在给定相对压力下发生毛细凝聚现象时，由于孔中凝聚吸附质而使吸附量增大，因而 t-plot 即在相应于最细孔发生毛细凝聚的相对压力处开始出现向上翘起的偏离。此时如果将毛细凝聚结束后 t-plot 的线性部分反相延长至 Y 轴，截距即为介孔部分的体积。而发生毛细凝聚前，t-plot 与非孔物质一样呈直线，该直线通过原点，意味着没有微孔存在。

④ 如果吸附剂同时含有微孔和介孔部分，此时的 t-plot 将会同时出现上述②和③两种现象。根据各自对应吸附曲线进行求解即可。

（3）密度泛函理论

由于受限流体的热力学性质与自由流体有相当大的差异，如产生临界点、冰点和三相点的位移等，经典的孔径分析理论如 BJH 理论等基于宏观热力学的分析方法会产生较大的误差。鉴于此，从 20 世纪 90 年代开始推出微观分析方法，即基于在分子水平上描述被吸附分子状态的统计力学方法，如密度泛函理论（density functional theory，DFT）和分子模拟方法（Monte Carlo，MC，蒙特卡罗法），它们不仅提供了吸附的微观模型，而且更真实地反映了多孔材料的孔中流体热力学性质，广泛用于中孔和微孔的孔结构分析。

近十年来，非定域密度函数理论（NLDFT）和计算机模拟方法（如 MC 拟合）已发展成为描述多孔材料受限制的非均匀流体的吸附和相行为的有效方法，可以在较宽范围内进行准确的孔径分析（如同时包含微孔和介孔），能正确描述接近于固体孔壁的流体结构，模型孔吸附等温线的测定是以流体-流体之间和流体-固体之间相互作用的分子间势能为基础。NLDFT 法适用于多种吸附剂/吸附质体系，与经典的热力学法、显微模型法相比，NLDFT 法从分子水平上描述了受限于孔内的流体的行为，其应用可将吸附质气体的分子性质与它们在不同尺寸孔内的吸附性能关联起来，因此可以保证计算的准确性。而以宏观热力学假设为前提的经典方法如 BHJ 理论等仅适用于指定的孔径范围并且低估了孔径，导致重大偏差（孔径小于 10nm，偏差可达 25%），需要适当修正和校准。2006 年，骤冷固体密度泛函理论 QSDFT（quenched solid density functional theory）被提出，用于几何结构和化学结构无序的微孔-介孔材料的低温炭吸附孔径分析。与 NLDFT 理想光滑的表面假设不同，QSDFT 明确地将粗糙表面和各向异性的影响计算在内，进一步提高了 DFT 的准确性。

4.3.2 压汞法

气体吸附法主要用于微孔和中孔材料的测试，相关理论发展得比较成熟，但是不适用于较大孔径的表征。压汞法可测孔范围为 $0.0064 \sim 950 \mu m$（孔直径）的孔结构，可有效地弥补气体吸附法的不足。

压汞法（mercury intrusion porosimetry，MIP），又称汞孔隙率法，是测定部分中孔和大孔孔径分布的方法。汞是液态金属，兼具金属的导电性能和液体的表面张力，在压汞的过程中，随着压力的升高，汞被压至样品的孔隙中，所产生的电信号通过传感器输入计算机进行数据处理，模拟出相关图谱，从而计算出孔隙率和比表面积。由于表面张力的原因，汞对多数固体是非润湿的，汞与固体的接触角大于 90°，需外加压力才能进入固体孔中。外压越大，汞能进入的孔半径越小。测量不同外压下进入孔中汞的量即可知相应孔大小的孔体积。所用压汞仪使用压力最大约 200MPa。将汞在给定的压力下浸入多孔材料的开口孔结构中，当均衡地增加压力时，能使汞浸入材料的细孔，被浸入的细孔大小和所加的压力成反比。测量压力和汞体积的变化关系，通过数学模型即可换算出孔径分布等数据。采用仪器所配置的软件分析可以得出以下结果：累计进汞量与压力关系曲线、孔径分布曲线、进汞体积与压力关系曲线、孔体积与压力关系曲线以及数据表等。

4.3.3　小角 X 射线衍射法

1912 年，劳厄等人发现 X 射线通过晶体时会产生衍射现象，从而证明了 X 射线的波动性和晶体内部结构的周期性。当一束单色 X 射线入射到晶体时，由于晶体是由原子规则排列成的晶胞组成，这些规则排列的原子间距离与入射 X 射线波长具有相同的数量级，故由不同原子散射的 X 射线可相互干涉、相互叠加，称为相干散射或衍射。波长为 λ 的 X 射线入射到点阵平面上时，各个点的散射波相互加强的条件是入射角与反射角相等，同时入射线、反射线和晶面法线在同一平面上（图 4.10），满足衍射方向的条件为 $\Delta = BC + CD = n\lambda$，即 $2d\sin\theta = n\lambda$，这就是著名的布拉格方程。

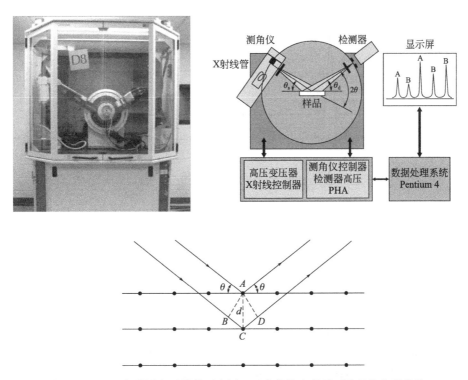

图 4.10　XRD 仪器设备及结构示意图以及布拉格方程需要满足的衍射条件

小角 X 射线衍射（small angle X-ray scattering，SAXS）是发生在原光束附近的相干散射现象，物质内部尺寸在 1nm 到数百纳米范围的电子密度起伏是产生这种散射效应的根本原因。对晶态多孔材料如 COF 而言，孔和骨架为具有显著电子密度差的两相。由于具有规整周期的孔结构，COF 材料可以看作多层结构，又由于孔阵列的周期常数处于纳米量级，因而其主要的几个衍射峰都出现在低角度范围（2θ 为 0~10°）。因此，用小角衍射峰来表征有序孔材料的孔径，以及孔材料孔壁之间的距离。如图 4.11 所示[6]，采用 Cu 的 Ka（0.154nm）测得 Ni-COF 的 X 射线衍射谱存在与孔道的六方排列对应的（100）晶面，另外几个次峰分别对应（200）、（210）、（220）等晶面。利用布拉格公式可以求出主峰（6.8°）对应的晶面（100）面间距为 1.3nm，即孔道的心-心间距 a 为 1.3nm，即为孔尺寸和孔壁厚度之和，其孔壁厚度约为 0.3nm，由此可以估计出孔径为 1nm。

小角 X 射线衍射法的局限在于测试对象必须具有规整的排列结构，对孔排列不规整的多孔材料，无法获得其孔径大小。

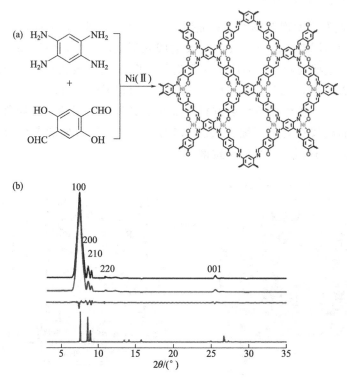

图 4.11　Ni-COF 材料的合成及 XRD 图[6]

4.3.4　扫描电镜观察法

扫描电子显微镜（scanning electron microscope，SEM）是对样品表面形态进行测试的一种大型仪器（图 4.12）。其工作原理是：从电子枪发射出来的热电子，受 2~30kV 电压加速，经两个聚光镜和一个物镜聚焦后，形成一个具有一定能量、强度和斑点直径的入射电子束，在扫描线圈产生的磁场作用下，入射电子束按一定时间、空间顺序做光栅式扫描。当入射电子束轰击样品表面时，电子与元素的原子核及外层电子发生单次或多次弹性与非弹性碰撞，一些电子被反射出样品表面，而其余的电子则渗入样品中，逐渐失去其动能，最后停止运动，并被样品吸收。在此过程中有 99% 以上的入射电子能量转变成样品热能，而其余约

1%的入射电子能量从样品中激发出各种信号，其中包括二次电子、背散射电子，即在入射电子束作用下被轰击出来并离开样品表面的样品原子的核外电子。

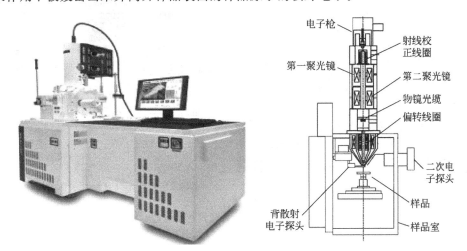

图 4.12　SEM 设备及构造示意图

　　由于扫描电镜入射电子与样品之间的相互作用，从样品中激发出的二次电子通过收集极的收集，可将向各个方向发射的二次电子收集起来。这些二次电子经加速射到闪烁体上，使二次电子信息转变成光信号，经过光导管进入光电倍增管，使光信号再转变成电信号。这个电信号又经视频放大器放大，并将其输入到显像管的栅极中，调制荧光屏的亮度，在荧光屏上就会出现与试样上一一对应的相同图像，即 SEM 图像。SEM 能够为研究材料的形貌和大小提供直观的证据，而且在对样品的表面形貌进行观察的同时，还可以利用电子束和样品的相互作用对样品进行成分分析。扫描电镜对较大的孔结构观察直观、有效，比如多孔无机分离膜，但是对于微孔和中孔的观察效果不好，此时要借用透射电镜观察。

4.3.5　透射电镜观察法

　　透射电子显微镜（transmission electron microscope，TEM），是一种高性能精密电子光学仪器，其中高分辨电子显微镜分辨率已经达到原子水平，是观察孔材料孔径分布状况的有效方法（图 4.13）。

　　透射电镜由电子光学系统、电源系统、真空系统、循环冷却系统和控制系统组成。其成像过程依次为：电子从透射电镜电子枪中射出，经过光学系统聚焦以后，照射在样品表面，由于在样品的不同位置电子束透过率不同，可以形成明暗不同的影像。利用磁透镜对穿过样品的电子束进行放大，将样品中超微结构信息以电子图像的方式显示在荧光屏上。值得注意的是，虽然透射电镜能够对有序孔结构进行直观而清楚的表征，但对于无序的孔结构一般难以观察。另外，透射电镜观察的样品数量有限，测量结果缺乏统计性。因此，透射电镜一般只作为表征材料孔结构的辅助手段。

　　在透射电镜中还可以得到样品的衍射图，对样品的结构进行表征。电子束被样品衍射后，样品不同位置的衍射波振幅分布对应于样品中晶体各部分不同的衍射能力，当出现晶体缺陷时，缺陷部分的衍射能力与完整区域不同，从而使衍射波的振幅分布不均匀，反映出晶体缺陷的分布。利用这一点，可对多孔材料样品进行选区电子衍射分析。

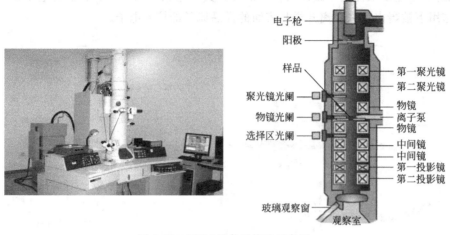

图 4.13　TEM 设备及构造示意图

习题

1. 简述有机多孔材料定义及特点。

2. 简述有机多孔材料分类。

3. 什么叫比表面积和 BET 比表面积？

4. 简述六种吸附曲线类型及特点。

5. 简述有机多孔材料孔径分布的测定方法。

参 考 文 献

[1] Wu D，Xu F，Sun B，et al. Chem. Rev.，2012，112(7)：3959-4015.

[2] Milazzo G. IUPA C-Manual of Symbols and Terminology for Physico-chemical Quantities and Units. Oxford：Elsevier，1981.

[3] 陈永. 多孔材料制备与表征. 合肥：中国科学技术大学出版社，2010.

[4] Everett D H. Pure Appl. Chem.，1972，31(4)：577-638.

[5] Li J R，Kuppler R J，Zhou H C. Chem. Soc. Rev.，2009，38(5)：1477-1504.

[6] Li T，Zhang W D，Liu Y，et al. J. Mater. Chem. A，2019，7(34)：19676-19681.

第5章

无定形有机多孔材料

　　上一章提到，无定形有机多孔材料 APOM 主要包括以下三类：超交联聚合物、固有微孔聚合物和共轭微孔聚合物。其内部原子或分子的排列无周期性，一般具有如下通性：宏观性质具有均匀性，这种均匀性来源于原子无序分布的统计性规律；物理性质一般不随测定方向而变，称为各向同性；不能自发地形成多面体外形；无固定的熔点。无定形有机多孔材料相对晶态有机多孔材料而言，对单体规则性要求更低，构型也更为灵活，因而可利用的聚合反应种类多。尽管材料的孔道尺寸差异较大，但是完全可以通过对初始单体构型的控制，实现纳米尺度范围孔道结构的控制。无定形有机多孔材料共价键连接方式通常具有不可逆的特性，因此具有很高的稳定性，可适应酸、碱、高温、湿气、氧气等条件严格的环境，骨架稳定性与完整性更高。

　　要在材料中引入孔隙，合成单体及其相应反应方法的选择尤为重要。到目前为止，科学家们已经开发出了多种有效策略来构建有机多孔材料。代表性的例子包括 Sonogashira-Hagihara 交叉偶联反应、二苯并二噁烷形成反应、Suzuki 交叉偶联反应、Ullmann 交叉偶联反应、芳香族腈类化合物的三聚反应、氧化偶联反应、席夫碱反应、Friedel-Crafts（傅-克）反应等。对无定形有机多孔材料合成策略进行分析，针对材料的选择，要从单体合成难易程度、特殊功能性基团单体等方面出发，最好具有可后修饰的特点来满足对骨架性能进行调整的要求。例如针对 Sonogashira-Hagihara 交叉偶联反应类型，选择双官能团的芳香炔基化合物以及芳香溴代物作为反应单体，要求参与反应的两个单体至少有一个存在扭曲点，如螺旋中心、非平面刚性骨架等。假如参与反应的单体全部为平面型，不存在扭曲点，则产生的材料不会具备多孔性。值得注意的是，具有预测结构的 APOM 的靶向合成仍然非常困难，并将是一个巨大的挑战。同时尽管它们是不规则结构，但产物的骨架和纳米尺度结构仍由初始单体控制。也就是说，单体的几何形状在影响 APOM 结构中起着至关重要的作用。迄今为止，数以百计的单体已用于构建 APOM，综合考虑几何形状与反应活性基团因素，我们可以有针对性地设计合适的构筑单元。

5.1 聚合反应

目前已报道的无定形多孔聚合物的聚合反应类型主要包括以下几种：芳香亲核取代反应，偶联反应如 Sonogashira-Hagihara 交叉偶联反应、Suzuki 交叉偶联反应、Yamamoto-type Ullmann 交叉偶联反应、氧化偶联反应等，以及芳香腈类化合物和末端炔等的三聚反应、席夫碱反应和傅-克反应等（图 5.1）。

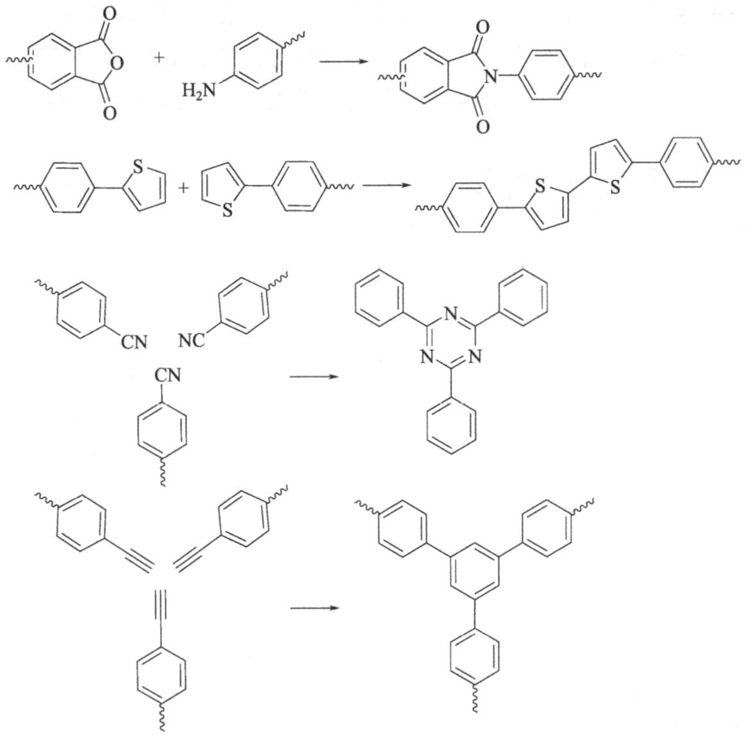

图 5.1　用于无定形多孔有机聚合物合成的聚合反应

5.2　超交联聚合物（HCP）

超交联聚合物是通过聚合物链的超支化，来阻止链间可能的密堆积，从而构筑微孔结构。它最初是由 Tsyurupa 和 Davankov 等人[1] 发展起来的，将其应用于柱色谱中，发现能够很好地分离污水中的污染物以及吸附有机蒸气。相比于其他类型的多孔材料，HCP 是研究得最早的一类多孔聚合物，近年来随着研究的不断深入也得到了快速发展。HCP 的合成主要基于各种聚合反应，尤其以傅-克反应为主，这些聚合反应一般都能提供快速动力学并形成不可逆的稳定共价键，从而产生具有高孔隙率的高度交联的网络结构。

5.2.1　合成策略

从合成的角度来看，HCP 主要有以下三种策略：①聚合物前体的后交联；②带官能团单体的直接缩聚；③交联剂辅助的刚性芳族结构单元发生交联。总体来说，这些策略涉及的合成方法比较简单而且普适性较好，上文提到的芳香单体均可用于开发具有各种孔结构的聚合物网络，特定官能团的引入可明显改善其表面积。结构单元及合成方法的多样性使 HCP 成为探索新的有机多孔聚合物材料的合适平台，可为解决相应能源和环境问题做出贡献。

5.2.1.1　后交联

Tsyurupa 和 Davankov 等人于 20 世纪 70 年代初首次利用后交联策略合成了 HCP，聚合物前体为聚苯乙烯-二乙烯基苯，所用到的后交联方法为傅-克烷基化反应。后交联方法通常包括两个关键步骤：①聚合物前体在溶剂中发生充分溶解或溶胀；②有效的后交联反应。如图 5.2 所示[2]，在进行交联之前，将预合成的聚苯乙烯链以及化学计量的双官能交联剂和催化剂均匀分散在整个溶剂中。随后，快速的交联反应使得聚合物链中相邻的苯环通过刚性片段牢固地连接起来。刚性连接片段起到了非常关键的作用，它可以保证所得的网状结构能维持一定的构象，并防止各聚合物链在溶剂去除后发生移动或骨架塌陷。

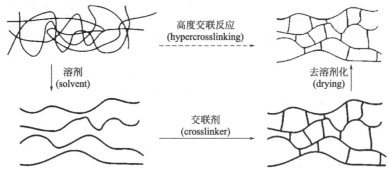

图 5.2　超交联方法的示意图[2]

（1）交联剂

上文提到，后交联策略的关键步骤涉及有效的后交联反应，而后交联反应又跟交联剂的选择有非常大的关系。交联剂的选择标准通常有以下两点，一是交联效率要高，二是副产物容易分离。此策略涉及的常用交联剂为含卤素的多官能团试剂，因为卤代试剂反应活性较好，且生成的副产物一般都能较好地从体系中分离出去。现有报道的如氯甲基甲醚（MCDE）、四氯甲烷（CCl_4）、对二氯二甲苯（DCX）、双（氯甲基）联苯（BCMBP）和三（氯甲基）-均三甲苯（TCMM）等。交联剂官能团直接决定了聚合物链的连接方式，而其结构如长度和刚性程度则可对最终聚合物的骨架结构和性能进行调节。通常来说，交联度越大，所得聚合物的刚性越强，比如三官能团的 TCMM 可以同时连接三个聚合物链，跟二官能团的交联剂相比，能得到刚性更强的网络结构。交联剂的刚性直接决定着聚合物网络的结构稳定性和物理性能，如带有柔性烷基链的双功能交联剂双氯甲基-1,4-二苯基丁烷（DPB）就很难构建具有稳定构象的网络结构。

（2）HCP 种类

① 聚苯乙烯类。聚苯乙烯是最常用的前体，研究初期主要利用外部交联剂如氯甲基甲醚来实现后交联，这样的一锅法通常交联效率都不高。Veverka 等人[3] 事先将氯甲基引入聚合物前体当中，使后交联过程可以在分子内部发生，从而实现更高效率的超交联［图 5.3（a）］。在这种情况下，可进一步探求各反应要素对交联效率的影响。比如 Sherrington 等人[4] 制备了一系列乙烯基苄基氯-二乙烯基苯共聚物（VBC-DVB），随后在不同的反应变量条件下［包括单体比例、溶剂、路易斯酸（Lewis acid）催化剂和反应时间等］进行超交联。结果发现，二氯乙烷当溶剂时，$FeCl_3$ 表现出最佳的催化效率，使用仅含 2% 二乙烯基苯的凝胶型前体（二乙烯基苯可在后交联反应进行前实现链间的预交联）可制备出具有高达 $2090m^2 \cdot g^{-1}$ 的高比表面积材料。这种超高比表面积可归因于高效的交联。此结论可通过反应时间对比表面积的影响规律进一步得到验证，当反应时间为 15min 和 2h，即可分别获得 $1200m^2 \cdot g^{-1}$ 和 $1800m^2 \cdot g^{-1}$ 的比表面积。通过对二乙烯基苯含量的进一步探索发现，当其含量从 2% 逐渐增加至 10% 时[5]，虽然比表面积在下降，但微孔体积却在逐渐增大，表现为气体吸附量明显上升。其可能机理为：当二乙烯基苯含量较少（小于 2%）时，交联前的聚合物分子链堆积较为松散，表现为相似的中微孔结构区域，而当含量升高之后

（3%～10%），分子链间作用位点逐渐增多，链间的相对位置变得越来越固定和紧凑，从而表现出比较规整的微孔结构。除了微孔部分可以得到有效的调节外，研究表明聚苯乙烯类 HCP 的中孔部分也能得到精确的调控。如 Seo 等人[6] 通过将聚乳酸基的链转移剂和乙烯基苄基氯及二乙烯基苯共聚得到嵌段聚合物前体，而后聚乳酸部分可以在碱的作用下刻蚀（如果直接刻蚀则得到的全是中孔结构，但如果刻蚀发生在交联之后，则可得到微孔和中孔的混合结构，而且其比例可以通过链转移剂的相对含量来进行精确调控）。

②　聚砜类。特种工程塑料聚砜的超交联是在 Friedel-Crafts 催化剂存在下通过两步反应进行的：a. 聚砜化合物的卤甲基化；b. 通过简单的自交联反应获得与前体相似的超交联结构 ［图 5.3（b）］。尽管聚砜是一种性能相对优越的特种工程塑料，但由于其前体聚合物主链反应活性较低，同时具有一定的柔韧性，导致交联度有限，表现出较低的比表面积。

③　聚芳酯。芳香二酸和双酚类化合物可以形成聚芳酯前体，然后利用交联剂进行交联形成超交联网络。图 5.3（c）显示了由间苯二甲酸和两种双酚合成的聚芳酸酯前体直接用于制备典型的超交联网络。与超交联聚苯乙烯相比，使用氯甲基甲醚作为交联剂生成的聚芳酯网络的比表面积要低得多（分别为 $380m^2 \cdot g^{-1}$ 和 $108m^2 \cdot g^{-1}$）。另外，由于聚芳酯的侧取代基通常为苯环类等刚性结构，聚芳酯超高交联度聚合物通常具有较大的孔隙率。

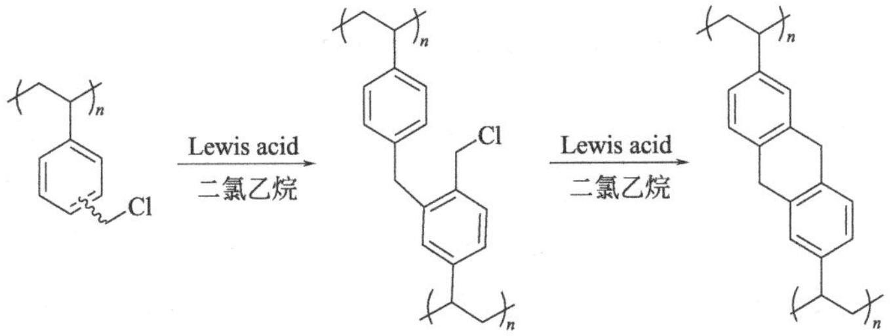

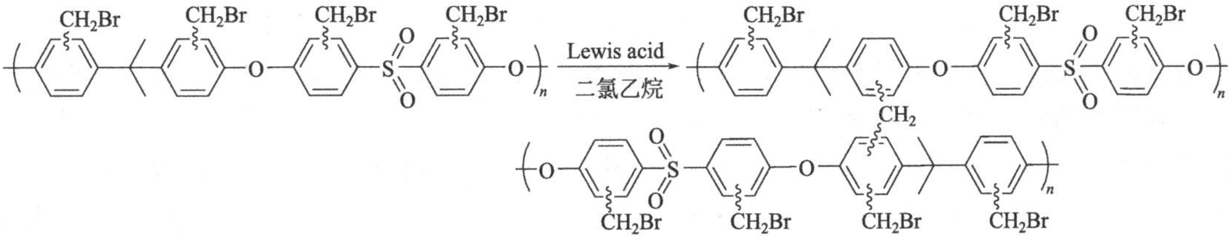

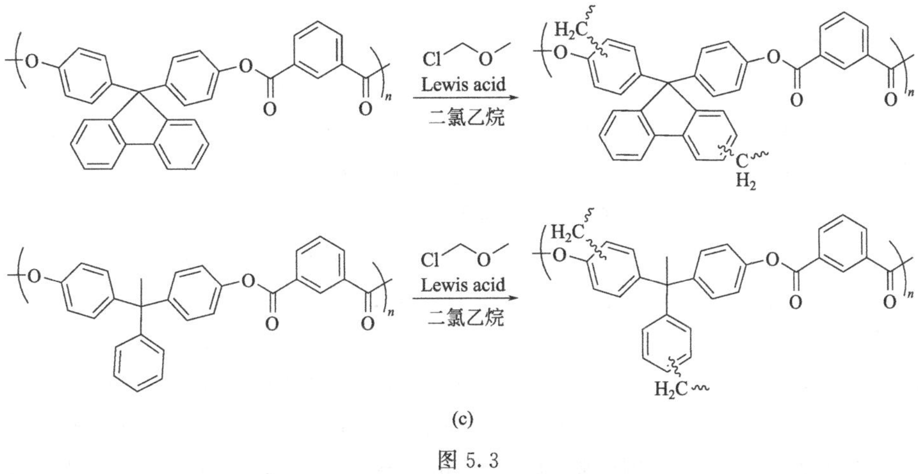

图 5.3

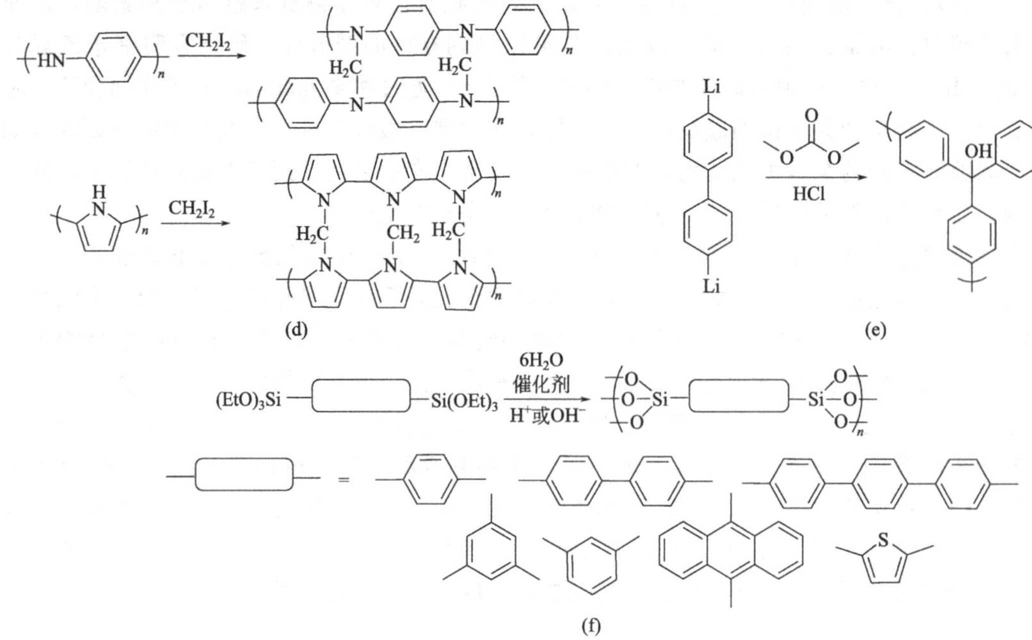

图 5.3　后交联法制备 HCP 实例

④ 聚苯胺和聚吡咯。超交联聚苯胺和聚吡咯 ［图 5.3 （d）］由 Fréchet 和 Svec 等人[7,8]开发，利用氮原子的亲核进攻能力，聚苯胺和聚吡咯前体可以直接和交联剂碘代烷烃进行反应，所得的聚合物网络显示出较高的比表面积。利用微波的辅助可以进一步提高交联效率，所得多孔超交联聚苯胺的比表面积高达 $1000m^2 \cdot g^{-1}$ 以上，极性官能团的存在使得该材料显示出良好的 CO_2 存储属性。

⑤ 其他。除了上述常见的聚合物网络，还有一些比较少见。如 Webster 等人[9]利用芳香亲电取代反应在 $-80℃$ 的极低温度下，用碳酸二甲酯处理锂化的联苯制备了多孔的有机材料，获得了相对较高的比表面积 （$1167m^2 \cdot g^{-1}$）［图 5.3 （e）］。Loy 和 Shea 发展了杂化芳基桥联的倍半硅氧烷网络的合成方法[10]［图 5.3 （f）］：将含三乙氧基甲硅烷基的芳烃用作起始单体，然后在酸性或碱性条件下水解后形成硅氧键连接的聚合物。链接单元的长度直接决定了材料的比表面积。

5.2.1.2　直接缩聚

后交联策略最大的一个优势就是可以直接利用商业化的聚合物当前体，但一般这些聚合物前体的合成都比较耗时，同时从单体到交联网络通常要先后经历自由基聚合和傅-克反应的反应条件，因此同时适应这两个反应条件的官能团种类比较有限。

Cooper 课题组在探索新的合成方法方面做了比较深入的研究。在路易斯酸的催化下，氯甲基很容易和相邻的苯环发生交联反应，他们使用三种双（氯甲基）芳香小分子单体，包括二氯甲基苯乙烯 （DCX）、4,4'-双（氯甲基）-1,1'-联苯 （BCMBP） 和二氯甲基蒽（BCMA） 等 （图 5.4），作为反应底物，获得了一系列超交联聚合物。这种方法得到的聚合物网络显示出永久的微孔结构和较高的比表面积，其中 BCMBP 的自缩合反应产物给出了将近 $2000m^2 \cdot g^{-1}$ 的比表面积[11,12]。除了自缩合反应以外，二氯甲基芳香单体也可以充当外部交联剂以连接其他共聚单体如咔唑、DBF、DBT 等，比如 Schwab 等人[13]利用 BCMBP

与芴基芳香化合物共聚得到了一系列超交联网络结构，最高的比表面积达到了 $1800m^2 \cdot$
g^{-1}，共聚片段可以扩展到三苯基胺、二茂铁甚至一些具有独特拓扑结构的单元。除二苄氯
化合物外，溴代或带羟基的芳香化合物同样可以在路易斯酸的催化下形成高交联网络结构。
值得注意的是，单取代芳香化合物比如苄醇的自缩聚同样可以实现这样的目的，比表面积可
达 $742m^2 \cdot g^{-1[14]}$，这表明超交联聚合物对合成单体的官能团数目没有明确的限制。

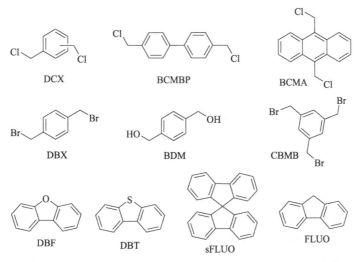

图 5.4　用于 HCP 的自缩聚合成的功能单体和共聚单体的一些典型实例

在借助官能团制备相应的聚合物网络之后，Tan 等人[15] 提出了利用各种低功能性芳族
结构单元合成微孔聚合物的方法，从而能有效降低成本。该方法基于直接连接相邻苯基的
Scholl 偶联反应，并在无水 $AlCl_3$ 催化剂下消除两个芳基连接的氢原子，形成新的双芳基
键。Scholl 反应通常也称氧化偶联，指两个及两个以上芳香环在路易斯酸、氧化剂的共同作
用下由 C—H 键直接生成 C—C 键的反应，主要用途是扩展芳香环的共轭体系。此方法交联
效率很高，而且能容忍多种官能团，因此适用范围非常广，包括富电子结构（茴香醚、苄
胺）或缺电子结构（四苯基卟啉）、酸性（苯甲酸）或碱性（联吡啶）官能团、芳环
（TPB）、稠环（萘）及杂环（吡咯）。这些具有各种官能团的单体赋予所得网络材料多种应
用功能，从而适应于多个应用领域，包括气体存储、多相催化、光电材料等。

5.2.1.3　外部交联

上述两种策略虽然获得了大量有用的聚合物网络，但其涉及的合成方法仍有很大的问
题。比如聚合物前体或单体结构上引入特定的官能团往往涉及多步有机合成；在 Scholl 偶
联中，复杂而严苛的反应条件给实际操作带来较大的麻烦。因此，在温和条件下，合成具有
芳族结构单元的高比表面积微孔聚合物显得很有必要。Tan 等人[16] 在上述基础上提出了一
种突破性方法，称为"针织"策略，可同时结合上述两种策略的优点：使用具有中等反应活
性的甲醛二甲基缩醛（FDA）作为外部交联剂，通过路易斯酸催化的傅-克反应，将简单芳
香化合物如苯或联苯与刚性亚甲基桥键合，不仅可适用于苯、联苯、氯苯以及多种三维结构
等若干简单的芳香结构单元，还可直接应用于杂环芳香化合物以及更加复杂的结构单体（图
5.5），直接"编织"合成具有微孔性和高比表面积的网络。这种简单而有效的"针织"合成
方法能有效引入不同结构单体，从而极大地扩展了 HCP 的种类与其应用范围。

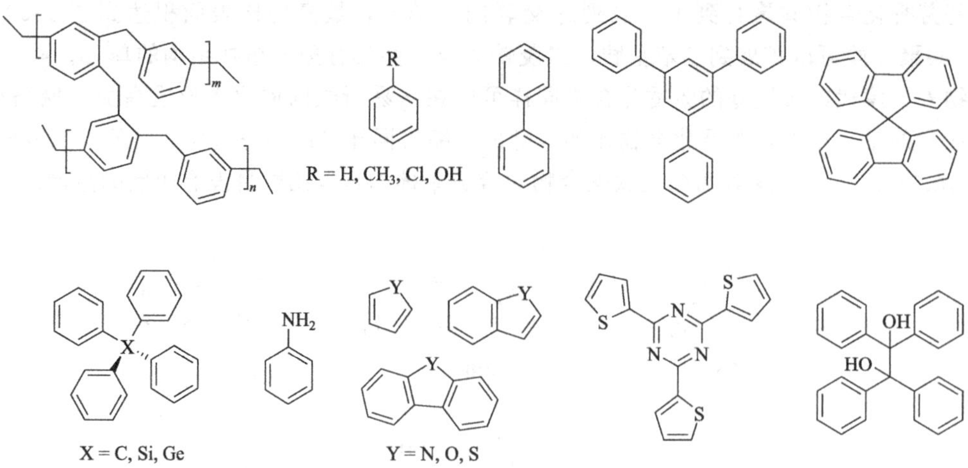

图 5.5 典型针织 HCP 聚合物网络及其芳香前体分子结构

5.2.2 结构表征

通常情况下，常用的傅-克烷基化反应针对苯环并没有特定的反应位点，因而超交联是一个快速且随机的过程。由于所得的高交联度的网络结构为刚性且在无定形拓扑骨架中固定，溶解度较差，常用的分析表征方法如 X 射线衍射或凝胶渗透色谱（用于分子量测定）并不适合。气体吸附/脱附分析是确定材料的内部多孔结构使用最广泛的技术，但因为聚合物网络倾向于在液体或气体介质中膨胀，可能引起误差，因此 HCP 在纳米级范围内分子构造的表征存在巨大的挑战。

5.2.3 应用

5.2.3.1 气体储存

多孔聚合物由于高比表面积，具有大储存容量和可逆吸附特性，所以可作为物理吸附存储气体的材料。多孔材料的比表面积通常在确定吸附行为中起关键作用：具有较高比表面积的材料总是对气体具有较大的吸附能力。孔径是另一个重要因素，它不仅控制孔体积和表面积，而且显著影响气体吸附焓（从动力学上说，吸附焓是在吸附过程中释放或吸收的热量。在大多数情况下，吸附是放热过程，因此在热力学上是有利的）。

（1）氢气存储

氢能具有清洁、高效的特点，被公认为未来最有潜力的能源载体，而安全、高效的储存技术是实现氢能利用的关键。2007 年，Cooper 等通过双氯甲基单体的自缩合反应，合成了一系列的 HCP，表现为微孔特性，BET 比表面积高达 $1904m^2 \cdot g^{-1}$。其中，基于 4,4'-双（氯甲基）-1,1'-联苯（BCMBP）的 HCP 网络在 15bar（1bar＝10^5Pa）和 77.4K 下的氢气储存量为 3.68%（质量分数），非常接近美国国家能源部可再生能源实验室建议的用于氢燃料汽车领域的 4.5%（质量分数）的储气目标值（2020 年）。通常来说，HCP 对氢气的吸附主要基于物理吸附，有时也借助化学吸附。例如，Tan 等人[17] 提出合成具有高度分散的 Pt 纳米颗粒的微孔 HCP。通过掺入 2.0%（质量分数）的 Pt 纳米颗粒，HCP 的储氢能力在 298.15K 下从 0.12%（质量分数）提高至 0.21%（质量分数），增加幅度达 75%。这主要是由于氢溢流（hydrogen spillover）现象的发生，氢分子在 Pt 表面上解离，而随后氢原子在微孔聚合物表面上得以扩散和吸附。氢溢流是指固体催化剂表面的活性中心（原有的活性中心）经吸附产生出氢离子或者自由基的活性物种，它们迁移到别的活性中心处（次级活性中心）的现象，前者可以是 Pt、Pd、Ru、Rh 和 Cu 等金属原子。

（2）甲烷存储

天然气主要由甲烷组成，由于其来源丰富，成本低廉且对环境无污染，作为替代燃料有巨大的潜力。但是，要实现其真正的能源生产潜力，其安全、成本效益更高的人规模存储和受控释放仍然是严重的问题。HCP 在这一领域也显示出非常大的潜力。2008 年，Cooper 等人[11] 用 DCX：BCMBP（＝1：3）制备的 HCP 表现出较高的比表面积（1904m² · g⁻¹），同时在 20bar 和 298K 下甲烷的吸附量可达 116cm³ · g⁻¹，跟美国能源部建议的材料对甲烷气体在 35bar 和 298K 下目标吸附量 180（体积比）比较接近，表明其在这一领域的巨大应用潜力。

（3）二氧化碳捕获与存储

CO_2 作为温室效应的主要污染源，近年来受到了人们的广泛关注。温室效应是指透射阳光的密闭空间由于与外界缺乏热对流而形成的保温效应，即太阳短波辐射可以透过大气射入地面，而地面增暖后放出的长波辐射能被大气中的 CO_2 等物质所吸收，从而导致大气变暖的效应。CO_2 的捕获（capture）是指将 CO_2 从化石燃料燃烧产生的烟气中分离出来，并将其压缩的过程。CO_2 的捕获主要用于大规模排放源，如大型化石燃料或生物能源设施、主要 CO_2 排放型工厂、天然气生产、合成燃料工厂以及基于化石燃料的制氢工厂等。有机多孔材料尤其是 HCP 由于其可功能化和多孔性，现已广泛应用于燃烧后 CO_2 的捕获[18]。燃烧后捕集的最大挑战是将燃烧期间产生的 CO_2 与烟道气中大量的氮气（来自空气）进行分离，因此 HCP 不仅要对 CO_2 具有较好的吸附性能，同时还应尽可能减少对氮气的吸附。目前常用的手段就是在 HCP 中引入极性功能基团如羰基、氨基和羟基等，通过氢键、偶极-四极相互作用等增强 HCP 与 CO_2 之间的相互作用，进一步提高气体选择吸附性能。如含有咔唑基团的 HCP 通常都具有较好的 CO_2 吸附性能[19,20]，2014 年 Liu 等人[21] 将三嗪和咔唑双官能团引入 HCP 中，在 273K 和 1bar 的条件下，CO_2 吸附量高达18.0％（质量分数），同时表现出了高达 38 的 CO_2/N_2 选择吸附比。除此之外，碳化处理也是一个不错的选择。Yang 等人[22] 将利用"编织"法获得的含三苯基胺的 HCP 在不同的温度下（500～900℃）进行碳化处理，结果发现在氢氧化钾的存在下，700℃碳化得到的材料具有最高的比表面积和最好的 CO_2 吸附能力，质量分数高达 28.6％，CO_2/N_2 选择吸附比为 19.6。

5.2.3.2　清除污染物

HCP 作为固体吸附剂已有悠久历史，并且广泛用于固相萃取（SPE）、废水处理、有机蒸气吸附和色谱分析中。由于其丰富的微孔，HCP 中的吸附不仅是表面现象，而且吸附的分子会通过孔道，从表面转移到内微孔中。这样大大提高了吸附能力以及吸附速率。此外，与传统无机材料如活性炭或二氧化硅相比，具有疏水骨架的 HCP 材料对有机分子具有更强的亲和性，在水处理中也大有潜力。

（1）固相萃取

固相萃取技术是基于液-固相色谱理论，采用选择性吸附和选择性洗脱的方式对样品进行富集、分离、净化的物理萃取过程；也可以将其近似地看作一种简单的色谱过程。不同于溶液萃取法，SPE 的萃取剂是固体，其工作原理基于待处理样品中目标组分与共存干扰组分在固相萃取剂上作用力强弱不同，从而使它们彼此分离，比如已经商业化了的离子交换树脂就是一个典型的例子。HCP 可以被修饰制备成为具有不同酸碱性的固相吸附剂，从而应用于不同的分离情况，主要应用于水处理、食品工业、制药行业以及冶金等领域。其中水处理领域离子交换树脂的需求量很大，约占离子交换树脂产量的 90%，用于水中各种阴阳离子的去除。2011 年，利用 HCP 的微孔结构及引入的活性位点，Tan 等人[23] 制备的磺酸化 HCP 对多种金属离子（如 Pb^{2+}、Cu^{2+}、Cr^{3+} 和 Ni^{2+}）具有良好的吸附能力。后来 Li 等人[24] 将亲水的 β-环糊精单元引入 HCP 中，所得的 HCP 可同时表现出较好的水浸润性和对苯酚类或染料有机污染物的吸附能力。

（2）有机蒸气吸附

工业生产中会产生各种有机物废气，主要包括各种烃类、醇类、醛类、酸类、酮类和胺类等，这些有机废气会造成严重的大气污染，从而危害人体健康，因此有机废气的处理与净化势在必行。多孔结构的 HCP 能有效地应用在这一领域。2014 年 Han 等人[20] 制备了一系列含咔唑的 HCP，不仅表现出很好的气体吸附性能，同时也表现出优异的有机蒸气吸附性能，包括甲醇、甲苯、甲醛等多种有机蒸气。

（3）色谱分离

在过去几十年中，色谱柱得到了迅速的发展，这主要归因于色谱填料的开发，针对性地改善对各种有机小分子以及生物大分子的吸附效率，如烷基苯及其衍生物、尿嘧啶、蛋白质和磷酸肽等。由于 HCP 一般为非极性体系，因此常被用来当作反相色谱填充物。相比于超交联之前的聚合物，HCP 对一系列有机溶剂表现出更好的分离效果[25]。通过进一步调节带有不同极性基团的反应组分比例可以有效地调控分离效率，HCP 甚至可以用在正相色谱柱上[26]。

5.2.3.3 异相催化

具有高比表面和大孔体积的 HCP 被认为是用于非均相催化的优异载体[27,28]。研究表明，光活性共轭有机半导体通过形成刚性聚合物网络的 FDA 交联剂直接"针织"，比表面积高达 $586m^2 \cdot g^{-1}$，所得光催化剂具有高效率及可再利用性[29]。除了直接利用活性单元构建具有催化功能的 HCP 之外，还可将贵金属等催化试剂负载到 HCP 网络中实现异相催化剂的构建，比如直接将氯化钯负载到三苯基膦基的"针织"HCP 上，所得催化剂对反应活性较低的芳香氯代物 Suzuki 交叉偶联反应表现出很好的催化活性，同时实验表明不同的制备方法会直接影响 HCPs 的结构，包括比表面积和孔结构，从而影响负载型催化剂的活性[27]。除了利用三苯基膦当作金属催化剂的锚定位点外，还可以选用其他类型的配体结构，如卡宾结构[28]。同时含有卡宾结构的 HCP 还可用于其他金属如铜催化剂的负载，用于多种不同类型的有机反应。由此可见，HCP，特别是通过针织方法制备出来的，可设计出可持续和高效的异相催化剂载体。

5.2.3.4 传感器

Zhang 等人[30] 利用基于 3-羟基苯甲酸结构单元的 HCP 成功制备了电化学湿度传感器。即便具有丰富的羟基和羧基，纯聚合物传感器在相对湿度（RH）高达 54% 时也不显示明显的阻抗变化。为了增强多孔聚合物的亲水性能，用 LiCl 盐进行锂改性。在加 LiCl 后，改进的传感器在 11%～95% RH 的整个湿度范围内阻抗降低四个数量级，表现出很好的线性响应和较高的灵敏度。同时，当使用 LiOH 代替 LiCl 作为 Li 源，由于碱性的 LiOH 能与 HCP 骨架上的羧基反应，从而大大增加了锂盐与 HCP 的相互作用，显著提高了电化学湿度传感器的灵敏度和长期稳定性[31]。

5.2.3.5　药物传递

具有中空结构和微孔隙特殊形态特征的 HMOC（hollow microporous organic capsules）材料通常具有药物传递的巨大潜力，同时也是设计可控负载/释放系统的必要路径。2013 年，Tan 等人[32] 使用布洛芬（IBU）作为模型药物，通过将负载药物的 HMOC 浸泡在模拟液（PBS，pH＝7.4，缓冲溶液）中来实现药物释放，从而对基于 HCP 的 HMOC 药物传递应用做了系统的研究。实验表明，外壳的多孔结构对药物释放动力学具有很大的影响：同时具有中孔和微孔结构的 HMOC 显示出规则的一级动力学模型，表明释放机制主要通过简单的扩散控制，释放速率与保留在腔中药物的量成比例。然而，纯微孔 HMOC 会使药物释放速率恒定，表现出零级动力学。这很可能是因为微孔孔径较小，使得尺寸相当的药物分子在孔道中的扩散受限，因而扩散速率与药物浓度关系不大。

同其他多孔材料一样，HCP 多孔骨架已经在能源、环境等方面取得了高价值的应用[2]。例如，氢的存储、CO_2 的捕获、有机污染物和金属离子的去除、色谱分离、湿度感测和药物递送等。尽管已取得了这些成就，但仍然存在着一些问题。例如，由于路易斯酸催化反应的快速动力学，HCP 的聚合物网络是高度不规则的；从分子设计的观点来看，合成具有精确孔结构的 HCP 仍然是面临艰巨的挑战。目前，HCP 的比表面积普遍偏低，因而会有更广阔的发展空间。预计在不久的将来，还会有其他方法开发出来制备结构新颖的 HCP，并可产生各种新型功能材料。

5.3　固有微孔聚合物

固有微孔聚合物（PIM）是靠自身的刚性和分子的非平面结构获得微孔的一类特殊聚合物，它们通常具有刚性的、非平面的、扭曲的空间构型。一般来说，大分子链是可以自由弯曲和扭转的，最大化地增加分子间的相互作用，从而在空间内有效堆积。然而，人们很早就意识到一些聚合物拥有大量的被定义为自由体积的孔隙空间。如果这些自由体积能通过某种方式相互连接起来，即使这类聚合物没有网络结构，它也可以表现出来一些微孔的性质。这就是一些可溶性聚合物依然具有较大比表面积的原因。PIM 将聚合物的优势与常规微孔材料的优势结合在一起，既具有有机聚合物的合成多样性，又兼具常规微孔材料的高比表面积。与其他微孔有机材料一样，PIM 也是由轻质元素组成，具有较高的化学稳定性和热稳定性。此外，与其他 APOM 相比，PIMs 具有一些独特的特性，包括溶液可加工性以及在溶剂暴露的条件下仍然能保持良好的孔隙率的性质。

5.3.1　PIM 发展

PIM 的概念由 McKeown 在进行酞菁材料催化性能研究时首次提出。含金属的大环化合物酞菁对某些有机反应具有很好的催化活性，然而在聚集态下，这类化合物的 π-π 相互作用会导致其发生聚集，进而降低酞菁的催化活性。为了解决这一问题，1998 年，McKeown[33] 设计了一种由酞菁与螺环结构稠合而成的聚合物（图 5.6）。在该聚合物中，相邻的大环彼此成 90° 的角，表现出多孔的特性[34]，后续研究也表明其表现出较好的催化活性[35]。合成这种酞菁网络聚合物所需的重要前体 5,5,6,6-四羟基-3,3,3,3-四甲基螺双茚满，是一种廉价的商业化合物，容易与 4,5-二氯邻苯二甲腈反应，得到所需的双邻苯二甲腈。最终，这种合成方法使酞菁网络聚合物具有显著的微孔性，BET 比表面积为 500～900m^2·g^{-1}[36]。

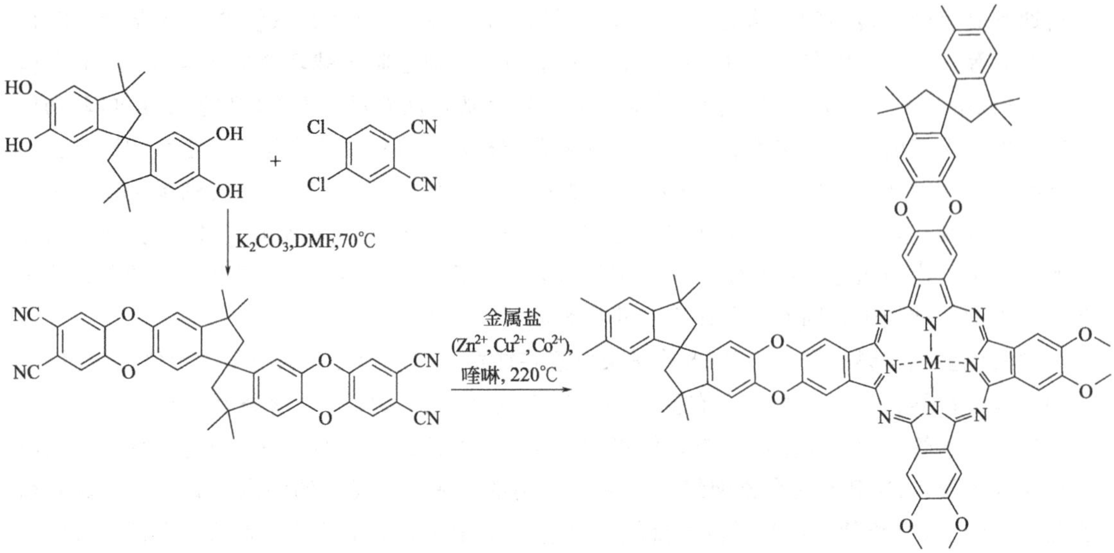

图 5.6 含金属酞菁的 PIM 合成路线

5.3.2 设计原则

PIM 是靠自身的刚性和分子的非平面结构获得微孔的一类特殊的聚合物，因此要想获得 PIM 结构并维持其永久的多孔特性，需要同时保证结构的刚性和扭曲性。刚性结构可以通过阻止聚合物链的自由旋转来实现，比如构建稠环结构或引入位阻基团；而扭曲的非平面结构可由构象固定的单体提供，也可通过不同的连接方式（比如 Tröger's 碱）获得，或者两者兼用。

5.3.3 合成方法

用于合成的化学反应单体和反应类型应满足上述要求，以产生固有的微孔性。PIM 的制备通常有以下四种合成路线：二苯并二噁烷反应、Tröger 碱反应、酰亚胺化反应和机械化学法。

5.3.3.1 二苯并二噁烷反应

二苯并二噁烷反应是最常见的途径，该反应通过邻苯二酚和芳基卤化物单元之间的双芳香亲核取代机理进行。此反应可同时形成两个共价键，导致稠环的生成，进而获得具有高分子量的梯形聚合物（图 5.7）。在二苯并二噁烷反应中，通过混合两种单体，即邻苯二酚和卤代芳基，来制备聚合物。到目前为止，根据溶剂和反应温度的不同，共开发了三种相关的方法。第一种是低温法，即在 50～60℃ 的温度下，将等物质的量的两种单体（5,5,6,6-四羟基-3,3,3,3-四甲基螺双茚满和 1,4-二氰基四氟苯）与两倍量的碳酸钾（K$_2$CO$_3$）混合在二甲基甲酰胺（DMF）溶液中，单体浓度控制在 $0.2\sim0.3\,\mathrm{mol\cdot L^{-1}}$，反应 24～72h 即可得到 PIM-1。低温可避免溶剂 DMF 的高温分解产生亲核性的胺来干扰聚合反应。2008 年，Guiver 等人[37] 开发了一种类似的被称为"高温法"的方法，利用二甲基乙酰胺（DMAC）当溶剂，反应温度控制在 155℃。他们推测了 PIM-1 的合成机理，认为影响 PIM-1 分子量及其分布的关键因素是酚钾盐在反应体系中的浓度，所以在反应过程中采取了相应提高其浓度的方法如采用高温及高单体浓度（$0.6\,\mathrm{mol\cdot L^{-1}}$）的方法，同时提高了搅拌速率（为了保证搅拌效果，在体系出现沉淀时加入等体积的甲苯，反应几分钟后再重复此操作），反应时间可大大缩短至 8min，所得的 PIM-1 重均分子量在 130000 左右，聚合物分散性指数 PDI 为 1.7。尽管高温方法能大大提高反应速率和效率，但低温法更易于控制和扩大规模。Guiver 等也尝试了同样的策略在不同溶剂如 DMF 中的反应情况，结果发现在取得类似的分子量和分布水平时，反应温度可以降低到 50～55℃，同时反应时间可缩短为 20 h 左右[38]。更进一步地，如果将反应溶剂换为毒性较小、更加绿色的二甲基亚砜（DMSO），反应温度可控制到 120℃，反应时间可以缩短到 2 h，更适用于 PIM 膜的大规模生产和制备[39]。

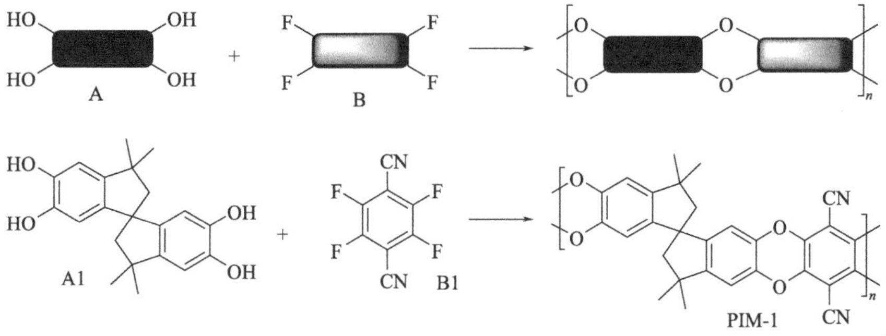

图 5.7　二苯并二噁烷反应制备 PIM 及相应实例

前面提到的方法都涉及一个共同的问题，就是反应效果跟碱的当量密切相关。也就是说为了尽量避免交联副产物的生成，碳酸钾的量必须严格控制到两个当量，这就给实际操作带来了很大的困难。为了解决这一问题，Zhang 等人[40] 也尝试将酚羟基用四甲基硅基保护，从而提高此单体的溶解性，而且反应不需要碳酸钾的参与，只需要在体系里加入氟离子盐，便可原位生成酚羟基负离子直接进行亲核进攻。尽管生成的聚合物分子量及其分布没有得到改善，而且还多了一步保护步骤，但此方法可避免碳酸钾当量不准带来的问题，并进一步拓宽反应思路。与此同时，Zhang 等人[41] 利用分步合成的办法，即先用氢氧化钾在低温下（－30℃）催化两种单体（5,5,6,6-四羟基-3,3,3,3-四甲基螺双茚满和 1,4-二氰基四氟苯）反应获得同时含有酚羟基和氟官能团的单体，再利用获得的单体进行后续二苯并二噁烷聚合反应时，碳酸钾的量就没必要要求那么精确。而且此方法还可以构建一些特殊结构的聚合物，比如含有三蝶烯的 PIM[42]。

通常来说，梯形聚合物在有机溶剂中溶解性极差，需要引入长的烷基链进行增溶。但是，对于 PIM 来说，刚性且扭曲的大分子结构可通过限制聚合物链之间的紧密接触来减少分子间的内聚作用，从而获得较好的溶解性。到目前为止，已经开发出来的大部分 PIM 都是可溶的。但是，并不是所有的两两单体组合都能得到可溶性的 PIM（目前为止报道的单体结构如图 5.8 所示）。为了解决这一问题，可通过引入溶解性较好的单体进行共聚，在解决溶解性问题的同时还能获得结构和成分新颖的 PIM。

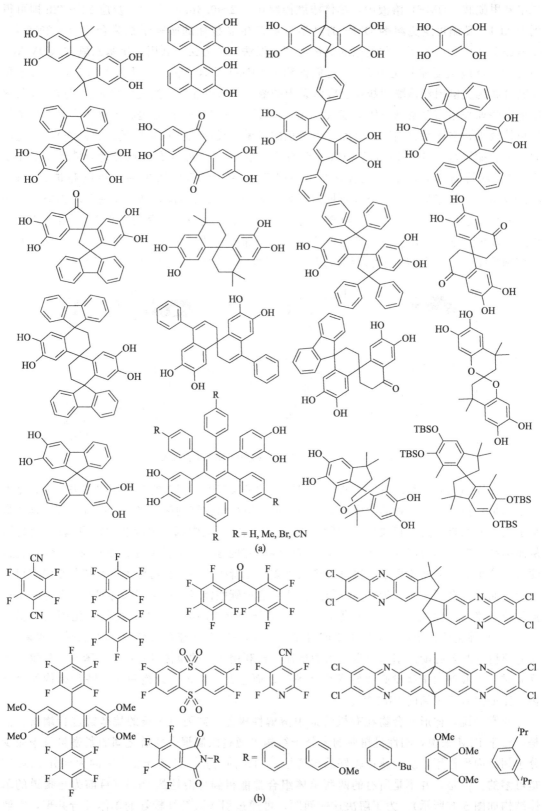

(a)

(b)

图 5.8 利用二苯并二噁烷反应制备 PIM 的典型单体结构

5.3.3.2 Tröger's 碱反应

Tröger's 碱是 1887 年由科学家 Julius Tröger 首次合成的，作为 V 形 C_2 对称手性分子（结构如图 5.9 所示），它具有许多有趣的功能，在不对称催化的配体、候选药物和光电新材料等领域都具有广泛的应用。利用它特定的空间结构，可以实现 PIM 的构建。Tröger's 碱合成法最具优势的地方在于，它仅需要一种类型的芳族单体（图 5.10）。

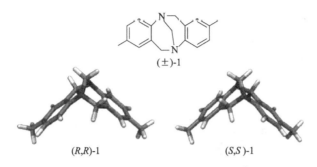

图 5.9 Tröger's 碱的结构式及其对映异构体形式

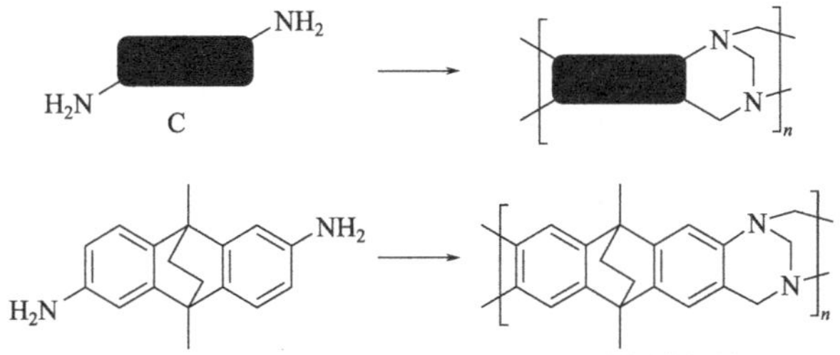

图 5.10 Tröger's 碱反应制备 PIM 及相应实例

Tröger's 碱反应机理一般如图 5.11 所示，首先芳香胺与质子化的醛基发生，亲核加成，接着失去一分子水，得到质子化的亚胺中间体，接着另一分子芳香胺通过氨基活化邻位苯环碳，亲核进攻上述所得的亚胺中间体的亚胺碳，所得二胺中间体上电子云密度更大的仲胺再次进攻另一被质子化的甲醛分子，紧接着一步分子内亲核关环反应得到同时含有叔胺和仲胺的中间体，再重复一步仲胺对醛分子的亲核加成-消除反应和氨基邻位碳亲核进攻亚胺碳后，最终得到目标 Tröger's 碱。从此机理不难看出，如果芳香胺同时存在两个邻位碳可以反应的时候，可能会由于交联导致凝胶的形成，从而影响合成效果。在这种情况下，可以采取将其中一个邻位碳用取代基如甲基来取代氢的方法避免（甲基取代后，原本在亲核加成之后的质子脱除，重新芳构化无法实现）（图 5.12）。

5.3.3.3 酰亚胺化反应

酰亚胺是指氨（或伯胺）分子的两个氢原子被两个酰基取代形成的羧酰衍生物，本方法涉及的酰亚胺主要指邻苯二甲酰亚胺，合成方法及示例如图 5.13 所示。2007 年，Thomas 等人[43] 利用螺二芴二胺与均苯四酸二酐通过酰亚胺化反应制备的 PIM 具有较高的比表面积（551$m^2 \cdot g^{-1}$ vs PIM-1 的 875$m^2 \cdot g^{-1}$）和孔体积（0.66$cm^3 \cdot g^{-1}$ vs PIM-1 的 0.52$cm^3 \cdot g^{-1}$），尽管重均分子量（29$kg \cdot mol^{-1}$）比 PIM-1（300$kg \cdot mol^{-1}$）小很多，但与线性芳族聚酰亚

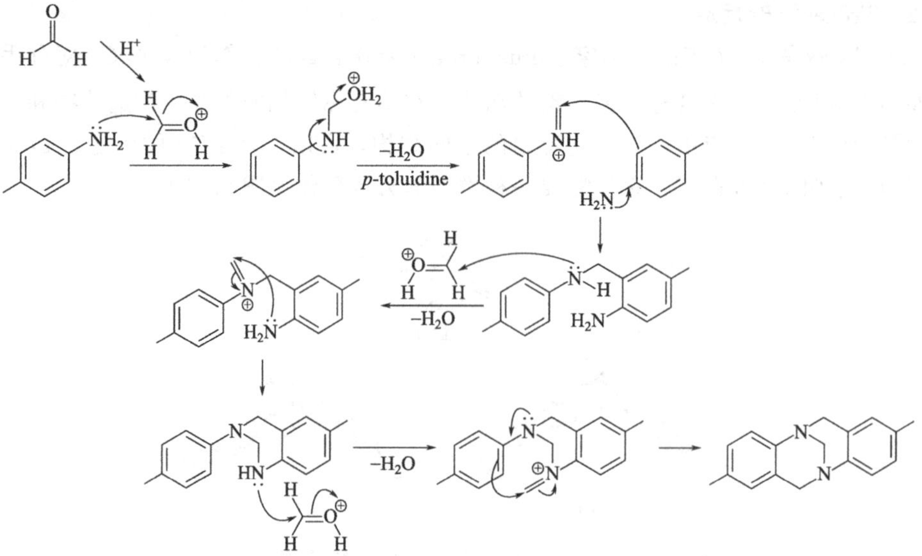

图 5.11　Tröger's 碱反应机理

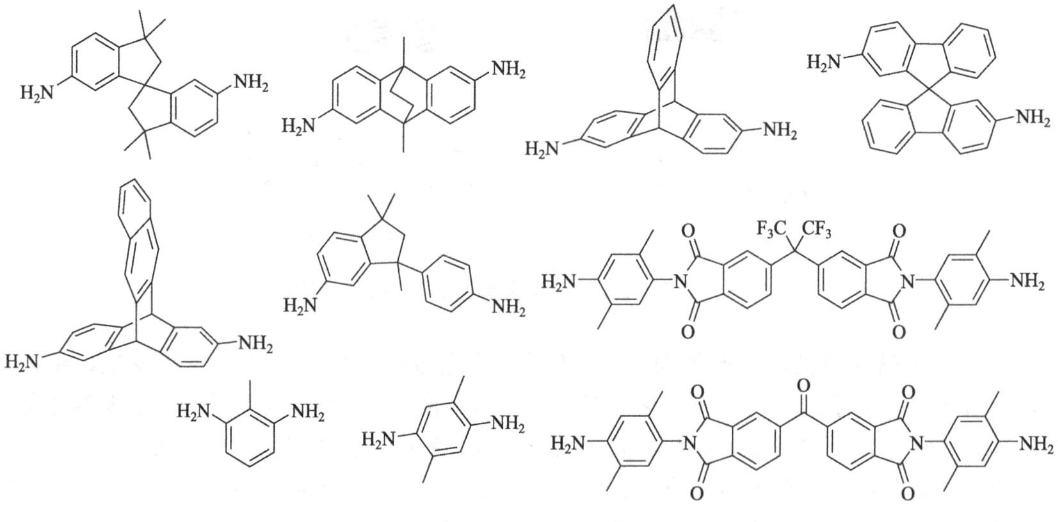

图 5.12　Tröger's 碱反应合成 PIM 所报道的单体结构

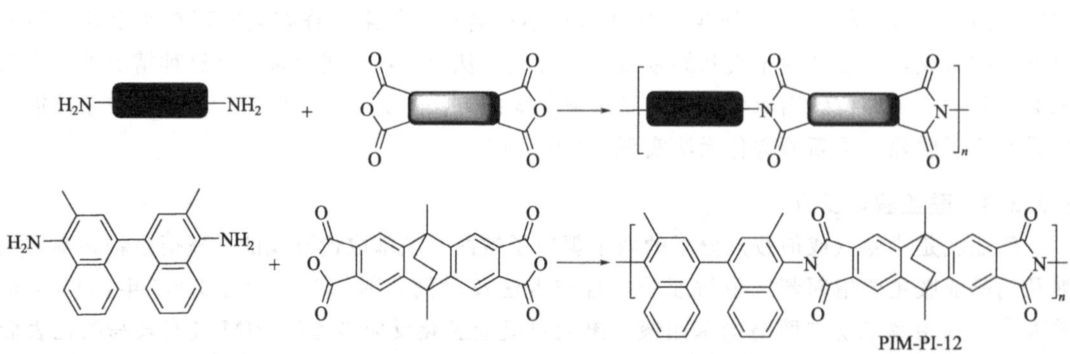

图 5.13　酰亚胺化反应制备 PIM 及相应实例

胺相比，使用螺二芴制备的扭曲芳族聚酰亚胺的溶解度得到了极大的改善，从侧面说明了其多孔特性。另外，由于芳香 C—N 键的自由旋转，所得 PIM 的孔隙率可能不理想。为了获得具有永久固有微孔性的聚酰亚胺 PIM，通常在两个氨基附近引入大位阻取代基来限制酰亚胺键 C—N 键的旋转而使其固有微孔性得以保持。

5.3.3.4　机械化学法

机械化学是分子尺度上机械加工和化学反应的耦合，包括机械断裂、机械压力作用下的化学反应、机械降解聚合物、空穴相关现象（例如声化学和声致发光）、超声波物理化学，甚至是分子机器的新兴领域。机械化学利用机械力实现化学加工和转化，其转变的机理通常很复杂，与通常的热化学或光化学机理不同。2015 年，Dai 等人[44] 利用研磨机械化学法同时成功地合成了 PIM-1 和另一个基于联萘酚的 PIM，值得注意的是这两种 PIM 均表现出比常规化学合成法获得的 PIM 分子量更大，表明机械化学反应的有效性。另外，由于机械化学法在研磨的过程中会导致聚合物链之间堆积得更紧密，材料的比表面积会有所下降。机械化学法与在溶液中溶解、加热和搅拌化学药品的传统方式有根本的不同。由于机械化学法避免了反应对许多溶剂的需求，它可以使工业上采用的许多化学过程更加环保。

5.3.4　后修饰

除了上述的四种主要合成方法外，PIM 结构设计还可以通过后修饰的方法来实现，尤其是带有氰基的 PIM，通过对氰基的后续处理可以转换成一系列不同的基团[45]，如水（肼）解得到羧酸、酰胺、酰肼等，与叠氮化物生成四唑结构，还原得到氨基等，在水解成羧酸之后可进一步进行热脱酸诱导的自由基交联反应，获得的 PIM 膜展现出性能优异的气体选择性[46]。Tröger's 碱型的 PIM 可以对三级胺进行季铵化处理，所得膜材料不仅表现出非常高的耐溶胀性和化学稳定性，而且氢氧根离子的电导率达到前所未有的 164.4mS·cm^{-1}，实现了 PIM 在离子导电方面的应用[47]。酰亚胺 PIM 的酚羟基和酰亚胺结构同样可以在热处理下实现骨架重排生成苯并恶唑结构，所得 PIM 表现出优异的机械性能和较高的 CO_2 渗透率（较热处理之前有 6 倍的提升）[48]。通常来说，氰基后修饰会在聚合物分子链之间引入氢键作用，因而会使孔隙率有所下降，而热处理或光氧化处理等在减少孔隙率的同时会使气体选择性得到明显改善，从而非常适合气体分离膜领域。

5.3.5　结构鉴定

跟其他多孔聚合物不一样，由于 PIM 具有可溶的特点，其结构除了用常规的固体表征手段如红外光谱和拉曼光谱等进行官能团表征外，还可以用核磁共振谱进行表征，只不过相对应的氢谱或碳谱的峰都比较宽（聚合物的普遍特征）。除此之外，最重要的一个表征方法就是凝胶渗透色谱法（GPC），凝胶通常是孔径连续分布的 HCP 聚苯乙烯材料，具有吸附、分配和离子交换作用。当 PIM 溶液流经色谱柱时，较大的分子（体积大于凝胶孔隙）被排除在粒子的通孔之外，只能从粒子间隙通过，速率较快；而较小的分子可以进入粒子的小孔，通过的速率比较慢；而中等体积的分子则可以渗入较大的孔隙中，但受到小孔的排阻，速率中等。最终导致的结果是，分子量大的在前面（即淋洗时间短）出来，而分子量小的在后面出来（即淋洗时间长），再对照利用一系列已知分子量的单分散聚苯乙烯（分布范围在 1.02～1.10）作为标准样品的出峰时间所做的标准曲线，便可求出对应测试峰的样品分子量大小。

5.3.6 应用

PIM 的固有微孔性质,以及其溶液可加工性和选择性,使其在多种应用中引起了广泛的兴趣。尽管对 PIM 的研究最初是为了改善金属酞菁材料的催化性能,但 PIM 应用的最主要方面是膜材料,包括气体分离膜、渗透汽化膜、有机溶剂纳滤(OSN)膜等。

5.3.6.1 气体分离膜

气体膜分离是指在压力差为推动力的作用下,利用气体混合物中各组分在气体分离膜中渗透速率的不同而使各组分分离的过程。渗透速率相对较快的气体,如水蒸气、氢气、二氧化碳和氧气等优先透过膜而被富集;而渗透速率相对较慢的气体,如甲烷、氮气和一氧化碳等气体则是在膜的滞留侧被富集,从而达到分离混合气体的目的。

(1)气体多孔膜分离机制

气体多孔膜的分离机制通常有以下三种:

① 表面扩散:气体分子吸附在膜孔壁上,在浓度差的作用下,分子沿膜孔表面移动,产生表面扩散流。通常沸点较低的气体易被孔壁吸附,而且操作温度越低,孔径越小,表面扩散越显著。

② 分子筛分:膜孔介于不同气体分子直径之间,直径小的分子能通过膜孔,而大分子就被挡住,达到分离效果。

③ 毛细管凝聚:在操作温度处于较低温度的情况下,当气体通过微孔介质时,易冷凝组分达到毛细管冷凝压力时,孔道被易冷凝组分堵塞,从而阻止非冷凝组分渗透,达到分离效果。

(2)气体分离膜性能参数

评价气体分离膜性能的主要参数除了寿命之外就是渗透系数和选择性系数。渗透系数(permeability coefficient),又称气体透过系数(P),是气体在恒定温度和单位压力差 Δp 下,在稳定透过时,单位时间 t 内透过试样单位厚度 d、单位面积 A 的体积 q。而两种气体的选择性系数(selectivity coefficient)是指分离处理后与处理前目标气体组分与待分离组分比值的比值。通常为了提高膜的气体透过量,必须增大渗透系数,而为了提高混合气体的分离效率,必须选用渗透系数相差较大的膜。每种气体的聚合物渗透系数不同。因此膜技术的挑战是要在选择性和渗透率之间取得平衡。

(3)PIM 气体分离膜

气体分离膜材料至今为止共经历了三代,最早一代是来源广泛且价格低廉的纤维素基聚合物,第二代以具有稳定化学结构和优良力学性能的聚酰亚胺材料为代表,但聚酰亚胺存在易塑化、自由体积小、气体渗透性差且选择性难以平衡、使用寿命短等缺点。目前 PIM(及其热重排产物)由于其溶液可加工性和微孔特性被公认为是第三代聚合物膜材料中重要的一员。常规高分子膜大多存在渗透性和选择性相互制约的现象[49,50],Robeson 教授在 1991 年的时候将这一现象总结为 Robeson 上限[51],这一上限是衡量高分子膜材料气体分离性能的重要标准。后来由于材料的不断发展,Robeson 上限在 2008 年[52] 和 2015 年[53] 分别进行了修订。由于表现突出,早期 PIM 材料(如 PIM-7,结构如图 5.14 所示)的性能定义了几种气体对的单一气体渗透率/选择性上限。通过结构设计对材料进一步优化,新一代

PIM（如 KAUST-PI-1[54]，TPIM[42]，PIM-EA-TB[55] 和 PIM-Trip-TB[56]）展现出非常高的气体分离性能，其气体渗透性和选择性远远超出了其他常规聚合物的性能。

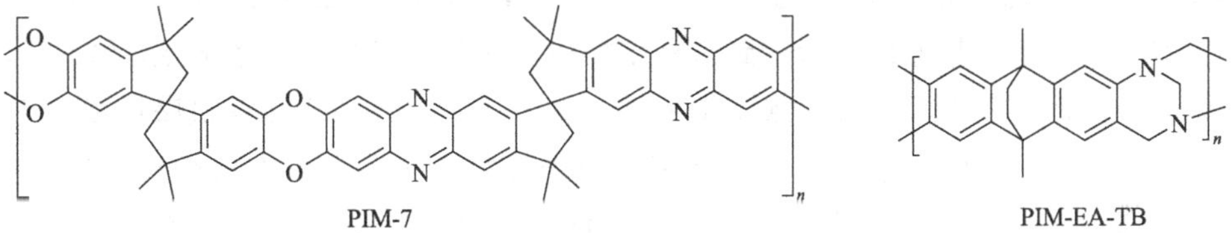

图 5.14　PIM-7 和 PIM-EA-TB 的结构式

5.3.6.2　渗透汽化膜

渗透汽化（pervaporation，PV）是一种新兴的膜分离技术，包括两个步骤：①渗透物透过膜渗透；②蒸发成气相。进料为液体混合物，渗透物以蒸气的形式除去，然后可以在较低温度下冷凝成液体或固体。它利用进料液膜上下游某组分化学势差为驱动力实现传质，利用膜对料液中不同组分亲和性和传质阻力的差异实现选择性。膜材料是 PV 过程能否实现节能、高效等特点的关键。渗透汽化的一个优点是它适用于共沸物，如用于乙醇/水混合物脱水的商业渗透设备通常使用亲水膜，而废水处理和分离有机混合物通常需要疏水膜。PIM 膜首次应用在渗透领域就是使用的渗透汽化。Budd 等利用 PIM-1 形成疏水膜，从与水的混合物中选择性转运有机物，例如苯酚[57] 和脂族醇（即乙醇和丁醇）[58]，表现出较高的渗透率和良好的分离系数以及稳定性。

5.3.6.3　有机溶剂纳滤膜

纳滤是用于将分子量较小的物质，如无机盐或葡萄糖、蔗糖等小分子有机物从溶剂中分离出来的一种技术。与渗透汽化不同，纳滤没有相变。PIM 由于只溶于少量种类的溶剂，因而具有较好的抗有机溶剂能力，在有机混合物纳米过滤方面引起了特别的关注，其目的在于萃取有机产物的同时保留体系中的大分子催化剂，为连续反应提供可能[59]。2012 年，Fritsch 等人[60] 在聚丙烯腈多孔载体上开发了用于纳滤的 PIM-1 及其他 PIM 共聚物的薄膜复合膜。为了控制溶胀，研究者将 PIM 与聚乙烯亚胺共混进行涂层以形成薄膜复合材料，并通过热或化学方式与支撑膜上的分离层进行交联。形成的纳滤膜对正庚烷、甲苯、氯仿、四氢呋喃和醇等具有很好的分离效果，表现出比商业化纳滤膜 Starmem™ 240 更好的效果。

5.3.6.4　传感器

PIM 除了具有可溶液加工性和孔隙率之外，还具有很好的荧光特性，这使得它在传感器领域具有很好的应用前景。如由于 PIM-1 在 400nm 激光照射下可产生 500nm 左右的强烈荧光，利用溶剂加工方式可制备出对芳香硝基化合物具有高灵敏度的基于 PIM-1 膜的激光传感器[61]。除此之外，基于 PIM-1 的薄膜在有机蒸气吸附后荧光发生显著的变化，针对不同的溶剂，颜色跨度从绿色到红色，而且检测灵敏度可低至 50×10^{-6}，同时由于 PIM-1 的疏水性可确保传感器不受湿度的干扰[62]。

5.3.6.5　电化学应用

由于 PIM 具有如下特点，其在电化学领域也表现出很好的应用潜能：①较好的溶剂成膜加工性；②对催化位点不会起到阻碍作用；③成膜均一性及孔隙不易老化；④良好的化学稳定性。比如通过选用合适的溶剂氯仿，PIM-EA-TB（结构如图 5.14 所示）即可方便地进行滴铸或旋涂，实现 PIM 对电极的修饰[63]。实验表明，PIM-EA-TB 膜能将 $PdCl_4^{2-}$ 或阴离子芳族物质（如靛蓝胭脂红）吸收到微孔结构中，并分别伴有质子化或溶剂化过程。固定化的 $PdCl_4^{2-}$ 和靛蓝胭脂红均具有电化学活性，并且 PIM-EA-TB 电极涂层可渗透电解质。Marken 等人[64] 在 ITO 电极基底上电沉积金纳米颗粒用于葡萄糖在磷酸缓冲溶液中的氧化。当作为催化剂外表面涂层时，PIM-EA-TB 能充当尺寸选择层，控制较大分子（如蛋白质）进入催化位点，以保留原始的金催化剂活性。

更重要的是，即使在液体（水性）电解质存在下，某些 PIM 膜也能保持良好的透气性和黏合性，利于三相界面的反应。气态试剂或产物（例如氢或氧）可以结合到浸润 PIM 膜的疏水区域中，避免气泡的形成将活性中心隔绝，从而增强表面反应性和靠近电极/催化剂表面的气体溶质的表观活性。

高刚性、构象锁定和结构扭曲的 PIM 通常难以通过常规的聚合反应来合成。尽管如此，通过合理的单体选择，基于二苯并二噁烷、Tröger's 碱反应和酰亚胺化的三种不同类型的反应已经提供了上百种具有足够分子量的 PIM 材料，为其进一步应用提供了保障。作为可溶液加工的微孔材料，PIM 在多个领域尤其是气体分离膜领域表现出巨大的潜力，基于 PIM 的众多膜材料的 H_2/N_2、H_2/CH_4 和 O_2/N_2 分离效果已接近甚至超过了 2015 年修订的 Robeson 上限，气体渗透性和选择性远超商业产品。然而大部分 PIM 的 CO_2/CH_4 分离效果并不理想，表现为选择性差，导致 PIM 在沼气和天然气脱碳以及三次采油中 CO_2 的分离应用效果不佳。因此，充分发掘 PIM 作为第三代聚合物膜材料代表的优势，还需科研工作者投入更多的精力。

5.4 共轭微孔聚合物

共轭微孔聚合物（CMP）是由多重的 C—C 键（双键或三键）或芳香苯环"无限地"周期性互相连接而形成的一类具有扩展共轭体系的无定形微孔框架材料，通过 π-π 键在芳香基团之间周期性地排列而产生固有刚性的永久微孔结构，且孔径通常小于 2nm。从分子结构上看，共轭单元的刚性和成键方式，导致 CMP 骨架能有效地支撑起微孔通道，而不像共轭小分子或线性共轭高分子那样通过 π-π 堆积而形成致密的聚集体。不同于 COF 的是，CMP 大多数由过渡金属催化的偶联聚合反应得到，反应具有不可逆性，因此聚合物具有很好的热稳定性和化学稳定性。因此，CMP 既拥有某些共轭聚合物的光电性质，又能够提供稳定的多孔性，还具有功能调控、环境稳定、制备简单和多元化等特点，因而在电子和电致荧光等领域具有很好的应用前景。

微孔聚合物作为一种新型的多孔材料，其本身延展的共轭结构和稳定的微孔结构为其广泛的应用提供了基础。并且，在结构单元的选择上具有很大的灵活性，绝大多数具有共轭结构的单体都可作为 CMP 的结构单元。因此，通过引入特征官能团可有效调控聚合物的性能从而拓展相关应用。值得注意的是，虽然 CMP 不具有长程有序的结构，表现出无定形的结构特征，但是通过改变共轭结构之间链接的长度或共轭单体的构型可有效实现孔结构与比表面积的连续性调节，因此在众多领域有着广阔应用前景。

5.4.1　CMP 制备方法

同其他有机多孔聚合物一样，为使 CMP 具备多孔结构，采用的构筑基元必须具有两个及两个以上反应位点，且主要通过共价键进行连接，同时还需保证体系的长程共轭。具有两个反应位点的单体只能当作连接片段与其他类型的单体交叉偶联得到 CMP，而其他多位点的结构单元则可通过自聚反应或者偶联反应形成三维网络高分子。结构单元通常具有不同的几何形状、反应性基团和 π 体系，可大大增加 CMP 骨架和孔隙设计的灵活性，因而 CMP 具有极大的结构多样性。CMP 的制备方法通常分为以下几种：金属催化的偶联反应（如 Sonogashira 偶联反应、Suzuki 偶联反应、Yamamoto 偶联反应、Buchwald-Hartwig 偶联反应、Glaser 偶联反应）、炔基环化反应、氰基环化反应、氧化聚合反应、吩嗪环稠合反应等。

5.4.1.1　Sonogashira 偶联反应

Sonogashira 偶联反应是末端炔基和卤代芳烃在钯催化剂和一价铜共同作用下的交叉偶联反应。此反应不仅高效，而且能将轻质的三键引入 CMP 中。2007 年英国利物浦大学 Cooper 等人[65] 首次利用 Sonogashira-Hagihara 偶联反应制备出聚乙炔撑芳基网络化合物 CMP（图 5.15）。研究者通过改变共聚单体的骨架长度，成功实现了共轭微孔聚合物孔尺寸的可控性调节，获得了一系列不同比表面积的聚合物，为无定形微孔聚合物实现孔尺寸的有效调控提供了新思路，改变了前人普遍认为只有长程有序的结晶态聚合物如金属-有机骨架（MOF）和共价-有机骨架（COF）才能实现调控的观点。这类 CMP 具有无定形的结构，其比表面积为 $522 \sim 834 m^2 \cdot g^{-1}$，最早被用于二氧化碳和氢气的低压吸附或存储。通过对反应溶剂的筛选[66]，研究者发现在 DMF 中形成的 CMP 具有最高的表面积和微孔率。2011 年，Cooper 等人[67] 又创造了"金属-有机 CMP"的概念，直接利用金属-有机单体进行 Sonogashira-Hagihara 交叉偶联，或是利用金属配合物对联吡啶官能化的 CMP 进行后处理，均可获得金属-有机 CMP，从而在 CMP 和 MOF 之间建立了一座桥梁。

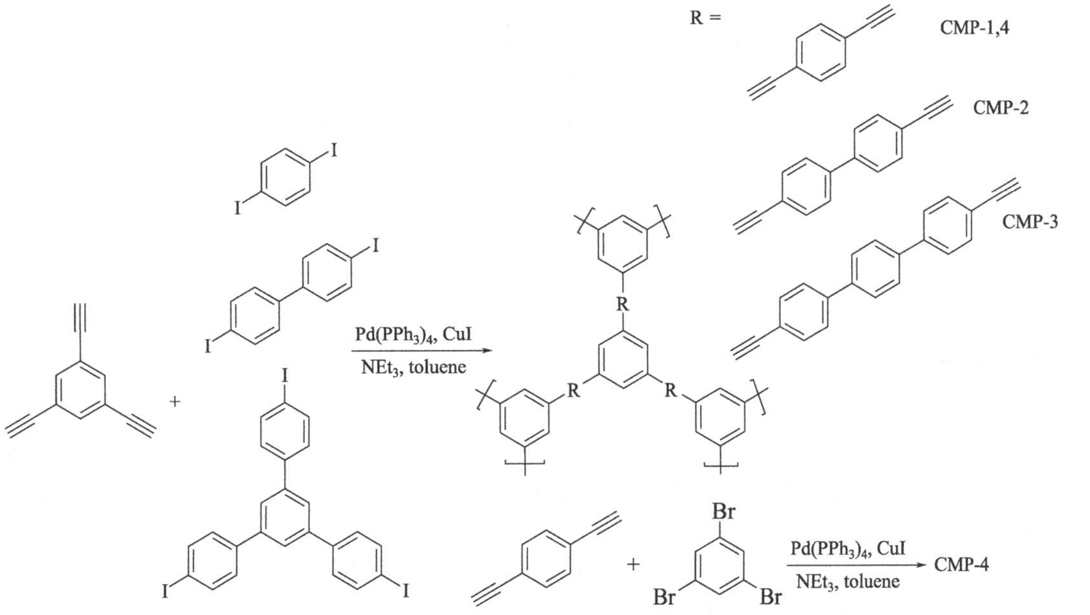

图 5.15　CMP-1～CMP-4 结构式及合成方法

5.4.1.2 Suzuki 偶联反应

Suzuki 偶联反应也称为铃木反应，一般为芳基硼酸与氯卤代芳烃、溴卤代芳烃、碘卤代芳烃在零价钯配合物催化下，发生交叉偶联反应。其优点是反应条件较温和、区域和立体选择性高以及官能团环境容忍性好等，能够满足 CMP 结构多样化的合成需求。最主要的缺点就是体系对氧极为敏感，会导致卤代物的自身偶联和硼酸底物的脱硼酸生成副产物。为了避免这个问题，需要对反应体系进行彻底换气处理。2008 年，Thomas 等人[68] 利用 Suzuki偶联制备了聚对苯撑 CMP 网络，发现其具有光致发光特性，有望在有机发光二极管应用中使用并开启 CMP 在此领域的研究。2010 年，Jiang 等人[69] 报道了通过 Suzuki 偶联聚合反应制备的聚苯撑 CMP 可作为天线进行光捕获，捕获的能量可以在框架内进行转移，并最终被限制在微孔内的香豆素客体所接受，表明这类 CMP 能够激发能量转移，增强载流子的迁移能力，在光捕获方面有重要应用前景。同年，该小组[70] 还利用 Suzuki 偶联反应成功合成了含卟啉的 CMP 非均相催化剂，通过分子氧的活化将硫化物转化为亚砜，显示出较高的催化效率和选择性。第一例可溶性的 CMP（SCMP1）也是通过 Suzuki 反应制备的（图5.16）。由于 CMP 具有高度共轭的刚性网络结构，它们通常是完全不溶的。为了实现这类多孔性和共轭性材料的溶液加工，2012 年，Cooper 小组[71] 通过引入叔丁基并借助 Suzuki偶联反应合成了可溶性的超支化 CMP，该基团一方面可降低材料的分子量，同时又引入可溶的烷基。Suzuki 偶联也可以和其他偶联方法如 Heck 偶联联用，一锅法反应用于制备CMP。该方法利用芳基卤化物作为单体，其中一部分经由 Suzuki-Miyaura 反应制备带烯烃官能团的芳香衍生物，然后此衍生物通过 Heck 反应与剩余的芳基卤化物反应制备获得最终的 CMP[72]。

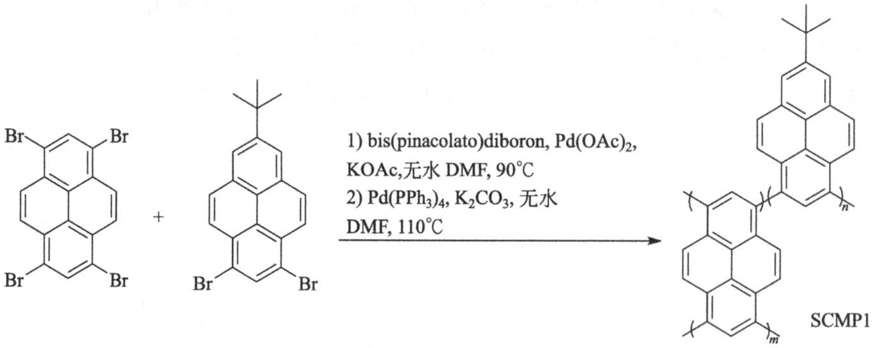

图 5.16　SCMP1 结构式及合成方法

5.4.1.3 Yamamoto 偶联反应

Yamamoto 偶联，是过渡金属试剂［如 PdCl$_2$(bipy)、NiCl$_2$(bipy)、Ni(cod)$_2$、NiBr$_2$(PPh$_2$)$_2$、NiCl$_2$、CoCl$_2$、FeCl$_2$ 等］催化的二卤代芳烃与多卤代芳烃通过去卤化反应而进行偶联缩聚或脱卤 C-C 偶联过程，获得聚芳烃类聚合物及环低聚产物（环三聚产物最为常见）的反应。该偶联方法的优点在于对反应底物的要求比较简单，仅需要单个卤素官能化的单体。芳基卤化物单体种类繁多，因此可以通过 Yamamoto 偶联底物设计多种多孔网络。当使用 3D 单体时，Yamamoto 偶联反应会导致非常低效的堆积，从而产生非常高的比表面积和孔隙率。这种方法的缺点是无法进行大规模制备，因为它对反应条件的要求比较苛刻，尤其是水氧敏感性高，通常需要在手套箱中完成。2011 年，Cooper 等人[73] 利用此反应构建了基于苯并芘的 CMP（图 5.17）。此类微孔 CMP 具有高度荧光特性，且能通过改变共聚单体结构和调节单体的比例来对荧光的颜色进行调整，可作为分子传感设备，与线性无孔聚合物类似物相比，这些 CMP 显示出明显增强的检测选择性。

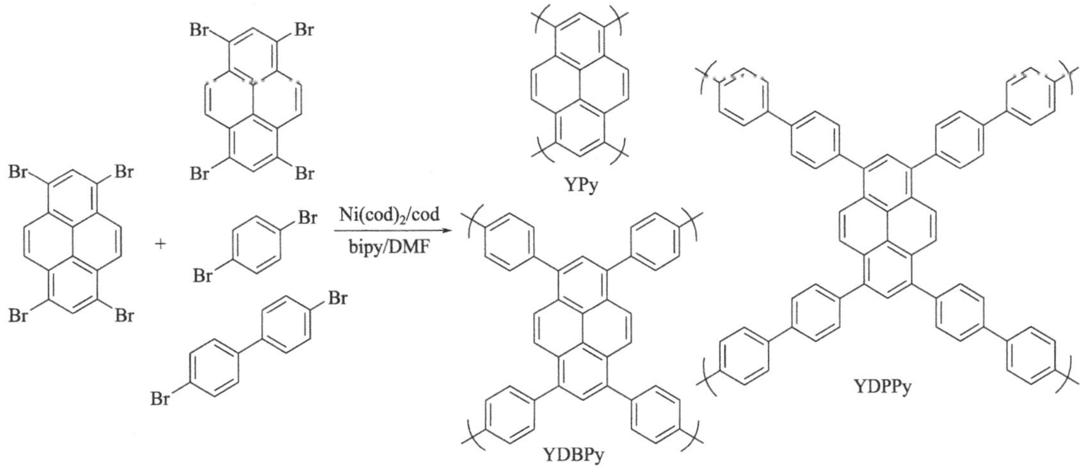

图 5.17　基于苯并芘的 CMP 结构式及合成方法

5.4.1.4　Buchwald-Hartwig 偶联反应

Buchwald-Hartwig 偶联反应是卤代芳烃和芳香胺在钯和碱性条件下反应生成 C—N 键的偶合反应，常被用于用芳基卤和芳胺生产富含 N 的 CMP。2008 年，Fréchet 等人[74] 首次通过 Buchwald-Hartwig 反应制备了聚苯胺网络结构，用于氢气吸附。2018 年，Liao 等人[75] 利用此反应构建了一系列基于 2,6-二氨基蒽醌的 3DCMP 网络，由于 2,6-二氨基蒽醌良好的氧化还原活性，此系列 CMP 在超级电容器能量存储方面展现出良好的应用前景（图 5.18）。

5.4.1.5　Glaser 偶联反应

Glaser 偶联反应是一价铜盐催化的末端炔烃自身的氧化偶联反应，生成二炔烃化合物。第一例利用自身偶联反应获得的 CMP 在 2008 年被 Cooper 等人报道[76]，后来证明其具有很好的水分解活性。2017 年 Xu 等人[77] 以 1,3,5-三(4-乙炔苯基)-苯（TEPB）和 1,3,5-三乙炔基苯（TEB）为原料经 Glaser 偶联反应合成了 PTEPB（图 5.19）和 PTEB，在 420nm 可见光激发下光量子效率分别为 10.3% 和 7.6%；利用全太阳光谱测得的太阳-氢转换效率可达 0.6%。

总之，如同可溶性共轭聚合物一样，偶联反应对于 CMP 的构建同样是非常有效的合成方法。通过不同类型的偶联反应可得到不同特性的 CMP，如 Sonogashira-Hagihara 偶联反应和 Glaser 偶联反应得到的 CMP 中含有炔基，可对其进行进一步后处理和功能化。Buchwald-Hartwig 偶联反应可引入 C—N 键，赋予 CMP 一定的氧化还原活性，在电化学储能、二氧化碳固定等方面有重要应用前景。

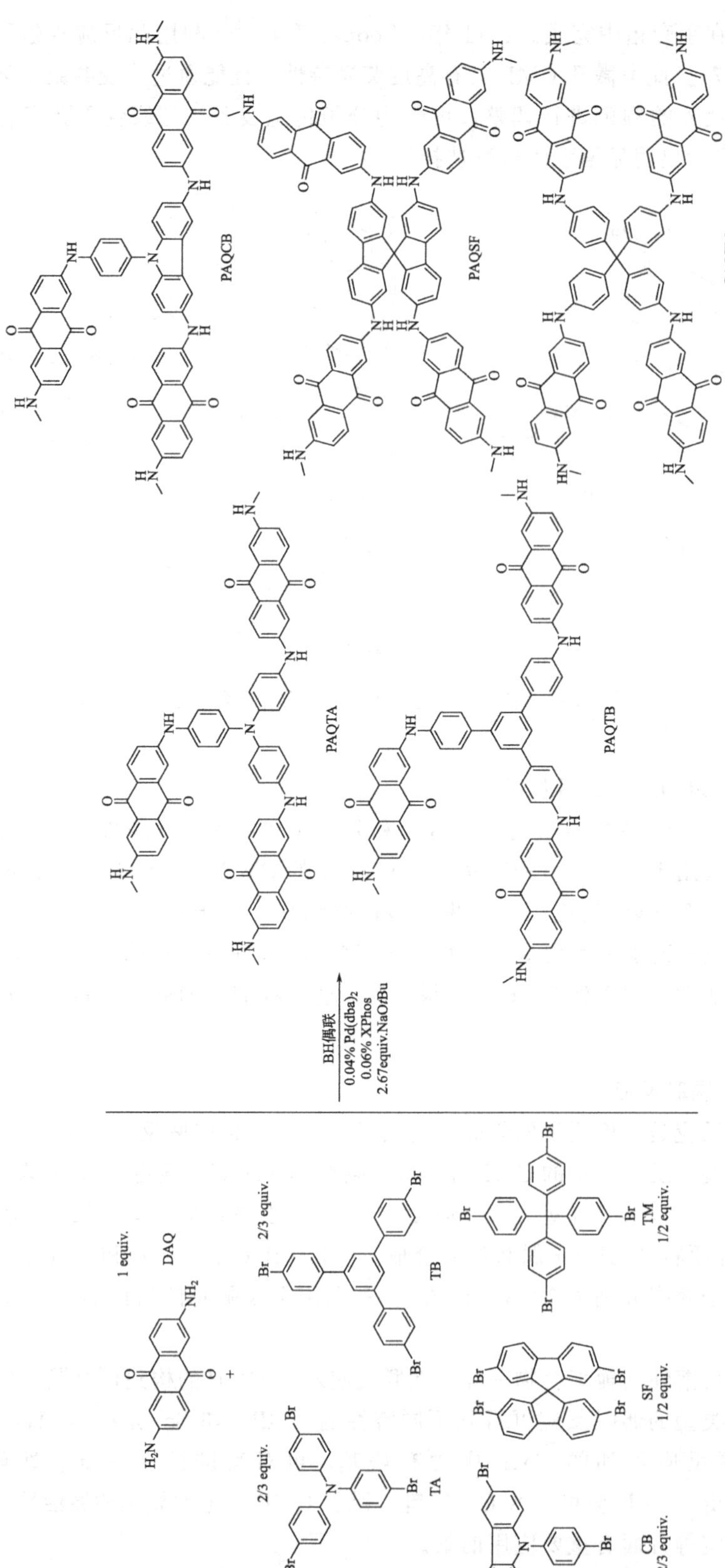

图 5.18　基于 2,6-二氨基蒽醌的 3DCMP 结构式及合成方法
%—指摩尔百分数

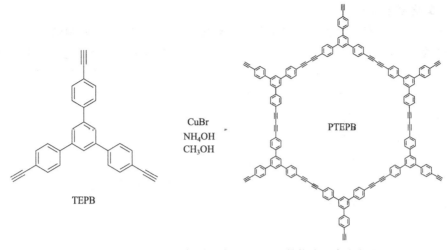

图 5.19　基于 Glaser 偶联反应的 PTEPB 结构式及合成方法

5.4.1.6　炔基环化反应

三聚化反应是一类非常有效且适用的合成共轭体系的方法，也常被用在 CMP 的合成上（图 5.20），包括炔基三聚和氰基三聚两类。炔基环化反应是以钴为催化剂，单体在溶剂中加热回流制备聚合物的方法。2010 年，Liu 等人[78] 通过简便的乙炔基三聚反应合成了一系列具有相似骨架的 CMP，利用不同长度的炔基单体，实现了 CMP 孔径（0.7～0.9nm）及比表面积（约 1000m^2·g^{-1}）的精确调控，以证明其表面性质与氢的吸附关系。

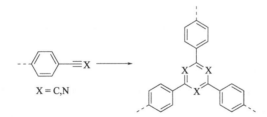

图 5.20　炔（氰）基环化反应制备 CMP 的通用方法

5.4.1.7　氰基环化反应

氰基环化反应是将 ZnCl$_2$ 与含氰基的单体共混后，在离子热条件下制备多孔聚合物的方法，其中 ZnCl$_2$ 可充当溶剂、催化剂以及模板制孔剂的角色。该方法得到的 CMP 又称为共价三嗪类聚合物（covalent triazine-based frameworks，CTF），与其他 CMP 不同，该类聚合物也具备一定的结晶性，又属于 COF 范畴。2008 年，Thomas 等人在 400℃下熔融的 ZnCl$_2$ 中，利用腈类小分子首次制备出 CTF。他们通过调控温度、单体及反应动力学参数，制备出了不同孔结构和特性的 CTF。然而，这种苛刻的条件并不适用于所有含氰基的单体，而且高温下会发生一定程度的碳化。后来 Cooper 等人[79] 开发了布朗斯特酸催化的三聚反应，反应温度可大大降低。该方法使用三氯甲烷磺酸和 CHCl$_3$ 作为溶剂，或者可以通过微波反应合成而无需使用任何溶剂。微波辅助反应甚至可以在 120～460W 的微波输出下使反应时间缩短至数十分钟，而且可适用于一系列的底物。

5.4.1.8 氧化聚合反应

氧化聚合是指含有活泼氢原子的化合物在氧化催化剂的作用下，脱氢偶联形成聚合物的方法。根据氧化形式的不同，可分为化学氧化聚合和电化学氧化聚合。化学氧化聚合是在氧化剂如 $FeCl_3$ 等作用下，单体脱氢聚合的反应。Han 等人[80] 利用咔唑单体在 $FeCl_3$ 的作用下进行聚合，得到的咔唑基 CMP（TCB-CMP，图 5.21）比表面积高达 $2220m^2 \cdot g^{-1}$，表现出良好的二氧化碳（21.2%、0.1MPa、273K）和氢气（2.8%、0.1MPa、77K）存储水平，并展现出良好的二氧化碳/氮气、二氧化碳/甲烷吸附选择性。利用电化学途径循环伏安法（CV）进行氧化偶联可生成 CMP 膜。Ma 等人[81] 报道了咔唑基单体在 CH_3CN/CH_2Cl_2 溶液中电聚合生成 CMP，该方法是在 $-0.8 \sim 0.97V$ 的电势范围内以 $50mV \cdot s^{-1}$ 的扫描速率循环扫描而获得 CMP 膜。

图 5.21　TCB-CMP 的结构式及合成方法

5.4.1.9 吩嗪环稠合反应

吩嗪环稠合反应早在 1966 年被用来制备梯形聚合物，是指在特定的高沸点溶剂（如 N,N-二甲基乙酰胺、六甲基磷酰胺等）中，芳基二胺和芳基二酮之间在 250℃ 温度下进行的反应。2011 年，Jiang 等人[82] 首次利用此方法构建了应用于超级电容器的氮杂 Aza-CMP（图 5.22），Aza-CMP 不仅具有导电性，而且还有利于跟电解质阳离子的偶极相互作用，从而表现出大电容、高能量密度、高功率密度以及出色的循环寿命特性，充分显示了共轭微孔聚合物在高容量储能领域的巨大潜力。最近，Mateo-Alonso 等人[83] 开发了一种温和的溶剂热方法，通过将单体在二氧六环和乙酸的 1∶4 混合物中回流来制备，通过跟以往文献对比，所得 CMP 与离子热法获得的材料结构基本一致。

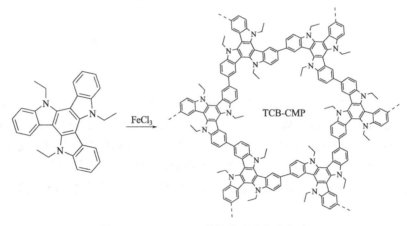

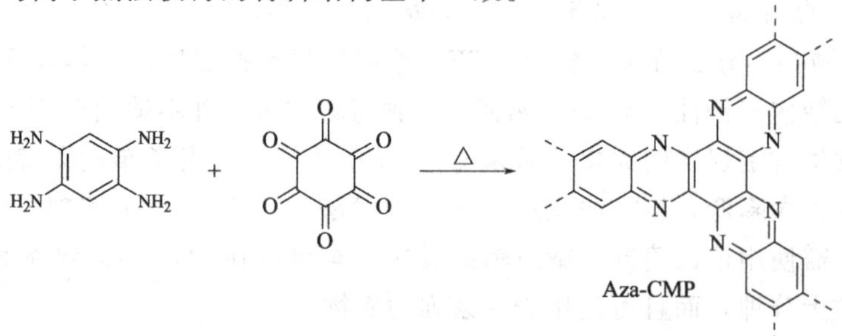

图 5.22　Aza-CMP 的结构式及合成方法

目前，CMP 的发展依然存在很多待解决的问题。首先是制备方法的进一步探索。CMP 制备条件对其性质有很大影响，包括所用的方法、所涉及的溶剂等。即使是相同的单体，如果利用的制备方法不同，所获得的 CMP 性质相差也会比较大。同时，我们应根据聚合反应的特点来选择（筛选）合适的溶剂，当溶剂与聚合反应具有较好的相容性时，可以形成更多的微孔、更高的聚合度以及更大的比表面积。其次，设计并合成新的具有特定功能的有机单体仍然存在巨大的挑战。再次，目前通过浇铸的方法得到的薄膜机械强度还很不理想，而且在成膜厚度与成膜面积之间存在矛盾。最后，还没有有效的方法对残留在 CMP 材料中的金属催化剂进行彻底的清除（基本上所有涉及金属催化的高分子聚合物制备都面临这个问题），从而限制了 CMP 在某些特定领域（如高纯度要求）的应用。这些都是研究工作者今后需要努力的方向。

5.4.2　CMP 的应用

CMP 具有纳米尺寸孔洞可精确调控、比表面积大、制备方法多样、稳定性高等特点。与传统的沸石、活性炭等微孔材料相比，CMP 的合成方法多样，而且具有扩展的 π 电子共轭结构，在电子发射、光捕获方面有极大的应用前景。CMP 具有良好的稳定性，在酸碱、有机溶剂、湿气和高温等苛刻条件下都能稳定存在，有利于拓展其在各个领域的应用。基于 CMP 材料的优良特性，目前 CMP 主要应用于吸附与分离、异相催化、化学传感器、光捕集、光发器件和激发能量转换、能量存储等众多领域。

5.4.2.1　吸附与分离

到目前为止，吸附与分离是研究得最多的 CMP 应用领域。CMP 是一种新型多孔材料，大量的微孔提供了足够的吸附和存储空间，在氢气、二氧化碳等气体，放射碘和有机溶剂吸附等方面有大量应用。对 CMP 进行后处理和功能化，又可极大提高其吸附性能。例如，Liu 等人制备了一系列具有不同比表面积的聚苯撑结构 CMP 用于氢气存储，在 77K 和 6MPa 大气压下，POP-1（1031m^2·g^{-1}）、POP-2（1013m^2·g^{-1}）、POP-3（1246m^2·g^{-1}）和 POP-4（1033m^2·g^{-1}）的氢气存储量分别为 2.78％、2.71％、3.07％和 2.35％。气体的吸附是一个热熔控制的过程，不同吸附材料中，氢气的结合能会有所差别。对 CMP 进行锂化后处理[84] 或者负载金属钯[85]，均可显著提高氢气的吸附量。

除气体吸附外，CMP 还可以有效地吸附有毒化学物质、有机溶剂、染料等。骨架上基团的特性直接影响孔材料的性质，比如在骨架中引入疏水基团，如氟等，可增加多孔材料的疏水性，用于油水分离。2009 年 Cooper 等人[86] 利用 Sonogashira 反应，改变溴代芳烃上的官能团从而得到不同骨架 CMP。研究发现 CMP 骨架上的羟基能有效增加材料对水溶性甲基橙的吸附，而尽管具有相似的孔径大小，甲基 CMP 基本上没有吸附效果。Ma 等人[87] 制备的卟啉基聚合物 PCPF-1（BET 比表面积＝1300m^2·g^{-1}）对汽油和饱和烃（例如正戊烷、正己烷、正庚烷、正辛烷、环戊烷和环己烷）具有极高的吸附能力［1470％～2590％（质量分数）］，在水污染治理方面具有很大的应用前景。

5.4.2.2　异相催化

由于有机 CMP 具有灵活的可设计性，可以将具有催化活性的官能团修饰在 CMP 骨架中。同时，与无孔类似物相比，开放的多孔结构使反应物易于进入催化部位。另外 CMP 中扩展的共轭体系是其不同于其他有机多孔材料的显著特点，是光催化应用的理想候选载体材料。Jiang 等人[70] 将金属卟啉作为其中一个结构单元进行 Suzuki 偶联反应，得到 FeP-CMP，比表面积为 $1270m^2 \cdot g^{-1}$。其高比表面积和足够的反应活性位点保证了良好的反应活性，在活化分子氧催化各种硫化物的氧化反应中，转化率高达 97%，催化剂的转换数 TON 高达 97320。后续研究还表明，Fe-CMP 可用于烯烃的催化环氧化。同时，FeP-CMP 可以重复回收利用，且催化性能并没有明显减弱[88]。Zhang 等人[89] 通过"逐层法"利用碳纳米管作为模板来制备一维 CMP。所获得的材料比表面积高达 $623m^2 \cdot g^{-1}$，并且发现 p 型 CMP 和 n 型碳纳米管之间存在明显的相互作用。热解后的孔材料还可进一步用于氧还原反应。2013 年，Cooper 等人[90] 报道了基于玫瑰红染料的 CMP 可用作光氧化还原催化剂催化氮杂亨利反应，表现出较高的转化率和较好的回收性能。Han 等人[91] 在此基础上，将曙红 Y 染料引入 CMP 骨架（EY-POP）中，同样在氮杂亨利反应中实现了高效的光催化脱氢偶联。2015 年，Cooper 等人[92] 首次报道了无金属参与的 CMP 光催化活性：在没有任何金属催化剂的情况下，CMP 能有效地光解水获得 H_2。这一系列的 CMP 可以通过单体结构的变化实现光学间隙的连续调节。相比于传统材料而言，CMP 表现出一定的优势，如线性共轭聚合物通常光活性较差，而石墨化碳氮化物则很难调节光学间隙。正因为如此，开发能在较宽的光学间隙范围内进行水分解的 CMP 是目前 CMP 领域的热点。

5.4.2.3 发光器件

CMP 作为理想的发光材料，除了其具有扩展的 π-共轭性质之外，还有很重要的一点就是 CMP 网络结构中包含互锁的刚性结构单元，这样的环境下芳香体系的旋转受到了限制，从而可避免在线性聚合物中很容易发生的荧光猝灭现象的产生。2011 年，Cooper 等人[73] 通过调控结构单元的组成，制备了一系列不同能隙的苯并芘基 CMP：YPy（1.84eV）、YDPPy（1.90eV）、YDBPy（2.05eV）和 SDBPy（2.37eV），能隙的不同使这些材料具有不同的荧光特性，比如 YDPPy 在 602nm 处显示橘色荧光，YDBPy 在 545nm 和 582nm 处显示绿色荧光。与此同时，Jiang 等人[93] 利用 Suzuki 偶联成功地开发了一类基于核-壳策略的发光 CMP，通过固定核的大小、逐步调节壳的厚度，可有效调控荧光的波长。利用此方法合成的 TPE-CMP 在多种溶剂（例如甲醇、二噁烷、THF、二氯甲烷、氯仿、己烷、DMF、苯和水）中显示强发光，其量子产率可以高达 40%，而在相同条件下线性聚合物类似物仅为 0.65%。Guo 等人[94] 将染料分子固定在 CMP 的微孔内实现了全可见光谱范围内的荧光调控，包括纯白光发射。这为 CMP 在该领域的应用提供了新的策略。

5.4.2.4 化学传感器

CMP 由于具有良好的发光特性，可进一步利用荧光增强或猝灭效应来检测各种化学物质。在这一点上，CMP 与无孔共轭聚合物相比更具有优势，因为 CMP 中的大开放位点允许与化学物质进行更多的相互作用，从而提高检测的灵敏度。Jiang 等人[95] 首次报道了具备荧光传感功能的 TCB-CMP。TCB-CMP 在富电子的芳香蒸气氛围下具有明显的荧光增强现象，但在缺电子氛围下会出现荧光猝灭，重复使用后无明显的性能下降。微孔可在有限的空间内吸收芳香蒸气，提高 TCB-CMP 对气体的检测灵敏度。2013 年，Dichtel 等人[96] 开发合成了多种 CMP，用于 2,4,6-三硝基甲苯蒸气的检测。这一系列 CMP 均含有富 π 电子的 2,4-二烷氧基苯单元，从而与缺电子的 TNT 具有电子互补性，形成 donor-accept 相互作用。

5.4.2.5　能量存储

CMP 的微孔结构和扩展的 π 共轭体系对电能存储极为有利的。超级电容器可以通过双电层电容（ELDC）和赝电容（PC）机制存储电荷。EDLC 通过电极-电解质界面上的可逆电荷物理吸脱附来运行。PC 则利用电活性物质的快速可逆氧化还原反应实现。CMP 的高比表面积允许电解质中的电荷进入活性部位并存储于表面上。CMP 的调控性可以很方便地引入氧化还原活性基团，从而适用于电化学应用，尤其是电池领域。

（1）超级电容器

2011 年，Jiang 等人[82] 利用吩嗪稠环反应制备了氮杂稠环 CMP，用于超级电容储能。由于 π 共轭体系的存在，这些材料具有较好的导电性。另外氮杂单元有助于与电解质中的阳离子发生偶极相互作用，从而有利于阳离子在表面的积累；而大的孔隙度则有助于电解质扩散并为 EDLC 提供较大的接触表面。450℃下制备的 Aza-CMP 在电流密度为 $0.1A \cdot g^{-1}$ 时所获得的电容最高，为 $946F \cdot g^{-1}$。该研究仅测试了 $0.2 \sim 10A \cdot g^{-1}$ 的电流密度下的充-放电曲线，而较低电流密度如 $0.1A \cdot g^{-1}$ 则没有相关的数据，因此很难得出在低电流密度不可逆分解反应对电容的贡献。值得注意的是，由于结构中的孔径更小，500℃下制备的 Aza-CMP 电容较低，甚至无法保持电容行为，特别是在 $5A \cdot g^{-1}$ 和 $10A \cdot g^{-1}$ 的较高电流密度下。这表明除了导电性外，材料的孔径对超级电容器的应用也至关重要。

通常来说，相比于其他导电材料，CMP 电极的导电性都比较差。鉴于此，Cooper 等人[97] 报道了可氮掺杂气氛下热解的方法制备 CMP-1，来改善其导电性。他们考察了 CMP-1 在氮气、氨气以及其混合气体下高温热解的情况：氮气下热解 CMP 的比表面积基本保持不变，而在有氨气的氛围中热解后，BET 比表面积从 $692m^2 \cdot g^{-1}$ 增大到 $1436m^2 \cdot g^{-1}$。热解后的材料尽管表面积有所不同，但基本上保持了原有材料的基本形貌，而且孔径尺寸均能得到较好的控制，由于热解进一步形成了微孔，孔径也较之前均减小 2Å（1Å＝0.1nm）左右。循环伏安曲线显示氮掺杂后 CMP-1 表现出良好的 EDLC 行为，并且还发现了有 N 官能团相应的氧化还原峰出现，从而有助于 PC 行为。该材料在 10000 次循环后不仅没有显示出明显的降解，反而有所增加，这是由于一小部分之前被堵塞不易接近的孔被逐渐润湿而疏通。

（2）电池

2014 年，Jiang 等人[98] 报道了第一例用于锂离子电池应用的 CMP。他们利用 Sonogashira 偶联反应合成六氮杂三萘 CMP［HATN-CMP，图 5.23（a）］。该材料借助合成过程中构建的含氮结构单元作为氧化还原活性位点，用于能量存储；微孔结构则有助于锂离子的传输扩散。HATN-CMP 用作阴极材料时，在 $1.5 \sim 4.0V$ 的电位范围内具有 $147mA \cdot h \cdot g^{-1}$ 的首次放电容量，可达到理论容量的 71%。而单独的 HATN 单体的放电容量为 $52mA \cdot h \cdot g^{-1}$，仅为理论容量的 56%［图 5.23（b）］。这归因于 CMP 的分层多孔结构有利于电解质离子进入 HATN 单元的氧化还原活性位点。同时网络结构还能显著提高材料的稳定性：该材料经过 50 次循环测试后仍表现出 $91mA \cdot h \cdot g^{-1}$ 的容量，保留了原始容量的 62%［图 5.23（c）］。而 HATN 在 2 个循环后即损失了原始容量的 30%。最近，Jiang 等人[99] 通过聚噻吩在锂离子电池中的研究同样表明了交联结构的重要性。研究者用 $FeCl_3$ 催化的方法分别获得了线性聚噻吩和交联聚（3,3'-联噻吩）（P33DT），比表面积分别为 $13m^2 \cdot g^{-1}$ 和 $696m^2 \cdot g^{-1}$。与聚噻吩显示的 $745mA \cdot h \cdot g^{-1}$ 比容量相比，P33DT 在第一个充电周期中显示出 1403mA·h·g^{-1} 的高可逆容量。进一步循环后，P33DT 在 5A·g^{-1} 的电流密度下显示出 375mA·h·g^{-1} 的容量保持率，而聚噻吩在 3A·g^{-1} 时仅显示 141mA·h·g^{-1} 的容量。这些结果表明，交联结构和高比表面积在电化学性能中起关键作用。

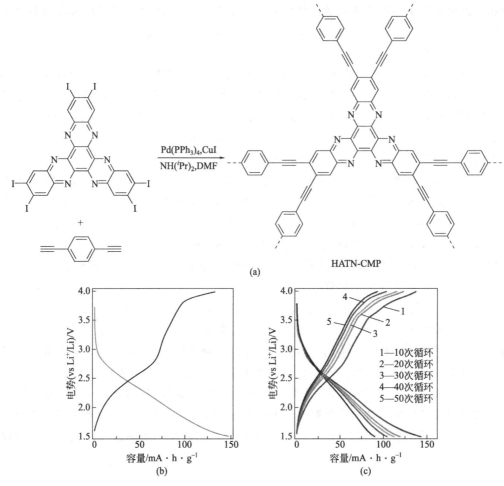

图 5.23　HATN-CMP 的合成及其在电池应用中的表现

5.4.2.6　生物医用

与上述应用相比，CMP 在生物医用方面的报道相对较少。CMP 通常无毒，具有很好的生物相容性，因此在这方面还是很具潜力的。目前，CMP 已用于生物传感、药物递送和生物成像、活性单线态氧的产生、抗菌剂和光热疗法等。2014 年，Jiang 等人[100] 利用电化学的方法聚合含三个 N-取代咔唑基团的 C3 单体（TPBCz），以制备厚度可控、孔隙率高且孔分布均匀的生物传感 TPBCz-CMP 膜。TPBCz-CMP 是富电子结构，对神经递质多巴胺灵敏度非常高。将 CMP 膜浸入浓度为 10^{-5}mol·L^{-1} 和 10^{-8}mol·L^{-1} 的多巴胺盐溶液中 20s 即导致荧光分别发生 90% 和 50% 的猝灭。荧光的猝灭可以用 NaBH$_4$ 溶液和去离子水先后进行浸泡来进行恢复。2016 年，Zhang 等人[101] 报道了一系列光活的 CMP 材料用于灭菌。将不同比例的供电子噻吩和吸电子的苯并噻二唑单体与 1,3,5-三乙炔基苯在水包油的乳液中共聚,制备出一系列 CMP 纳米颗粒。在没有光照射的情况下,CMP 纳米颗粒对细菌细胞没有毒性作用。在光照条件下,该材料能够产生单线态氧气,对大肠杆菌 K-12 和枯草芽孢杆菌均具有明显的灭菌效果。

5.4.2.7　其他

在 2018 年以前,尽管有许多关于 CMP 用作过滤膜的报道,但成膜存在一定的难度,需要借助模板或是制备的薄膜具有缺陷。Liang 等人[102] 在 2018 年报道了一种新的方法可以获得高质量的 CMP 膜:首先在溴苯修饰的基底表面上聚合 CMP 膜,然后将其转移到多孔载体上,可以形成大面积且无缺陷的 CMP 膜。获得的 CMP 薄膜在过滤有机溶剂方面表现出非常好的性能,优于当时所有报道过的聚合物膜。

CMP 已成为材料化学领域一个广泛的平台[103]。毫无疑问,这种方法的模块化引起了科研工作者的极大兴趣:多种偶联反应可用于创建多样的网络结构,原则上只要选择的单体是刚性的,所获得的材料大部分都具有多孔结构。在众多的多孔材料里,CMP 最显著的特点就是其扩展的共轭结构,因此未来需要充分发挥这个独特的优势,逐步加强对相关应用诸如半导体、储能以及生物医用等领域的发展。

习题

1. 简述无定形有机多孔材料的分类及特点。
2. 超高交联度聚合物的合成策略有哪几种?
3. 列举几种超高交联度聚合物类型?
4. 简述固相萃取的原理以及跟多孔聚合物的关系。
5. 简述固有微孔聚合物的定义及设计原则。
6. 结合文献说明合成二苯并二噁烷类 PIM 时需要注意哪些反应细节。
7. 举例说明 PIM 后修饰的用途。
8. 什么是 Robeson 上限?
9. 共轭微孔聚合物的结构特点。
10. 简述几种合成 CMP 的聚合方法。
11. 简述 CMP 的应用领域。

参 考 文 献

[1] Davankov V A, Vasilievich R S, Petrovna T M. US. Pat., 1973:3729457.

[2] Tan L, Tan B. Chem. Soc. Rev., 2017,46(11):3322-3356.

[3] Veverka P, Jeřábek K. React. Funct. Polym., 1999,41(1):21-25.

[4] Ahn J H, Jang J E, Oh C G, et al. Macromolecules,2006,39(2):627-632.

[5] Li B, Gong R, Luo Y, et al. Soft Matter, 2011,7(22):10910-10916.

[6] Seo M, Kim S, Oh J, et al. J. Am. Chem. Soc., 2015,137(2):600-603.

[7] Germain J, Fréchet J M J, Svec F J. Mater. Chem., 2007,17(47):4989-4997.

[8] Germain J, Fréchet J M J, Svec F. Chem. Commun., 2009,(12):1526-1528.

[9] Urban C, McCord E F, Webster O W, et al. Chem. Mater., 1995, 7(7): 1325-1332.

[10] Loy D A, Shea K J. Chem. Rev., 1995, 95(5): 1431-1442.

[11] Wood C D, Tan B, Trewin A, et al. Adv. Mater., 2008, 20(10): 1916-1921.

[12] Wood C D, Tan B, Trewin A, et al. Chem. Mater., 2007, 19(8): 2034-2048.

[13] Schwab M G, Lennert A, Pahnke J, et al. J. Mater. Chem., 2011, 21(7): 2131-2135.

[14] Luo Y, Zhang S, Ma Y, et al. Polym. Chem., 2013, 4(4): 1126-1131.

[15] Li B, Guan Z, Yang X, et al. Mater. Chem. A., 2014, 2(30): 11930-11939.

[16] Li B, Gong R, Wang W, et al. Macromolecules, 2011, 44(8): 2410-2414.

[17] Li B, Huang X, Gong R, et al. Int. J. Hydrogen Energy, 2012, 37(17): 12813-12820.

[18] Zou L, Sun Y, Che S, et al. Adv. Mater., 2017, 29(37): 1700229.

[19] Yang X, Yu M, Zhao Y, et al. RSC Adv., 2014, 4(105): 61051-61055.

[20] Zhu J H, Chen Q, Sui Z Y, et al. J. Mater. Chem. A, 2014, 2(38): 16181-16189.

[21] Zhu X, Mahurin S M, An S H, et al. Chem. Commun., 2014, 50(59): 7933-7936.

[22] Yang X, Yu M, Zhao Y, et al. J. Mater. Chem. A, 2014, 2(36): 15139-15145.

[23] Li B, Su F, Luo H K, et al. Microporous Mesoporous Mater., 2011, 138(1): 207-214.

[24] Li H, Meng B, Chai S H, et al. Chem. Sci., 2016, 7(2): 905-909.

[25] Maya F, Svec F. Polymer, 2014, 55(1): 340-346.

[26] Maya F, Svec F J. Chromatogr. A., 2013, 1317: 32-38.

[27] Li B, Guan Z, Wang W, et al. Adv. Mater., 2012, 24(25): 3390-3395.

[28] Xu S, Song K, Li T, et al. J. Mater. Chem. A., 2015, 3(3): 1272-1278.

[29] Li R, Wang Z J, Wang L, et al. ACS Catal., 2016, 6(2): 1113-1121.

[30] Jiang K, Fei T, Zhang T. Sensors Actuators B: Chem., 2014, 199: 1-6.

[31] Jiang K, Kuang D, Fei T, et al. Sensors Actuators B: Chem., 2014, 203: 752-758.

[32] Li B, Yang X, Xia L, et al. Sci. Rep., 2013, 3(1): 2128.

[33] McKeown N B. Phthalocyanine materials: synthesis, structure, and function. Cambridge University Press, 1998.

[34] McKeown N B, Makhseed S, Budd P M. Chem. Commun., 2002, (23): 2780-2781.

[35] Mackintosh H J, Budd P M, McKeown N B. J. Mater. Chem., 2008, 18(5): 573-578.

[36] Budd P M, Ghanem B S, Makhseed S, et al. Chem. Commun., 2004, (2): 230-231.

[37] Du N, Song J, Robertson G P, et al. Macromol. Rapid Commun., 2008, 29(10):

783-788.

[38] Song J, Du N, Dai Y, et al. Macromolecules, 2008, 41(20): 7411-7417.

[39] Ponomarev I I, Blagodatskikh I V, Muranov A V, et al. Mendeleev Commun., 2016, 4(26): 362-364.

[40] Zhang J, Jin J, Cooney R, et al. Polymer, 2015, 76: 168-172.

[41] Zhang J, Jin J, Cooney R, et al. Polymer, 2015, 57: 45-50.

[42] Ghanem B S, Swaidan R, Ma X, et al. Adv. Mater., 2014, 26(39): 6696-6700.

[43] Weber J, Su Q, Antonietti M, et al. Rapid Commun., 2007, 28(18-19): 1871-1876.

[44] Zhang P, Jiang X, Wan S, et al. Mater. Chem. A, 2015, 3(13): 6739-6741.

[45] McKeown N B. Science China Chemistry, 2017, 60(8): 1023-1032.

[46] Du N, Dal-Cin M M, Robertson G P, et al. Macromolecules, 2012, 45(12): 5134-5139.

[47] Yang Z, Guo R, Malpass-Evans R, et al. Angew. Chem. Int. Ed., 2016, 55(38): 11499-11502.

[48] Li S, Jo H J, Han S H, et al. J. Membr. Sci., 2013, 434: 137-147.

[49] Sanders D F, Smith Z P, Guo R, et al. Polymer, 2013, 54(18): 4729-4761.

[50] Koros W J, Mahajan R. J. Membr. Sci., 2000, 175(2): 181-196.

[51] Robeson L M. J. Membr. Sci., 1991, 62(2): 165-185.

[52] Robeson L M. J. Membr. Sci., 2008, 320(1): 390-400.

[53] Swaidan R, Ghanem B, Pinnau I. ACS Macro Lett., 2015, 4(9): 947-951.

[54] Ghanem B S, Swaidan R, Litwiller E, et al. Adv. Mater., 2014, 26(22): 3688-3692.

[55] Carta M, Malpass-Evans R, Croad M, et al. Science, 2013, 339(6117): 303.

[56] Carta M, Croad M, Malpass-Evans R, et al. Adv. Mater., 2014, 26(21): 3526-3531.

[57] Budd P M, Elabas E S, Ghanem B S, et al. Adv. Mater., 2004, 16(5): 456-459.

[58] Adymkanov S V, Yampol'skii Y P, Polyakov A M, et al. Polym. Sci. Ser. A, 2008, 50(4): 444-450.

[59] Vandezande P, Gevers L E M, Vankelecom I F. J. Chem. Soc. Rev., 2008, 37(2): 365-405.

[60] Fritsch D, Merten P, Heinrich K, et al. Membr. Sci., 2012, 401-402: 222-231.

[61] Wang Y M, Neil B, Msayib K J, et al. Sensors, 2011, 11(3): 2478-2487.

[62] Rakow N A, Wendland M S, Trend J E, et al. Langmuir, 2010, 26(6): 3767-3770.

[63] Xia F, Pan M, Mu S, et al. Electrochim. Acta., 2014, 128: 3-9.

[64] Rong Y, Malpass-Evans R, Carta M, et al. Electroanalysis, 2014, 26(5): 904-909.

[65] Jiang J X, Su F, Trewin A, et al. Angew. Chem. Int. Ed., 2007, 46(45): 8574-8578.

[66] Dawson R, Laybourn A, Khimyak Y Z, et al. Macromolecules, 2010, 43(20): 8524-8530.

[67] Jiang J X, Wang C, Laybourn A, et al. Angew. Chem. Int. Ed., 2011, 50(5): 1072-1075.

[68] Weber J, Thomas A. J. Am. Chem. Soc., 2008, 130(20): 6334-6335.

[69] Chen L, Honsho Y, Seki S, et al. J. Am. Chem. Soc., 2010, 132(19): 6742-6748.

[70] Chen L, Yang Y, Jiang D. J. Am. Chem. Soc., 2010, 132(26): 9138-9143.

[71] Cheng G, Hasell T, Trewin A, et al. Angew. Chem. Int. Ed., 2012, 51(51): 12727-12731.

[72] Sun L, Zou Y, Liang Z, et al. Polym. Chem., 2014, 5(2): 471-478.

[73] Jiang J X, Trewin A, Adams D J, et al. Chem. Sci., 2011, 2(9): 1777-1781.

[74] Germain J, Svec F, Fréchet J M. J. Chem. Mater., 2008, 20(22): 7069-7076.

[75] Liao Y Z, Wang H, Zhu M F, et al. Adv. Mater., 2018, 30(12): 1705710.

[76] Jiang J X, Su F, Niu H, et al. Chem. Commun., 2008, (4): 486-488.

[77] Wang L, Wan Y, Ding Y, et al. Adv. Mater., 2017, 29(38): 1702428.

[78] Yuan S, Dorney B, White D, et al. Chem. Commun., 2010, 46(25): 4547-4549.

[79] Ren S, Bojdys M J, Dawson R, et al. Adv. Mater., 2012, 24(17): 2357-2361.

[80] Chen Q, Luo M, Hammershøj P, et al. J. Am. Chem. Soc., 2012, 134(14): 6084-6087.

[81] Gu C, Chen Y, Zhang Z, et al. Adv. Mater., 2013, 25(25): 3443-3448.

[82] Kou Y, Xu Y, Guo Z, et al. Angew. Chem. Int. Ed., 2011, 50(37): 8753-8757.

[83] Marco A B, Cortizo-Lacalle D, Perez-Miqueo I, et al. Angew. Chem. Int. Ed., 2017, 56(24): 6946-6951.

[84] Liao Y, Weber J, Mills B M, et al. Macromolecules, 2016, 49(17): 6322-6333.

[85] Xiang Z, Cao D, Wang W, et al. J. Phys. Chem. C., 2012, 116(9): 5974-5980.

[86] Dawson R, Laybourn A, Clowes R, et al. Macromolecules, 2009, 42(22): 8809-8816.

[87] Wang X S, Liu J, Bonefont J M, et al. Chem. Commun., 2013, 49(15): 1533-1535.

[88] Chen L, Yang Y, Guo Z, et al. Adv. Mater., 2011, 23(28): 3149-3154.

[89] He Y, Gehrig D, Zhang F, et al. Adv. Funct. Mater., 2016, 26(45): 8255-8265.

[90] Jiang J X, Li Y, Wu X, et al. Macromolecules, 2013, 46(22): 8779-8783.

[91] Wang C A, Li Y W, Cheng X L, et al. RSC Adv., 2017, 7(1): 408-414.

[92] Sprick R S, Jiang J X, Bonillo B, et al. J. Am. Chem. Soc., 2015, 137(9): 3265-3270.

[93] Xu Y, Nagai A, Jiang D. Chem. Commun., 2013, 49(16): 1591-1593.

[94] Zhang P, Wu K, Guo J, et al. ACS Macro Lett., 2014, 3(11): 1139-1144.

[95] Liu X, Xu Y, Jiang D. J. Am. Chem. Soc., 2012, 134(21): 8738-8741.

［96］Novotney J L，Dichtel W R．ACS Macro Lett．，2013，2(5)：423-426．

［97］Lee J S M，Wu T H，Alston B M，et al．J．Mater．Chem．A，2016，4(20)：7665-7673．

［98］Xu F，Chen X，Tang Z，et al．Chem．Commun．，2014，50(37)：4788-4790．

［99］Zhang C，He Y，Mu P，et al．Adv．Funct．Mater．，2018，28(4)：1705432．

［100］Gu C，Huang N，Gao J，et al．Angew．Chem．Int．Ed．，2014，53(19)：4850-4855．

［101］Ma B C，Ghasimi S，Landfester K，et al．J．Mater．Chem．B，2016，4(30)：5112-5118．

［102］Liang B，Wang H，Shi X，et al．Nat．Chem．，2018，10(9)：961-967．

［103］Lee J S M，Cooper A I．Chem．Rev．，2020，120(4)：2171-2214．

第6章

共价有机框架

多孔结构因具有大的比表面积而被广泛地应用于气体吸附/分离、催化、传感等领域，也因此引起了科研工作者们的广泛关注。近年来，由纯有机构筑基元构建的有机多孔材料更是得到了迅猛的发展。前文提到，目前构建的有机多孔材料有 HCP、PIM、CMP 和 COF 等。这些材料都具有较高的比表面积和可调的孔性质。在这些有机多孔材料中，2005 年由 Yaghi 等人[1] 首次报道的 COF 材料是最特殊的一种，与其他有机多孔材料相比，它们具有有序的孔道结构，孔尺寸均一，因此也被称为"有机沸石"。COF 材料通常由各种有机构筑基元通过动态共价化学来构建，构筑基元和构建反应的多样性赋予了 COF 材料多样性的优点。

6.1 动态共价化学

6.1.1 动态共价化学的定义

动态共价化学（dynamic covalent chemistry，DCvC）涉及的是一系列基于热力学平衡的可逆共价化学反应，核心概念是可逆共价化学键，其基本原理来自超分子化学。在过去的二十年中，超分子化学彻底改变了纳米材料及其系统的开发方式：它利用非共价相互作用的可逆性，可实现自我纠错和校对功能。动态共价化学在此基础上，利用共价化学键的可逆性，通过引入特定结构、改变平衡条件来改变材料结构，通过温度、pH 值等的响应来实现系统组分的变化。DCvC 最主要的特点在于平衡状态下最终得到热力学稳定的产物。分子配对时受体的选择或某些复杂分子结构的自组装本质上都受平衡态的控制。因此，在实际操作中通常优先选择在温和条件下具有快速反应动力学（一般需要借助催化剂）的动态共价反应，从而在合理的时间范围内实现系统内的热力学平衡。

6.1.2　动态共价化学的重要性

　　动态共价键是可逆的，可以断裂和重新生成最终达到热力学平衡。这种平衡是建立在一定的反应条件下的，一旦有外界的刺激干扰，这种平衡状态就会被破坏。例如，动态系统的组成可以对化学环境或物理条件（温度、机械应力、电场、辐照等）的变化产生相应的响应。这种结构上的适应使系统在新的条件下重新达到热力学稳定的状态。例如，当动态系统暴露于可选择性地与某一组合相互作用的目标受体时，该系统的平衡状态就会受到干扰。目标受体对最佳配对组合的瞬时稳定作用将导致系统重新平衡，理想情况下会导致"最合适"组合物的原位合成，而放弃其他可能的平衡体系。这个概念可以通过 Emil Fischer 的"锁和钥匙"关系来说明（图 6.1）。在这里，"钥匙"由不同的动态反应原件组合而成，而"锁"的引入可稳定并放大最适合"锁"孔的"钥匙"状态。这种类型的"热力学自筛选"对于药物/配体发现应用很有吸引力，因为通过检查目标受体添加前后系统的组分分布，可直接从复杂系统中识别出最佳的供体，而不再需要对每个涉及的组分进行合成、纯化乃至筛选。

图 6.1　动态共价化学选择中"锁和钥匙"基本概念的图示

　　由于动态共价化学在热力学控制下运行，从而允许各组分（构件）和/或成分（产品）的系统沉降到其热力学最有利的状态。因此，DCvC 通过自我纠错机制可以高精度地表达存储在系统中的分子组件信息，最终得到给定设置中的最佳分子结构。与"静态"化学相比，DCvC 依赖于系统中固有的分子信息。由于合成过程中利用可逆共价键产生的任何成分最终都会被重新处理，DCvC 充当一种纠错功能物质，其中非最佳中间体被回收以形成热力学更稳定的产物。

6.1.3　动态共价化学反应的种类和应用

　　动态共价化学反应的种类很多，比较常见的有二硫键反应、四甲基哌啶氮氧自由基反应、烯（炔）烃复分解反应、酯交换反应、Diels-Alder 双烯加成反应，可逆硼酸酯化反应、可逆肟键和酰腙键反应，亚胺化学反应，三硫代酯反应等。动态共价键在适合的条件下能够可逆地断裂和形成，且在该过程中副反应很少，将超分子非共价键的可逆性与共价键的稳固性结合在一起，这使得其在众多领域如材料科学、纳米化学、催化、表面化学、化学生物学和分析传感等方面获得了广泛的应用，尤其是在功能高分子材料上，例如热响应、化学响应、机械响应、光响应的高分子等。例如，二硫键作为应用最广泛的动态共价键之一，可以被许多还原剂还原，还原生成的巯基又可以再次被氧化成二硫键，即巯基与二硫键之间存在氧化还原的可逆转化。由于该可逆转化特性以及相对温和的转化条件，巯基二硫键的可逆转变被广泛地应用于高分子材料、生物化学等多个领域中。

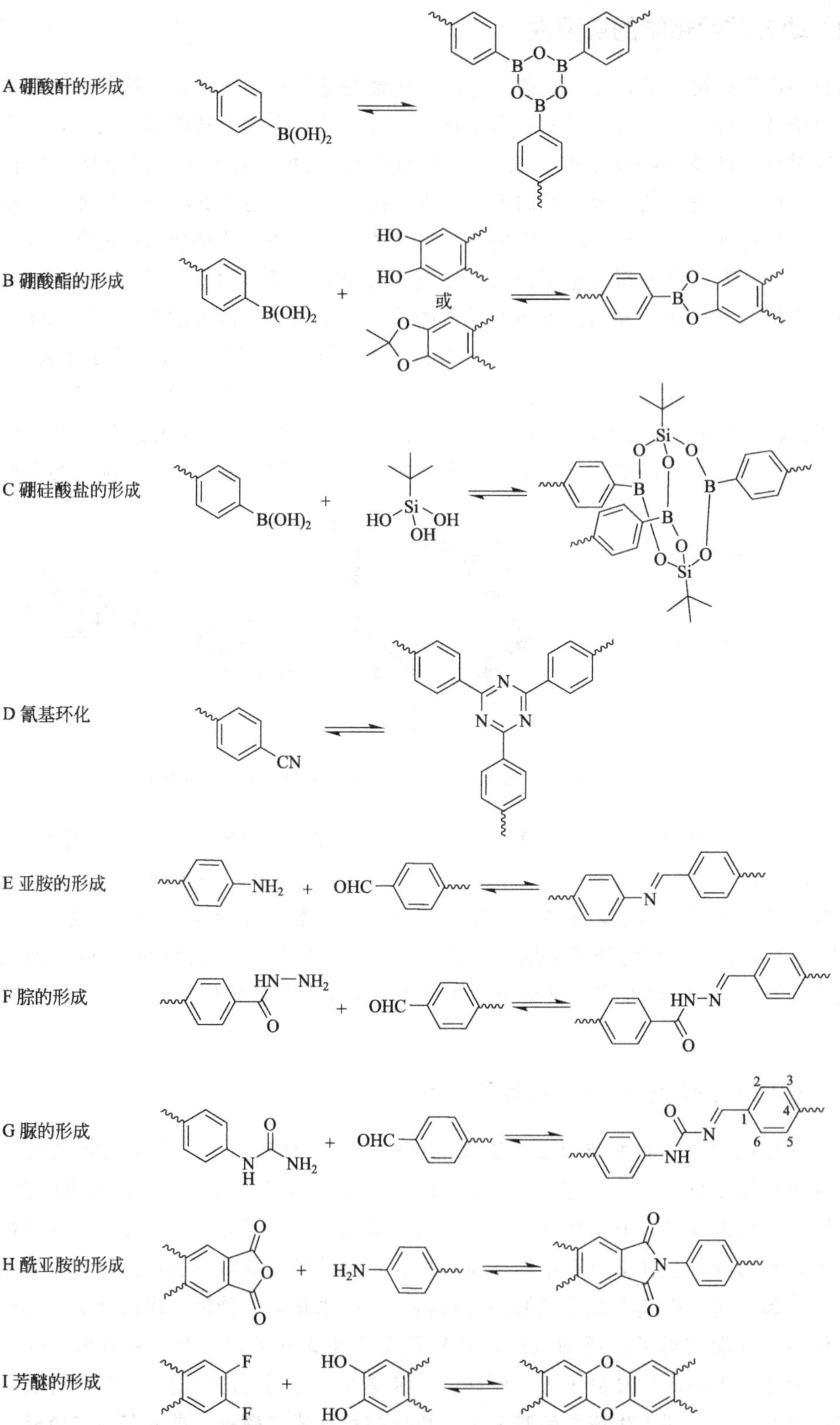

图 6.2 用于 COF 合成的可逆合成反应

6.1.4 应用于 COF 的动态共价化学

不同于无定形的聚合物，构造具有结构规整性和高孔隙率的 COF 结构，仍然存在较多的限制。COF 是一种通过共价键连接有机构筑基元构成的有机多孔材料，而合成结晶性 COF 材料的关键是在避免使用极端温度和极端压力的前提下，找到可能形成可逆共价反应的条件。强共价键连接构筑基元得到的通常是无结晶性或者低结晶性的材料，因此结晶性材料需要连接构筑基元的键是可逆的，同时研究表明动态共价键的自我修复还依赖于反应速率，这就对反应条件有所限制。图 6.2 总结了成功用于 COF 合成的可逆反应，相应的反应实例将在后文陆续介绍。反应 A 基于硼酸脱水可逆形成硼酸酯，第一个报道的 COF 材料 COF-1 就是通过该反应合成的。硼酸和丙酮化物保护的儿茶酚之间的可逆脱水反应（反应 B）形成硼酸酯，从而成功获得了一系列含硼 COF。类似地，硼酸和硅烷醇的脱水反应导致形成硼硅酸盐（反应 C）。反应 D 是一种特殊的可逆方法，通过腈环三聚反应合成基于共价三嗪的骨架（CTF）。E、F 和 G 反应均是基于亚胺键（—C =N—）的可逆形成：醛和胺的脱水产生席夫碱型键（反应 E），醛和酰肼脱水产生腙（反应 F），而醛和脲之间的脱水反应可以生成以脲为连接段的 COF（反应 G），利用该类型反应制备的 COF 是目前报道数目最多的一类。最近发展起来的利用邻苯二甲酸酐和胺生成酰胺的反应（反应 H）以及酚羟基对芳香氟化物的芳香亲核取代反应（反应 I）也可合成相应的 COF。目前开发的 COF 合成反应仍然很有限，但随着研究的不断深入，预计将来会不断出现新的多样化合成策略，以大大拓展 COF 材料的种类。

6.2 COF 的结构

COF 是具有周期性网络的二维或三维有机多孔结晶聚合物，其有机结构单元通过共价键拓扑连接到具有周期性骨架和有序孔的延伸晶格结构中。与无机多孔结晶材料相比，COF 最显著的优势在于其允许从分子水平上对骨架和孔隙进行精确设计和控制。根据美国亚利桑那州立大学 Michael O'Keeffe 教授定义的标准，可以基于变化的节点构型合理地构建一系列二维和三维结构。为了获得扩展的 2D 拓扑结构，需要具有特定对称性的单体的线性或平面构象（线性构象、三角形构象或正方形构象），以便它们的几何形状匹配以实现拓扑导向的 2D COF 的形成。根据多边形网格的对称性不同，可以有对称和不对称拓扑结构两种设计原则。对称的拓扑结构构成各向同性的骨架和规则的多边形孔结构，而不对称的拓扑结构产生各向异性的骨架同时构建异形多边形孔。例如，可以通过连接三角形来形成具有六方晶格的平面；正方形片段链接在一起可以形成四方晶格的平面。当存在额外的线性连接段时，晶格将相应地扩展。值得一提的是，如果单体是线性单元，为了获得扩展的网络，应形成附加的三角形节点；而为了获得 3D 结构，具有 3D 分支几何图形（例如四面体形）的结是必不可少的。这些多面体与平面型的单体相互连接或彼此连接以形成扩展结构。

6.2.1 二维 COF 结构

二维 COF 是一类具有规整多孔结构的平面结构，通过层状堆积形成具有较大比表面积的有机框架结构。由于特殊的结构特征，二维 COF 材料与一维及三维结构相比，有着不同的分子设计原理和合成策略。另外，COF 材料是一类具有周期性阵列结构的结晶框架材料，其结构可以根据拓扑学进行预先设计，然后通过对不同形状、尺寸及连接基团的构建单元进行设计可以得到具有不同形状和尺寸的一维孔道。根据孔道形状不同主要分为六边形孔道、正方形孔道、菱形孔道以及同时具有多种形状的孔道等（图6.3）。

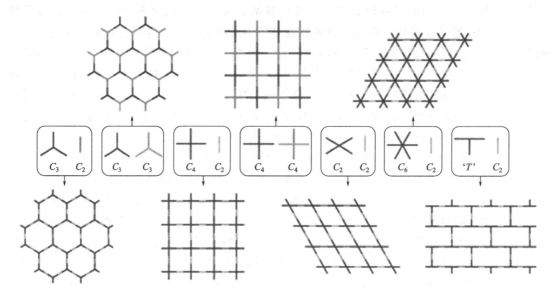

图6.3　具有不同对称性单体的典型组合获得各种多边形结构的COF[3]

6.2.1.1　对称拓扑结构

（1）六边形结构

二维共价有机框架材料中最常见的一种孔道就是六边形孔道，最早报道的两个共价有机框架材料 COF-1 和 COF-5 的孔道都是六边形的。到目前为止，六边形孔可通过多种方式构建。如①具有 C_2 或 C_1 对称性的直线形单体和具有 C_3 对称性的三角形单体反应得到（C_2＋C_3 或 C_1＋C_3）；②具有 C_2 对称性的直线形单体或具有 C_3 对称性的三角形单体自缩聚而成（C_2＋C_2＋C_2，C_3＋C_3＋C_3 或 C_3＋C_3）；③六边形结构还可以由两种具有 C_3 对称性的三角形单元与一种具有 C_1 对称性的直线形构建单元反应得到（C_3＋C_1＋C_3）。

（2）四边形结构

正方形孔道的形成主要可以通过两种途径：一种是比较常见的由具有 C_4 对称的正方形构建单元与具有 C_2 对称的直线形构建单元进行反应得到（C_4＋C_2）。另一种途径就是由两种具有 C_4 对称性的正方形构建单元反应获得（C_4＋C_4），在这种情况下，两个单元都占据了框架的节点。菱形孔道的形成主要由具有 C_2 对称的长方形构建单元与具有 C_2 对称的直线形构建单元进行反应得到（C_2＋C_2）。另外，还可由两种具有 C_2 对称性的长方形构建单元反应获得（C_2＋C_2）。长方形孔道的形成主要由 T 形单元与具有 C_2 对称的直线形构建单元来获得。

（3）三角形结构

三角形孔道的形成比较少见，主要是由具有 C_6 对称的六边形构建单元与具有 C_2 对称的直线型构建单元反应得到（C_6＋C_2）。

为了增加结构的复杂性和多样性，可以在拓扑设计中引入两种或多种不同的连接方式。

当带有两个不相互反应的反应性基团时，C_1 对称单体与 C_3 或 C_4 对称单体连接可生成一系列具有两种连接方式的六边形、四边形和菱形骨架。值得一提的是，六边形、四边形和菱形骨架拓扑结构通常会产生介孔 COF（孔径＞2nm）。而通过 $[C_6+C_2]$ 设计的三角形拓扑结构可实现微孔骨架的预先设计。另外 $[C_3+C_3]$ 和 C_2 或 C_3 对称单体的自缩合也可以产生微孔六边形 COF。近年来，随着 COF 领域的不断发展，也陆续出现了大量同时具有多种孔道形状（异孔）的 COF 材料，Zhao 课题组在这一领域做了大量开创性的工作，并对这一领域的进展做了详细的综述[2,3]。

6.2.1.2　不对称拓扑结构

上述对称性拓扑结构都是基于两组分反应获得的。如果增加反应组分的种类，有可能构建非对称的不规则多边形拓扑结构，从而为设计和合成更具新颖性和复杂性的 COF 提供机会。比如，一个 C_3 对称的单元与两个 C_2 对称的连接片段结合形成一个六边形骨架，其骨架表现为各向异性，并且六边形的孔具有不规则形状。在三组分 $[1+2]$ 生成六边形 COF 时，要求两个连接片段的摩尔比为 2：1 或 1：2。值得注意的是，C_3 对称的单元甚至可与三个不同的 C_2 对称连接片段结合形成 $[1+3]$ 四组分体系，这种多组分系统可以实现将不同长度和功能的片段引入材料骨架中，从而实现为材料复杂性设计提供平台。根据多组分设计原则，一个结单元和 10 个连接片段可以生成 210 种不同的 COF，从而大大增加了结构的多样性。除了六边形结构，这种策略也可以用于设计其他的多边形结构。比如说，C_4 对称单元和两个 C_2 对称片段的 $[1+2]$ 三组分系统可生成具有各向异性的带矩形孔的四边形骨架。此策略提供的结构多样性可以为材料主体与客体之间特定的相互作用提供结构基础。

6.2.2　三维 COF 结构

与二维 COF 相比，三维 COF 要求单体中至少一个为四面体（T_d）或正交几何形状。将四面体或正交单体与 C_1、C_2、C_3、C_4 或 T_d 单体结合可生成 3D COF，其中主链以不同程度互穿形成独特的拓扑结构。根据几何形状的不同，三维 COF 可以细分为多种拓扑结构，比如 *ctn*、*bor*、*dia*、*srs*、和 *pts* 等（图 6.4）。

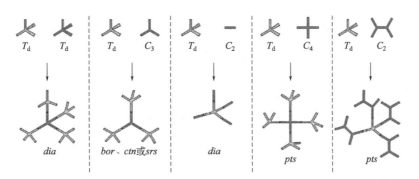

图 6.4　3D COF 的主要拓扑构建方法

dia 拓扑结构是从正四面体 $[T_d+T_d]$ 或 $[T_d+C_2]$ 对称单元反应来获得，并且由于连接单元的多样性而提供了数量最多的 3D COF。主链通常以多种方式互穿形成一维通道。这些规则多边形通道的微孔尺寸介于 0.7～1.5nm。*bor*、*ctn* 或 *srs* 拓扑结构均可由正四面体 T_d 和正三角形 C_3 来构建。一般主链没有相互渗透，从而产生了较大的比表面积。*pts* 结

构可由 $[T_d+C_4]$ 或 C_2 单元反应获得，其中 C_2 对称单体具有四支链结构，可产生两个互穿的 COF。

3D COF 通常倾向于折叠成互穿网络结构。但拓扑结构又无法给出相应的信息，即特定的 COF 到底折叠了多少次，同时也无法确定决定折叠的化学因素。从这个意义上讲，3D COF 结构很难预测。大多数 3D COF 是微孔的，但由于互穿的影响，通常具有较小的孔隙率。

6.3 COF 的多样性

COF 从 2005 年首次报道以来[1] 得到了迅速的发展，目前已有超过 5000 篇相关文献可以被检索到，涉及了数百种材料，同时也体现了 COF 材料的多样性。总的来说，其多样性可以从以下三个方面进行说明。

首先是构筑基元和连接方式的多样性。虽然在设计合成构筑基元时要考虑的因素很多，如对称性、刚性等，但有机小分子种类和动态共价化学类型的多样性使得合成 COF 材料的构筑基元和连接方式也具有多样性，由此构建出来的 COF 材料自然是多种多样的。

其次是拓扑结构的多样性。拓扑结构的多样性直接决定了骨架和孔结构的多样性。通常较大的比表面积表现出了较大的表面张力，易导致聚合物的骨架坍塌。为了在固体状态下获得稳定的孔结构，绝大部分 COF 都是由刚性的芳香环互连而成。可以通过拓扑结构来调整 COF 中的 π 电子密度和共轭方式。通常说来，π 密度随着晶格尺寸从六边形到四边形和三边形，随着骨架的逐渐减小而增加。对于具有相同多边形拓扑结构的 COF，π 密度会随着连接片段或结节结构的变长或变大而降低。就共轭方式而言，具有 C_3 对称的 1,3,5-三取代的苯基结的六边形拓扑结构在结点处会中断 π 电子共轭。另一方面，四边形和三角形等拓扑结构能在 2D 层上进一步提高体系的 π 共轭程度。三维 COF 的 π 共轭则会受到正四面体结的中断，而具有正交结的 3D COF 仍能实现部分 π 电子共轭。因此，拓扑结构的多样性赋予 COF 骨架的 π 构建基元、π 密度以及 π 共轭方式和程度的灵活性和多样性。除了骨架外，拓扑结构的多样性还能使 COF 的孔形状和数量变化万千。

最后通过后修饰的手段可以进一步丰富 COF 的种类。COF 孔壁可以进一步进行官能团和/或侧链修饰，从而得到适合特定应用的孔环境。孔的这种可设计性也使得 COF 成为结构设计和功能探索的多孔平台具有更大的吸引力。

与其他有机聚合物和多孔材料形成鲜明对比的是，COF 在骨架和孔隙方面都可以通过多样的拓扑设计和合成修饰来实现。虽然 COF 材料具有多样性，但其合成成本仍然比较高，这也是当前实现 COF 材料实际应用之前亟须解决的问题。

6.4 COF 材料的种类

自从 2005 年 Yaghi 小组合成出第一个 COF 材料[1] 至今，科学家们已经开发了大量用于合成 COF 材料的有机化学反应，并且成功合成出了一些新型共价有机框架材料。根据连接基团的不同，这些共价有机框架材料大致可分为硼酸酐及硼酸酯类型、席夫碱类型、酰亚胺类型、三嗪类型等。

6.4.1 硼酸酐及硼酸酯类型

　　最早报道的 COF 材料就是基于硼酸化学的。2005 年，Yaghi 小组分别用对苯二硼酸脱水自缩聚和对苯二硼酸与 2,3,6,7,10,11-六羟基三苯脱水合成了硼酸酐类材料 COF-1 和以硼酸酯为连接基团的材料 COF-5（图 6.5）。粉末 X 射线衍射（PXRD）表征证明 COF-1 和 COF-5 均为层与层平行堆积，表现为二维结构，均为 2D COF，其比表面积分别为 711m² · g⁻¹ 和 1590m² · g⁻¹。2007 年，Yaghi 小组[4] 又采用四面体结构的硼酸，自缩聚合成出两种共价有机框架材料 COF-102 和 COF-103（图 6.5）。PXRD 结果表明这两种有机骨架材料具有三维多孔晶体结构，因此被称为 3D COF。结合计算机模拟发现，COF-102 和 COF-103 晶体均采用 *ctn* 拓扑结构，比表面积分别高达 3472m² · g⁻¹ 和 4210m² · g⁻¹，是目前报道的比表面积较高的一类 COF 材料。随后，COF 材料引起了科研人员的广泛兴趣，多种具有新

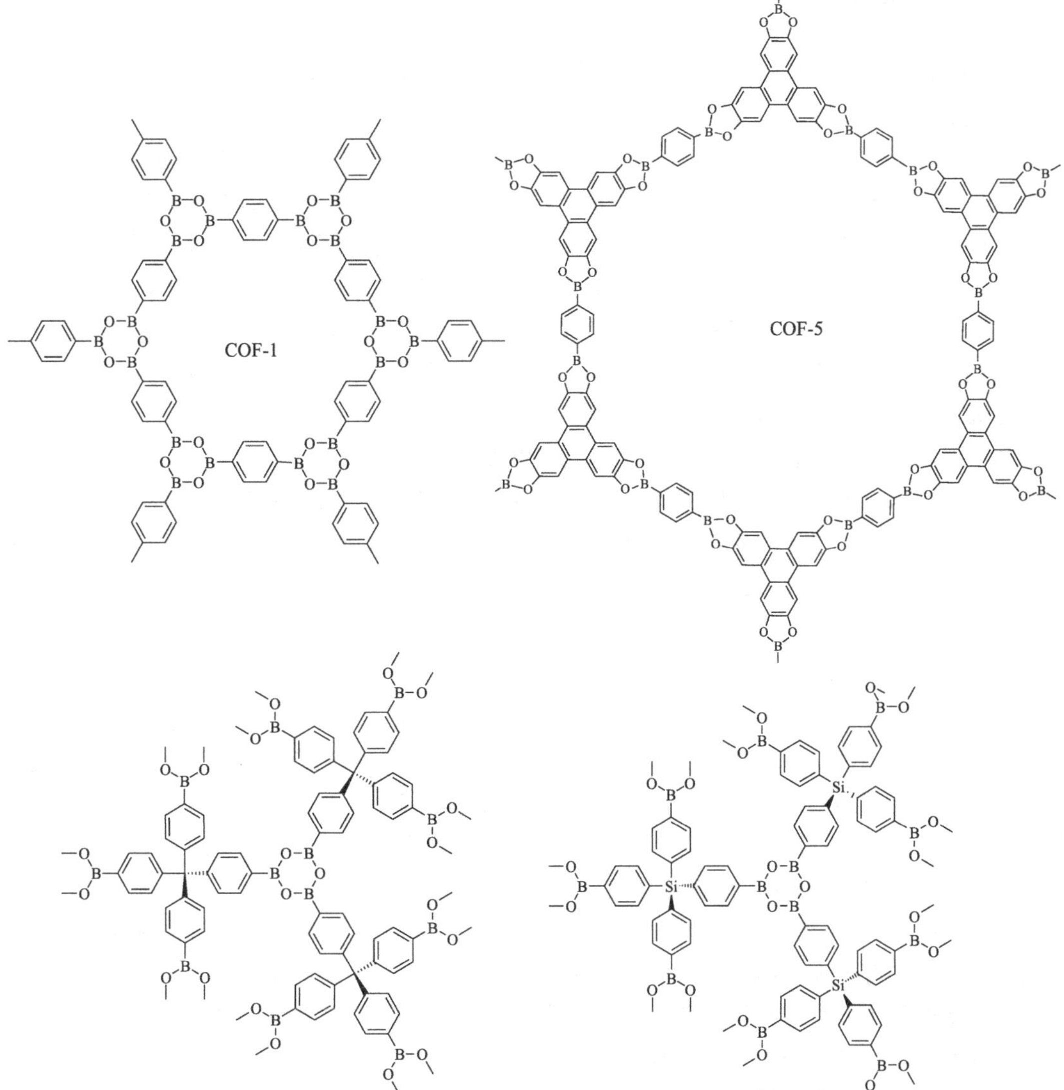

图 6.5　二维 COF-1 和 COF-5 以及三维 COF-102 和 COF-103 的结构式

型结构和功能的含硼 COF 材料相继被报道。Jiang 等人使用 2,7-二硼酸芘与 2,3,6,7,10,11-六羟基三苯脱水缩合反应以及 2,7-二硼酸芘脱水自缩聚反应合成出了两种具有荧光性的共价有机框架材料 TP-COF[5] 和 PPy-COF[6]。其中 PPy-COF 能够捕获可见光并引发光电流产生,是第一种具有光电性能的 COF 材料,同时也开启了 COF 材料在光电领域的应用研究。

由于硼氧键具有较高的可逆性,硼酸酐及硼酸酯系列 COF 材料通常具有非常高的结晶性,甚至有研究表明[7] 反应刚开始几分钟就能得到比较好的晶性,而其他类型的 COF 通常需要长时间的可逆修复才能将无定形的材料转变为晶性材料。但此系列的 COF 材料在潮湿空气中或者水里稳定性非常差,尽管也有相关的提高其稳定性的工作报道,但还是严重限制了它们的实际应用范围,这也导致科学家们逐渐将目光转向了其他类型的 COF 材料。

6.4.2　席夫碱类型

席夫碱是指醛基化合物和氨基化合物脱水缩合后得到的亚胺产物,基于亚胺化学产生的 COF 材料即为席夫碱类型。相比于硼酸酐及硼酸酯类型 COF 材料而言,席夫碱类型结晶性稍低,但是具有较好的化学稳定性,这也正是研究者们所期望的,因此席夫碱类型 COF 材料得到了广泛的关注。2009 年,Yaghi 等人[8] 使用具有 T_d 对称性的四 (4-苯胺基) 甲烷和具有直线形结构的对苯二甲醛通过席夫碱反应脱水缩合得到了第一个席夫碱类型的 COF-300,PXRD 测试和理论模拟结果显示,COF-300 具有三维类金刚石骨架结构,而且具有五重贯穿网络结构。同时,COF-300 拥有良好的热稳定性和化学稳定性。经研究发现 COF-300 具有良好的热稳定性和化学稳定性:在 490℃的高温下依然能够保持稳定,在水以及常见的有机溶剂中也不会分解。

2011 年,Yaghi 等首次利用肼和醛基化合物反应制备了基于腙的 COF-42 (图 6.6) 和 COF-43 (结构与 COF-42 类似,用 1,3,5-三苯基苯代替 COF-42 中的苯),这类材料中由于腙中所含 N 与亚胺 N 相比而言亲核能力变弱,导致其不太容易水解,因而表现出比亚胺 COF 更高的化学稳定性。这也是改善亚胺 COF 稳定性的一种策略 (见下文 "稳定性" 一节)。

6.4.3　酰亚胺类型

2014 年,Yan 等人[9] 使用均苯四酸二酐分别与不同大小的三角形单体反应,得到了三种具有六边形孔道的 COF 材料 PI-COF-1、PI-COF-2、PI-COF-3 (图 6.7),其 BET 比表面积分别为 $1027m^2 \cdot g^{-1}$,$1297m^2 \cdot g^{-1}$ 和 $2346m^2 \cdot g^{-1}$,孔径大小为 3.3nm、3.7nm 和 5.3nm,这类 COF 材料具有很高的结晶性、多孔性以及热稳定性。为了使酰亚胺化反应可逆构筑晶性的 COF 材料,需要对反应条件进行严格控制。这些条件与之前合成无定形多孔聚酰亚胺的条件有很大不同,在后者中,单体已完全溶解,因此迅速且不可逆地聚合为无定形材料。此处使用混合溶剂控制单体的溶解度,合适的催化剂异喹啉调节反应速率,合适的温度促进酰亚胺闭环反应。之后,他们又利用苯四酸二酐分别与具有 T_d 对称性的单体反应合成出两种三维酰亚胺类 PI-COF-4 和 PI-COF-5[10]。研究发现两者都具有很高的热稳定性,在药物缓释上表现出较高的药物负载量和较为精准的释放控制。

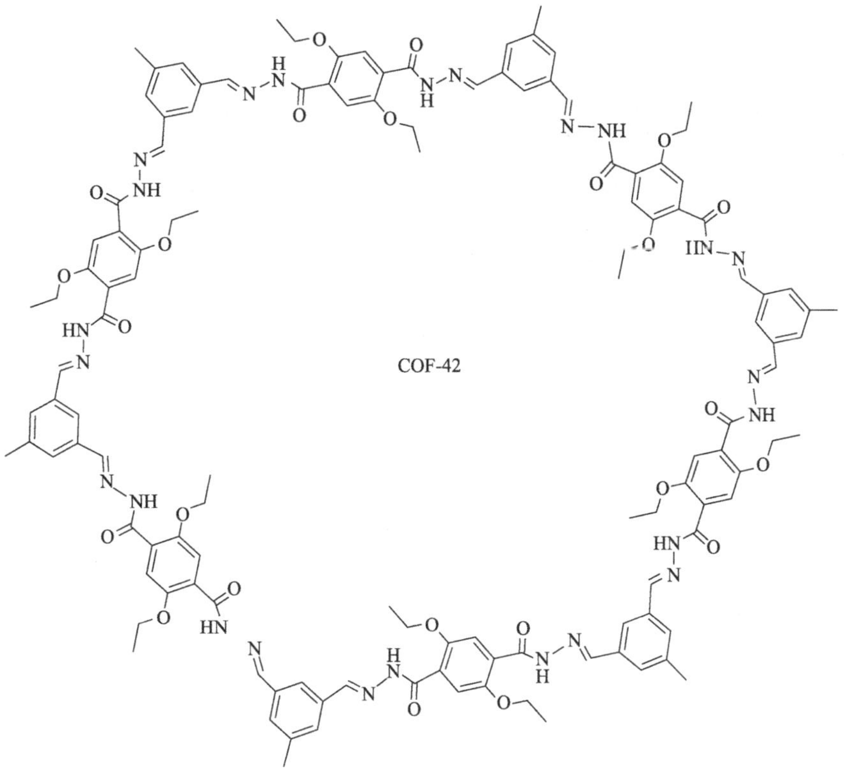

图 6.6 席夫碱类型 COF-42 的结构式

6.4.4 三嗪类型

2008 年，Thomsa 和 Kuhn 等人[11] 首先报道了三嗪类 COF 材料的合成。其合成需要用到离子热法，将 1,4-二氰基苯与氯化锌在真空下加热到 400℃缩聚成三嗪环，约 40h 后获得三嗪类共 COF 材料 CTF-1。之后，利用 2,6-二氰基萘作为构建单元自缩聚合成了第二个三嗪类 COF 材料 CTF-2[12]。相比于前两类 COF 材料，三嗪系列 COF 材料具有良好的热稳定性和化学稳定性，并且含氮量很高，适用于金属配位应用。但由于 C ═N 键的可逆性一般，导致此类 COF 结晶度较低，大大限制了它们应用范围。

6.4.5 聚芳醚类型

聚芳醚类 COF 是最近才发展起来的一类 COF 材料，是通过邻二氟苯与邻苯二酚之间的亲核芳香取代反应形成醚键构建的，表示为 PAE-COF。2019 年，Fang 等人[13] 利用此方法合成出了聚芳醚类 COF 材料 JCU-505 和 JCU-506 （图 6.8），分别具有微孔和介孔结构，两者都具有非常好的 CO_2 吸附性能。更重要的是，该类材料在包括沸水、强酸和强碱、氧化和还原条件在内的苛刻的化学环境下均是稳定的。其稳定性性能超过了所有其他已知的晶体多孔材料，如沸石、MOF 和其他类型的 COF 等。此外，研究人员发现功能化的 PAE-COF 具有孔隙率高、稳定性好、可回收利用等优点。这些材料的初步应用研究表明，可以利用该材料在广泛的 pH 值范围内去除水中的抗生素。

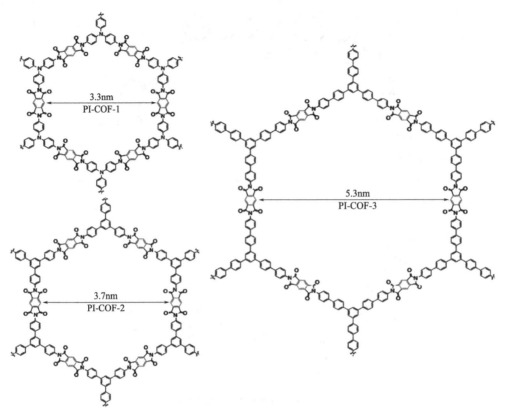

图 6.7　酰亚胺类型 PI-COF-1、PI-COF-2、PI-COF-3 的结构式

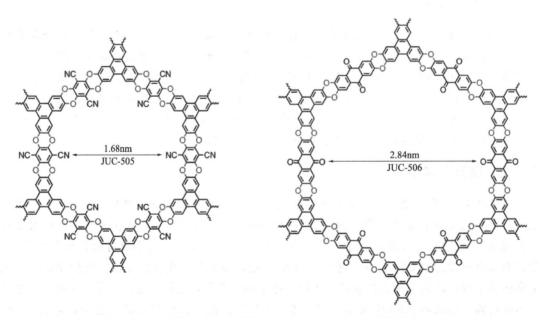

图 6.8　聚芳醚类 COF 材料 JCU-505 和 JCU-506 的结构式

6.4.6 其他类型

近年来，科学家们还报道了一些具有特别连接基团的 COF 材料。如环硼氮烷连接的二维 COF 材料 BLP-2(H)[14]，其 BET 比表面积为 $1564m^2 \cdot g^{-1}$，孔径为 0.64nm。较高的比表面积和较窄的孔径分布使其具有良好的氢气吸附性能。再如 2013 年报道的酚嗪类 COF[15]，这类 COF 具有全共轭的电子结构，因而具有良好的空穴迁移率，可用于高开关比率的光电开关和光伏电池，为高性能共轭聚合物的发展提供了新的方向。2017 年，Jiang 等人[16] 利用克脑文盖尔缩合反应构建了基于 sp^2 杂化碳全共轭的 COF 材料 sp^2c-COF，该 sp^2-c-COF 有着本征的半导体特性，表现出优异的电和磁性能。其能隙为 1.9eV，可以通过化学氧化进一步提高其导电性。同时芘节点产生的自由基，可使材料形成具有高自旋密度的顺磁碳结构。

除了单官能团连接的 COF 类型之外，还有含有两种连接基团的 COF。如 2015 年 Zhao 等人[17] 报道的 NTU-COF-1 和 NTU-COF-2，同时由亚胺键和硼酸酐连接而成。通过含有两种及以上连接基团的合成方式可以丰富 COF 材料的种类和功能，以便合成出具有多种结构和功能的 COF 材料，具有很大的应用前景。

6.5 COF 的合成方法

6.5.1 溶剂热法

溶剂热法是最常用的一种合成 COF 材料的方法。目前大多数 COF 都是通过溶剂热法合成得到的。溶剂热法是指密闭体系内在一定的温度和压力下，单体之间在溶剂当中进行反应的一种方法。反应温度、反应时间和溶剂对最终得到的 COF 材料的性质会有较大的影响。比较常用的反应温度为 85～120℃。之前提到过的 COF-102、COF-103 等都是在 85℃ 下得到的，而大多数席夫碱反应一般使用 120℃ 的温度。酰亚胺类 COF 还会提高温度至 160℃（PI-COF-4 和 PI-COF-5）、200℃（PI-COF-1 和 PI-COF-2）甚至 250℃（PI-COF-3）。反应时间从 1d 至 9d 不等，为了得到较好的产率和性能，大多数 COF 材料至少需要 3d 的反应时间；对于 COF 的合成来说，体系不同，所选择的溶剂也各不相同，常用的有二氧六环/均三甲苯、氮甲基吡咯烷酮/均三甲苯等，而且在同一混合溶剂中不同的溶剂比例也会影响产物的性质。

6.5.2 离子熔融法

离子熔融法合成 COF 材料目前为止仅被应用于三嗪类 COF 的合成。其具体合成步骤为：将单体和催化剂氯化锌加入安瓿瓶中，抽真空后封口并加热到 400℃ 反应约 40h。在反应过程中，熔融氯化锌不仅充当反应的溶剂，同时也是可逆氰基三聚反应的催化剂。后续报道的三嗪类 COF 以及无定形的三嗪聚合物基本上都是利用此方法获得的。由于该方法反应条件比较苛刻（较高的反应温度对底物的热稳定性要求也比较高），所以目前为止使用离子热法合成的 COF 材料还相对较少。

6.5.3 微波法

微波法是指使用微波加热的溶剂热合成法。与传统加热方式相比，微波加热能在短时间内达到均匀加热的目的，其主要特点是加热速度快且能精确控制加热过程等，通常来说微波加热法能显著提高反应速率，从而缩短反应时间，这对工业化生产尤为有利。2009 年，Cooper 等人[18] 首次尝试利用微波法合成二维 COF-5 和三维 COF-102，结果表明其速率是传统溶剂热法的 200 倍。有意思的是，合成出的 COF-5 BET 比表面积高达 2019$m^2 \cdot g^{-1}$，远远高于传统溶剂热法所获得的材料（1590$m^2 \cdot g^{-1}$）。之后也陆续有课题组利用此方法来合成 COF 材料，包括三嗪类[19] 和席夫碱类[20] 等。

6.5.4 固相合成法

2013 年，Banerjee 等人[21] 首次利用机械研磨的方法在室温下合成出具有高稳定性的二维 COF 材料 TpPa-1(Mc)、TpPa-2(Mc) 和 TpBD(Mc)。与溶剂热法合成的产物相比，尽管它们的化学稳定性相当，但机械化学法合成的 COF 结晶性较低，同时 BET 比表面积也较小，这归因于研磨操作使得 COF 层与层之间距离更小。但相比于传统溶剂热法，机械研磨法具有操作简单、环境友好以及可大规模生产等优点。然而由于产率不高和性能一般，到目前为止使用这种方法合成 COF 材料的例子还不多。2017 年，Banerjee 等人又开发了苯磺酸介导的 COF 结晶方法，可在几秒钟内快速合成高结晶度和超多孔 COF（图 6.9）。这种方法可以进一步利用类似古代陶土制备的工艺用于 COF 的连续固相合成，并且可以原位加工成不同形状[22]。2014 年，Liu 等人[23] 借助蒸汽辅助的方法实现了席夫碱 COF 的固相合成，即有机溶剂蒸汽在高温下缓慢进入单体固相混合相当中促进晶体结构的生成，在此基础上，如果选用更容易结晶的硼酸酯类 COF 材料，可以将蒸汽辅助固相合成法温度降低至室温[24]。

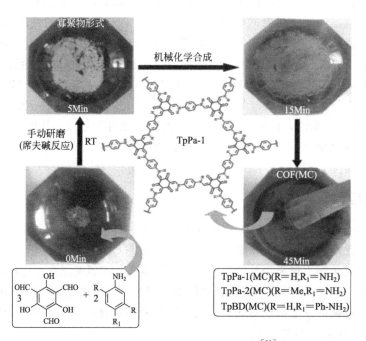

图 6.9 机械研磨法合成 COF 材料[21]

6.5.5 超声或光照辅助法

在传统加热方式下进行的溶剂热法基础上，COF 材料的合成相继出现了以超声波或者光照来辅助加热的溶剂法。如在超声辅助的情况下，COF-1 和 COF-5 能大规模地进行制备，且反应时间只需要 1h，与此同时其性能与溶剂热法相当或者更好。如用这种方法制备的 COF-1 颗粒大小是常规方法的 1/400，但比表面积却几乎相同[25]。最近，混合单体在波长 200～2500nm 的模拟阳光照射下（在少量水和乙酸作为助催化剂），反应 3h 即可获得高共轭晶体 COF。而当光照不足时，反应仅获得了无定形的材料，这充分说明了光照在 COF 形成过程中的重要性[26]。

6.5.6 室温连续流动合成法

2016 年，Zhao 等人[27] 在室温下使用连续流动合成法合成了一系列经典的 COF 材料。即将两单体组分分别溶于反应溶液（包括催化剂相），然后以一定的流速一起注入流动反应器中，并在反应器中停留 10 多秒，然后将产物分离出来。利用此方法获得的 COF 在结晶度和孔隙率方面都显示出与溶剂热法相似甚至更好的性能。在如此温和的合成条件下，这些 COF 的成功形成可归因于以下两个方面，一是单体的高溶解度，二是在初始和随后的可逆平衡过程中，单体与低聚物之间较强的 π-π 相互作用有益于结晶过程。

除了上述介绍的方法之外，还有其他比较常规的方法，比如直接进行加热回流[5] 或者在室温下反应[28] 都可以实现 COF 的合成。尽管如此，这些方法普适性较差，因此目前为止使用这些方法合成优良性能 COF 材料的例子还比较少。

6.6 COF 材料结晶性的表征方法

COF 材料区别于其他无定形多孔材料的显著特征就是其具有一定的结晶性，因此其结晶性的表征对于 COF 的发展是必需也是至关重要的。现阶段 COF 材料晶体结构的表征方法主要是粉末 X 射线衍射法（PXRD），再有就是在最近新开发出来的 COF 大尺寸晶体生长方法基础上进行的单晶 X 射线衍射法。

6.6.1 粉末 X 射线衍射

粉末 X 射线衍射（PXRD）法可以通过衍射峰信号的有无或强弱来判断材料结晶度的有无及高低。其工作原理是使用一定波长的 X 射线照射样品，X 射线因在结晶内遇到规则排列的原子或离子而发生散射，散射的 X 射线在某些方向上相位得到加强，从而显示与结晶结构相对应的特有的衍射现象，利用布拉格方程可以解析出孔径甚至层间距。最后结合拓扑学知识以及理论模拟解析获得 COF 材料的晶体结构。

6.6.2 单晶 X 射线衍射

COF 材料领域中的一个重大挑战是如何获得大尺寸和高质量的单晶。由于采用共价键进行构筑，COF 的合成过程很难从原子和分子尺度上进行精准调控，导致目前报道的 COF 材料主要表现为多晶形态，其结构的推定通过 PXRD、电子衍射和计算机模拟等手段间接获得。但是通过 PXRD 很难获得原子位置和形貌参数如键长键角等，以及 COF 尤其是 3D COF 内存在的相互贯穿现象及被隐藏的无序结构。因此，如何采用精准的共价组装策略提升 COF 材料的结晶度，从而通过单晶 X 射线衍射技术在原子尺度层面获得其精确的结构信息，是该领域发展的核心瓶颈。

2018 年，研究者们在这一领域取得了突破性的进展，相关成果陆续发表在 Science 期刊上。合成 2D COF 的方法一般是基于单体聚合，往往容易得到纳米尺度晶体的团聚体。鉴于此，美国西北大学 William R. Dichtel 课题组开发了一条利用晶种来生长微米级单晶 2D COF 的新策略[29]。在利用溶剂热法制备硼酸酯类二维结构 COF-5 时，他们发现通过加入 80% 的乙腈作为助溶剂，可以抑制常见的晶体聚集和沉淀，从而得到稳定的 COF-5 纳米颗粒胶体悬浮液，而且此方法具有一定的普适性。从这些悬浮液可以制备得到质量较好的晶种，从而为晶种法应用提供了可能。晶种法一般都存在如何平衡成核与生长的问题，作为有机单晶的 COF 也不例外。如果在第二步生长阶段单体加入速度过快，超过成核临界浓度，将产生新的晶核，导致最终晶粒尺寸变小且不均匀。他们采取的策略是以预先聚合生成的纳米颗粒作为晶种，然后缓慢加入单体，最终得到微米尺度的多种单晶 2D COF。

同年，王为课题组[30] 建立了控制生长大尺寸单晶 3D COF 的方法，并首次合成出 COF-300、COF-303、LZU-79、LZU-111 四种三维亚胺型 COF（合成见图 6.10）的大尺寸单晶，为进一步精确解析其结构提供了物质基础。跟晶种法不同，他们使用苯胺作为调制剂来生长由强亚胺键连接的 COF 大尺寸晶体材料。单官能团的苯胺具有与 COF 单体胺化合物相似的反应性，因而可以作为成核的抑制剂，进而改变结晶过程。由于单晶的高度有序性，上述所得 3D COF 材料的单晶 X 射线衍射数据达到了 0.83 Å 的高分辨率。单晶解析使得研究者首次观察到 COF 孔道中水分子客体的有序排列、COF 框架中有机链的构象旋转，以及亚胺键的连接方向等核心信息。此项研究不仅突破了 COF 材料领域发展的长期瓶颈，也为动态共价化学的理论和应用研究提供了全新的实例。

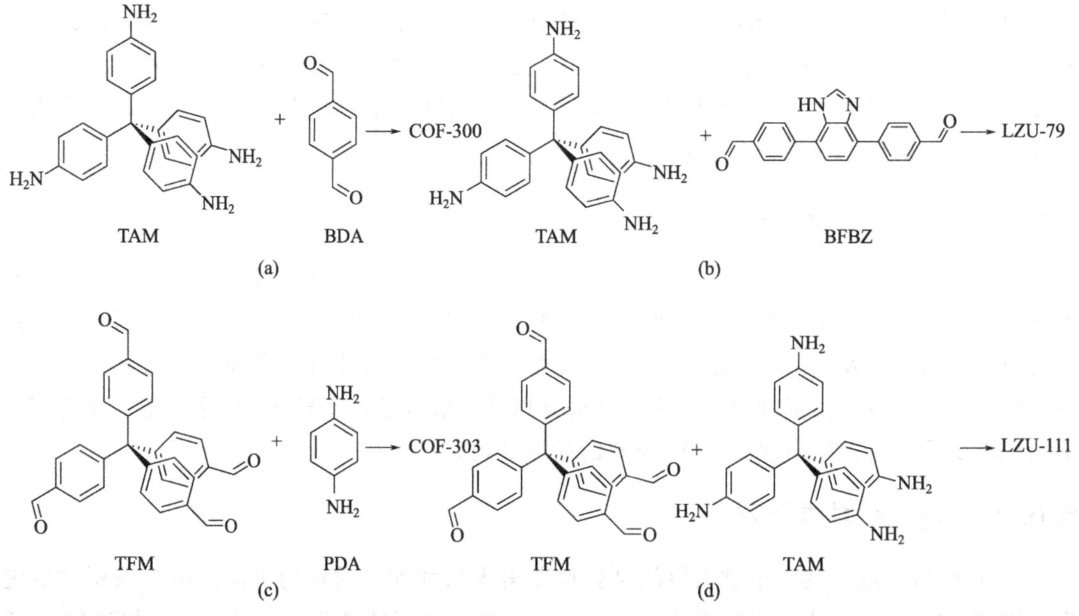

图 6.10 四种 3D COF 的合成

6.7　COF 稳定性改善策略

实现 COF 材料的实际应用，除了合成成本外，还有一个很重要的问题就是 COF 材料的稳定性尤其是化学（水或者酸碱）稳定性，比如说气体吸附应用过程中可能会遇到含水或者酸性气体的环境。由于 COF 的合成都是基于动态共价化学，存在可逆平衡过程，遵循勒夏特列原理（Le Chatelier's principle），又名"化学平衡移动原理"：如果改变可逆反应的条件（如浓度、压强、温度等），化学平衡就被破坏，并向减弱这种改变的方向移动。根据此原理，当水是在可逆 COF 形成反应过程中产生的副产物时，在反应介质中添加过量的水可以促进 COF 形成的逆反应进行，从而导致 COF 的分解。目前报道的 COF 材料都不是很稳定，尤其是含硼的 COF 材料，虽然它们具有很高的热稳定性，但它们的化学稳定性比较差，见水即可分解，这也限制了其实际应用。当然随着合成方法的发展，所报道的合成 COF 材料的构建反应种类会越来越多，稳定性也会越来越好。为了改善 COF 材料的稳定性，研究者们近来开发了多种策略。如在孔道内引入疏水性的基团、在层内或层间引入氢键、将动态键转变为非动态键等。

6.7.1　引入疏水或配位保护基

这种策略最早是针对硼酸酐或硼酸酯类 COF 而开发的。2011 年，Lavigne 等人[31] 发现在一硼酸酯 COF 的孔道里引入了一系列不同长度的烷基，均在不同程度上提高了 COF 材料在水相中的稳定性。利用 B 元素的配位能力，可实现配位基团对硼酸酯或酸酐的保护，进而提高其稳定性。如吡啶[32] 或氨基硅烷[33] 均可以与 B 形成配合物，一方面可以形成位阻阻碍水分子的进攻，另一方面可以减弱 B 元素的亲电能力，从而降低水解的概率，大大提高相应 COF 的稳定性。

6.7.2　增强层内/层间相互作用

层间或层内相互作用的强度在决定 COF 材料化学稳定性时起着重要的作用。特别地，将额外的非共价相互作用引入骨架可以大大增强其化学稳定性。目前已经开发出多种不同的策略，即层内/层间氢键相互作用、层间互补 π 相互作用等。

6.7.2.1　氢键作用

2015 年，Jiang 等人[34] 利用在醛基的邻位引入羟基，与胺反应后形成的亚胺键与羟基可以形成分子内氢键，通过控制氢键的比例，可以实现产物的稳定性调控。2018 年，Banerjee 等人[35] 通过反应单体的设计实现了对 COF 层间距的调控，当距离合适的时候，层间 C—H⋯N 氢键发挥作用，并显著增加 COF 的化学稳定性，表现出超强的酸碱稳定性，包括极端的浓硫酸（$18 mol \cdot L^{-1}$）、浓盐酸（$12 mol \cdot L^{-1}$）和 NaOH 强碱溶液（$9 mol \cdot L^{-1}$）条件下。

6.7.2.2　减弱层间电荷排斥作用

2015 年，Jiang 等人[36] 利用 COF 孔壁中甲氧基的给电子共振效应来降低相连接苯环的正电性，进而降低 C═N 键的极性，使得层间电荷排斥作用降低达到增强层间相互作用的目的，从而赋予了亚胺类 COF 较高的稳定性（图 6.11），在 $12 mol \cdot L^{-1}$ 浓盐酸和

14mol·L^{-1} NaOH 溶液中搅拌一周仍能保持其良好的晶性。类似的策略在肼连接的 COF 中也有体现，如 Jiang 和 Lotsch 等人分别发现用肼[37] 或酰肼[38] 形成的亚胺键连接的 COF 表现出比一般亚胺类 COF 更好的化学稳定性，其中一个原因是电负性更强（相比于 C）的 N 直接与亚胺键相连，导致亚胺极性弱化，因而能间接增强层间相互作用，另一个原因是亚胺键极性变弱的同时也导致其亲核性降低，从而避免受质子攻击引发的水解反应。

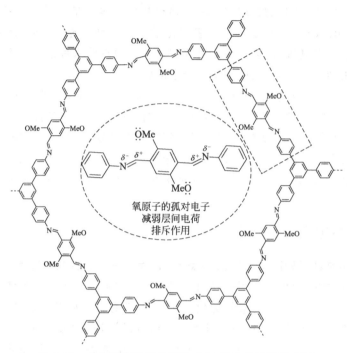

图 6.11　共振效应引起的亚胺 COF 稳定性增强示意图

6.7.2.3　偶极诱导

2020 年，Loh 等人[39] 利用的策略涉及选择具有分子偶极矩的分子结构单元，这些偶极矩的空间取向有利于反平行堆叠，分子构造单元之间可以进行偶极-偶极相互作用，并且其结构允许通过层内和层间氢键限制分子内键旋转（图 6.12），因而能在较短的反应时间内（30min）获得克级的 COF 产物。这种合成策略可以进行大范围的推广，具有很好的普适性。合成范围可以扩展到具有不同几何形状、侧链功能和拓扑结构的酰肼构建单元。该方法广泛适用于包含各种侧链功能的酰肼连接基。此外，加速 COF 合成而不损害晶体质量的能力为大规模应用 COF 铺平了道路。

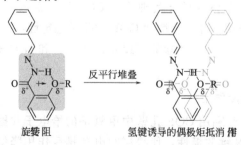

图 6.12　氢键诱导的偶极反平行堆叠图[39]

6.7.3　分子对接

已报道的 2D COF 中大部分都采取 AA 堆叠，而且相邻 COF 层之间的横向偏移在能量上有利，由此导致倾斜或锯齿状而不是完全重叠的结构。然而，由于层的固有对称性，这种偏移将沿着所有对称等效方向以相同的概率发生。因此，如果连续的 COF 层在一个以上的位置成核，则沿着此核生长的 COF 层的横向偏移很可能在不同的方向上，因此可能导致晶格应变和缺陷，进而损害结晶度。如果能将 COF 片层锁定在合适的位置，那么就可以最大程度地减少堆垛层错和位错的发生。Bein 等人[40] 利用螺旋桨状分子构建单元的三维构象当作周期性对接位点，该位点可引导后续构建基块的附着，继而有利于 COF 形成过程中的长程有序，从而有效增强 COF 层间的相互作用及稳定性。

6.7.4　改变堆积方式

在已构建的数百个 2D COF 中，大部分都采用重叠或锯齿状的 AA 堆叠模式，只有少数采用 AB 或 ABC 堆叠。2018 年，Cui 等人[41] 通过反应单体烷基链的设计可以对 COF 堆叠模式进行有效的调控，当庞大的烷基取代基连接到 COF 时，AB 和 ABC 堆叠模型在空间上均比 AA 堆叠更有利，从而避免了相邻层之间的紧密排斥。这种堆叠模型能有效地阻断并保护易受水解的主链 C =N 键，从而达到提高化学稳定性的目的，带有高浓度异丙基的 COF 甚至可以在沸腾的 $20 mol \cdot L^{-1}$ NaOH 溶液中保持原有的结晶度和孔隙率。

6.7.5　动态键非动态化

前文提到，COF 材料之所以化学稳定性不好是由于动态共价键的存在，如果能将动态共价键转化为稳定的非动态共价键，那么稳定性自然会提高。据此，有两种策略已经被开发出来。

6.7.5.1　互变异构化

2012 年，Banerjee 等人[42] 首次使用将可逆的动态共价亚胺化学和不可逆烯醇-酮异构化反应结合起来合成了具有良好化学稳定性的 2D COF（TpPa-1 和 TpPa-2）（图 6.13）。互变异构的不可逆性质并不会影响 COF 的结晶度，因为该转变仅涉及键的移动，同时保持原子位置几乎相同。由于总反应的不可逆性以及系统中不存在稳定性较差的亚胺键，导致

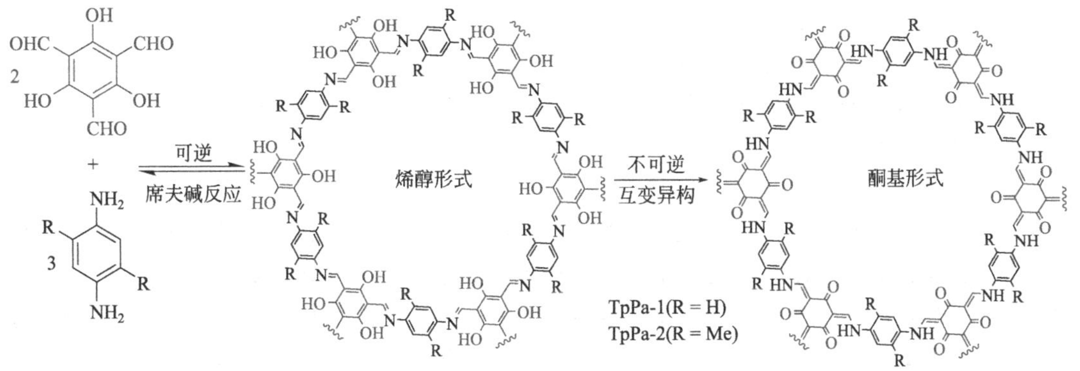

图 6.13　利用可逆和不可逆组合反应合成 TpPa-1 和 TpPa-2 的示意图

TpPa-1 和 TpPa-2 对酸（9N HCl 溶液）和沸水具有很强的抵抗力。但同时高 pH 值时，二级氮原子可能会去质子化，导致酮基形式向烯醇形式的反向转化，如果在氮原子邻位引入位阻基团，则能有效解决这一问题，TpPa-2 在碱（9N NaOH 溶液）中就表现出出色的稳定性。这种互变异构策略后来在 COF 领域被广泛采用[43-45]。

6.7.5.2 后修饰

后修饰策略主要是指将动态亚胺键转变为非动态键的反应处理，涉及的反应包括氧化成酰胺以及环化反应等。

（1）氧化成酰胺

如 2016 年，Yaghi 等人[46] 首次实现了亚胺 COF 中连接键的化学转变，通过直接氧化转化成酰胺键（图 6.14），同时保留了 COF 结构的结晶度和永久孔隙率，但表现出更好的化学稳定性。该方法开创了 COF 化学合成的新方向，可以构建基于不可逆共价键的 COF 材料，而如果直接利用该化学键通常很难形成结晶性的材料。

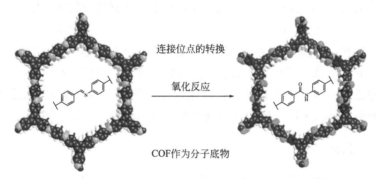

连接位点的转换

氧化反应

COF作为分子底物

图 6.14　通过亚胺化学连接键的氧化转换提高 COF 稳定性示意图[46]

（2）环化反应

2018 年，Liu 等人[47] 通过 aza-Diels-Alder 环加成反应动力学将可逆亚胺键固定到喹啉结构中，将亚胺键合的 COF 转变为超稳定的多孔芳族骨架。转变后的 COF 不仅保持结晶度和孔隙率，而且与亚胺 COF 相比，显示出显著增强的化学稳定性，不仅可以承受强酸、碱性环境，还能耐受氧化还原环境。由于环加成反应的化学多样性和 COF 的结构可调性，环加成策略可以为制备具有较好化学稳定性的 COF 材料提供一条非常有效的途径[48-51]。比如同年 Lotsch 等人[49] 利用硫辅助的方法将二维亚胺类 COF 中的亚胺键固定到噻唑结构中。后修饰处理后 COF 不仅充分保留了结晶度和孔隙率，而且极大地增强了其稳定性（包括化学稳定性尤其是电子束稳定性），从而为其电子学结构鉴定的深入研究提供保障，可揭示先前未知或未经验证的结构特征，例如晶界和边缘位错。这种真实结构特征的可视化对于理解、设计和控制 COF 中的结构-特性关系有极大的推进作用。这种环化策略除了采用一步法之外，对于某些特殊的结构还可利用多步法来实现。2019 年，Yaghi 等人通过三步连续的后合成修饰将亚胺 COF 转变为多孔的结晶环状氨基甲酸酯和硫代氨基甲酸酯连接的框架，具体涉及亚胺键邻位的酚甲醚脱甲基、亚胺还原成氨基以及酚羟基与氨基在羰基化试剂的作用下的成环反应。尽管文中并未对稳定性进行研究，但连接键从动态键变为非动态键还是会很大程度影响其稳定性的。不同于单步修饰法，这些化学转化在不改变框架整体连通性的同时，在每个步骤中均引发了显著的构象和结构变化，尤其是亚胺还原成氨基之后（柔性的增

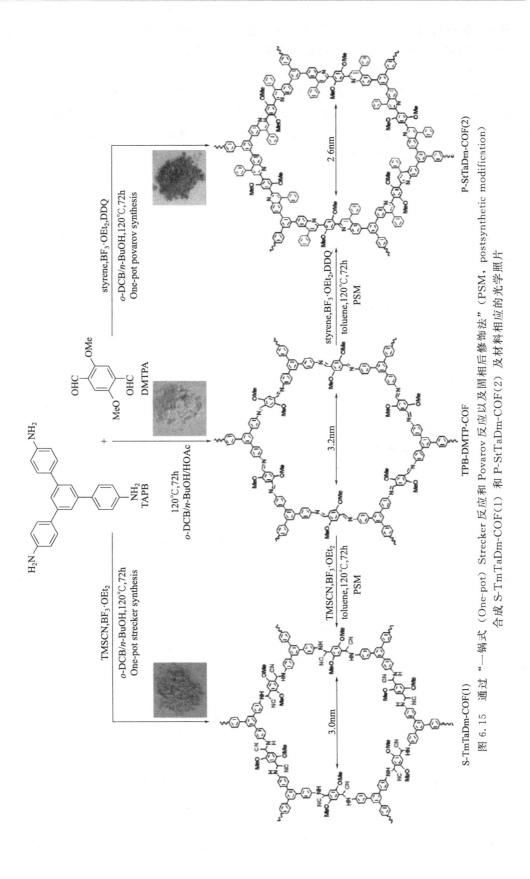

图 6.15　通过 "一锅式（One-pot）Strecker 反应和 Povarov 反应以及固相后修饰法"（PSM，postsynthetic modification）合成 S-TmTaDm-COF(1) 和 P-StTaDm-COF(2) 及材料相应的光学照片

加导致框架材料的晶性消失），最终得到的环化 COF 孔隙率也有明显的下降，突显了非共价相互作用和构象灵活性对 COF 结晶度和孔隙率的重要性。

（3）原位多组分反应

上文提到，通过单步或多步有机转化后修饰被证明是获得新的 COF 的有利方法。但由于固相合成的固有局限性，后修饰有时可能会导致 COF 骨架崩溃、结晶度降低等现象。Dong 等人[50] 利用多组分原位 Strecker 和 Povarov 反应的策略在溶剂热条件下以高收率成功地获得了 12 个具有高结晶度和永久孔隙率的 α-氨基腈和喹啉连接的 COF（图 6.15）。通过跟分步进行的后修饰方法获得的材料相比，原位法获得的 S-TmTaDm-COF（1）和 P-StTaDm-COF（2）具有与其母体亚胺 COF 相同的结构，但结晶性能更好。与此同时，这两个 COF 均表现出非常好的酸（12mol·L^{-1} 盐酸及三氟乙酸）、碱（14mol·L^{-1} 氢氧化钠溶液）、氧化（1mol·L^{-1} 高锰酸钾溶液）及还原（1mol·L^{-1} 硼氢化钠溶液）稳定性。

6.8　COF 的应用

6.8.1　气体吸附与存储

气体的吸附与存储是 COF 材料最重要的应用领域之一。COF 材料较轻的质地、较大的比表面积、可控的孔径分布、化学可修饰性以及稳定的刚性拓扑结构使其在气体吸附与存储方面有着较大的优势。

6.8.1.1　二氧化碳吸附与存储

二氧化碳作为主要的温室气体，一直成为人们重点关注的对象。2008 年，Jiang 等人[52] 对已报道的 COF 材料的 CO_2 吸附过程和原理进行计算模拟，结果表明三维 COF 材料由于具有更大的自由体积、孔隙率及比表面积，其 CO_2 吸附与存储能力比 2D COF 材料更具优势。2009 年，Yaghi 等人[53] 首次验证了此结果，并同时用已经合成的 7 种 2D COF 和 3D COF 材料对 CO_2、H_2 与 CH_4 的吸附做了系统研究，揭示 3D COF 表现出非常好的气体吸附性能，超过了之前报道的包括 MOF 在内的大部分孔材料。近期有研究表明[54]，孔径接近 CO_2 的动力学半径（3.3 Å）的材料通常具有较好的 CO_2 捕集能力。COF 相比于其他无定形多孔材料，孔径能得到更为有效的控制，因此是更理想的捕获 CO_2 的候选材料[55]。Zhao 等人[56] 通过调节单体的长度合成了两种具有不同孔径的新型 2D COF（SIOC-COF-5、SIOC-COF-6）。尽管比表面积较小，但孔径较小的 SIOC-COF-5（8.1Åvs13.8Å）的 CO_2 捕获容量优于 SIOC-COF-6（4.5 mmol·g^{-1} vs 3.2 mmol·g^{-1}，273K，1bar）。

前文提到，在 HCP 中引入极性功能基团如羧基、氨基和羟基等，通过氢键、偶极-四极相互作用等可以增强 HCP 与 CO_2 之间的相互作用，这个策略在 COF 材料中同样适用。2015 年，Jiang 等人[57] 报道的孔壁羧基功能化的 2D COF 材料 $[HO_2C]_{100\%}$-H_2P-COF，是目前所报道的 COF 材料中对 CO_2 吸附效果最佳的。2018 年，Loh 等人[58] 通过使用不同的溶剂控制其结构来制备 COF（TPE-COF-Ⅰ 和 TPE-COF-Ⅱ）。TPE-COF-Ⅰ 和 TPE-COF-Ⅱ 具有相同的孔径，但具有 [4+2] 结构的 TPE-COF-Ⅱ 由于框架中残留有未反应的醛基，表现出更高的 CO_2 吸收能力。Smit 等人[59] 模拟了掺杂碱金属、碱土金属及过渡金属的

COF 材料对 CO_2 的吸附性能，发现其强的吸附能力主要来自 CO_2 与金属的相互配位作用，这为 COF 作为吸附材料研究提供了更广阔的视野。硼酸酯或硼酸酐类 COF 通常由于构筑单元的缺电子性，其吸附气体的能力受到限制，但是可通过减弱 2D 结构中层间相互作用来增加可接触到的硼位点来提高材料与气体的相互作用机会，进而提高吸附量[60]。

6.8.1.2　氢气吸附与存储

氢能作为清洁高效的能源载体，其应用依赖于高效安全的存储技术。在物理吸附的情况下影响储氢能力的主要因素是比表面积、孔体积和吸附焓。3D COF 由于具有更大的表面积和孔体积，通常来说表现出比 2D COF 更好的氢气吸附性能（2.5～3 倍，77K）[53,61-63]。Wang 等人[64] 考察了吸附焓的影响，分别用—OH、—Cl、—NO_2、—NH_2、—CH_3、—CN 等基团对一 3D COF 苯环上的氢原子进行取代，发现这些取代基均能有效提高其储氢能力，且不同取代产物的储氢量顺序与其等量吸附热（isosteric heats of adsorption）顺序一致，其中—NH_2 效果最佳 [4.577％（质量分数），77K，10bar]。迄今为止，COF 材料储氢性能的研究已经取得了重要进展，吸附氢气效果最佳的为 COF-102 [7.24％（质量分数）] 和 COF-103 [7.05％（质量分数）][53]，该结果可与最佳吸附性能的 MOF 材料 [7.6％（质量分数）][65] 相媲美。另外，掺杂金属的 COF 材料（COF-301-$PdCl_2$）[66]在室温下对氢气的吸附能力也达到了 $60g \cdot L^{-1}$。上述结果都超过了美国国家能源部可再生能源实验室建议的用于氢燃料汽车领域的 5.5％（质量分数）的储气目标值（2025 年）。目前 COF 基储氢材料正在逐步向实际应用迈进。

6.8.1.3　甲烷吸附与存储

类似于 H_2 吸附的情况，甲烷吸附同样需要较大的孔体积和比表面积，因此一般 3D COF 优于 2D COF。如孔体积为 $1.55cm^3 \cdot g^{-1}$ 的 3D COF-102 和孔体积为 $1.54cm^3 \cdot g^{-1}$ 的 COF-103 表现出非常优异的氢气吸附量，分别为 18.7％（质量分数）和 17.5％（质量分数）（35bar，298K），这也是目前 COF 的最高表现。相反，2D COF 表现最好的为 COF-5，其孔体积为 $1.07cm^3 \cdot g^{-1}$，在相同条件下表现出的 CH_4 吸收能力仅为 8.9％（质量分数）。同样对 COF 孔壁进行化学修饰也能有效提高其对甲烷的吸附性能。如利用计算模拟的方法，Goddard 等人[67] 和 Yan 等人[68] 在 COF-102 和 COF-103 材料中的苯环结构上引入不同基团包括烷基、烷氧基、卤素、氨基、氰基等，进一步提高了其甲烷吸附性能。Cao 等人[69]发现通过掺杂金属的方法也可以提高 COF-102 和 COF-103 对甲烷的吸附量。

6.8.1.4　氨气吸附与存储

氨气既是一种工业产品，也是一种重要的工业原料，但有毒且具有腐蚀性，生产和运输过程都必须严控风险，因此开发氨气吸附性能良好的多孔材料显得非常有必要。硼酸酯类 COF 对氨的存储具有很高的活性，这是由于硼的 p_z 开放轨道和氨气氮的孤对电子之间存在很强的路易斯酸碱相互作用[70]。如硼酸酯类 COF-10 在 298K 和 1bar 下捕获氨的最大容量为 $15mol \cdot kg^{-1}$[71]。值得注意的是，氨可以通过泵送和加热释放，COF-10 可以可逆地重复使用 3 次，而且容量没有明显下降，且结构完整性得以保持。这些结果表明，COF 上路易斯酸位点对氨气吸附非常重要。此外，连接有多种官能团如氨基、羰基、羧基以及金属位点的 [MOOC]₁₇-COF 在 298K 下的氨吸附容量达到 $14.3mmol \cdot g^{-1}$，优于许多其他吸附剂材料[71]。

COF 材料对气体的吸附与存储，大多通过 COF 材料的三维空间体积来实现物理吸附，因此可根据目标气体分子的尺寸和结构特征，有针对性地设计相应孔径和比表面积的 3D COF 材料来改善其气体吸附性能，同时还可以在 COF 中引入特定的官能团吸附位点赋予其化学吸附作用，来进一步提高其性能。

6.8.2 催化应用

COF 作为多孔材料中的一员，既具备多孔材料的多孔性和大的比表面积，又具备有机材料的可定制性和修饰性，而且它们还能精确控制催化活性位点的分布。因此，COF 材料被看作是催化应用的极佳候选者。具体表现为：①良好的化学稳定性，为其在各个领域包括催化应用奠定了基础；②COF 具有大 π 共轭结构，这使其具有优良的吸光能力和导电能力，同时规整的晶型结构能够减少电荷复合位点的数目，增加产生电子和空穴的可能性，是良好的潜在光催化材料；③均一性的孔道分布能够增强反应物和产物的传质速率，进而提高反应效率；④高的比表面积能够提供更多的活性位点；⑤通过化学修饰可调控其能带结构，以满足光催化对能带的要求。目前 COF 的催化应用领域包括有机催化、电催化、光催化等。

6.8.2.1 有机催化

有机催化主要基于金属纳米颗粒（NP）催化剂或金属离子催化剂。金属纳米材料具备良好的催化性能，由组成纳米材料的金属纳米颗粒（MNP）的大小与形状直接决定。由于奥斯瓦尔德熟化效应的存在，小尺寸纳米颗粒通常会自发地发生聚集而形成热力学稳定的团簇结构，从而使 MNP 的尺寸和形状可控制备研究面临巨大的挑战。COF 在金属纳米颗粒可控制备方面表现出以下两方面的优势：①在框架内具有均匀分布的 NP 结合位点的有序结构和明确定义的孔结构，从而可实现 NP 的限制性生长和可控制备；②良好分离的孔通道，可促进媒介传递并能有效地防止 NP 在整个合成和使用过程中聚集和析出。目前这一领域得到了广泛的研究，多种 NP 结合官能团位点包括三唑（CTF）[38,72,73]、卟啉环[74]、腈和吡啶[75,76]、硫醚[45]、以及三苯基膦[77] 结构，均能有效地实现多种贵金属纳米颗粒的可控制备，相应制备的 NP 都得到了较窄的小尺寸分布且分别在不同的化学反应（包括芳基碘代物的羰基化、硝基苯的还原、Suzuki 偶联等）中表现出了很好的催化活性和循环稳定性，完全可比拟商业化的金属催化剂。另外，COF 合适的层间距和空腔大小为配位基团与金属离子的配位提供了很好的机会，可以进一步开发 COF 固相负载的金属离子催化剂。如 Pd(Ⅱ) 离子可与层状结构的亚胺类 COF-LZU1 中的层间亚胺键配位（图 6.16），相应地合成了含 Pd(Ⅱ) 的 COF （Pd/COF-LZU1），在催化 Suzuki-Miyaura 偶联反应中表现出出色的催化活性和循环稳定性[78]，普适性较广且反应产物的收率都较高（96%～98%）。Esteves 等人[79] 利用类似的策略成功地将 Pd 金属离子物种负载到亚胺类 COF-300（结构见图 6.10），所得复合物在多种 C-C 偶联反应尤其是 Suzuki-Miyaura 中表现出较好的催化效果。

除了引入金属催化剂之外，COF 也可以将非金属催化位点引入材料中直接用于有机催化。如 Qiu 和 Fang 等人[80] 利用硼酸化学和亚胺化学制备了同时具有路易斯酸（硼氧烷）和路易斯碱（亚胺）位点的双功能基 3D COF 催化剂，可催化级联反应。Ma 等人[81] 在含有联吡啶结构单元的 COF 材料孔壁内引入原位聚合生成的柔性线性离子聚合物，联吡啶络合的铜离子和线性聚合物上的对阴离子共同构建了双催化位点，成功地应用于催化环氧化合物与 CO_2 的环加成反应。除此之外，将手性催化剂[36,82-84] 引入 COF 结构中或利用手性诱导的策略[85] 可构建非均相的不对称催化手性 COF 催化剂。

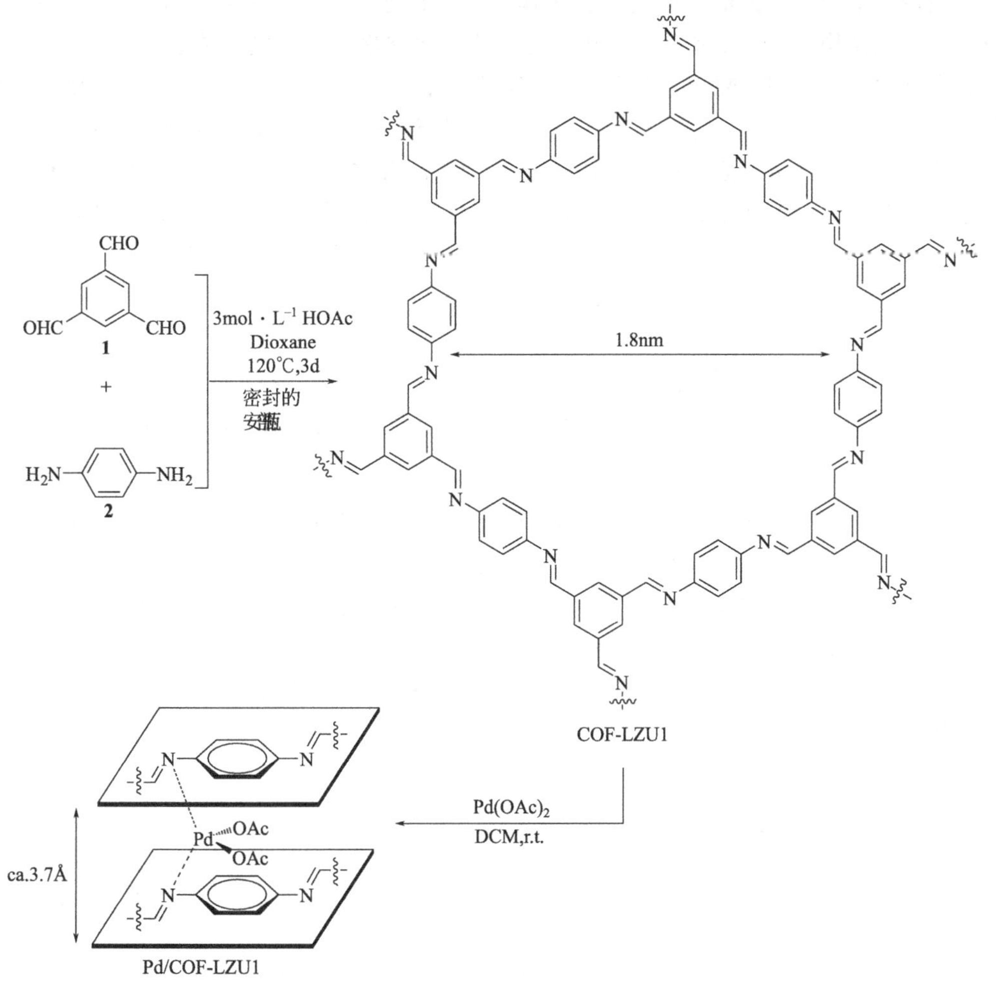

图 6.16　COF-LZU1 和 Pd/COF-LZU1 材料的合成示意图[78]

6.8.2.2　电催化

电催化反应被认为是电能与化学能相互转化的最直接、最有效的途径之一[86,87]。目前，大部分电催化都基于 Pt 催化剂和其他贵金属氧化物催化剂[88,89]，虽然催化效果很好，但由于其稀缺性和高昂的成本而限制了它们的大规模使用。最近，Xia 等人[90] 利用基于轨道能量和键合结构的第一性原理计算预测了含过渡金属卟啉单元的 COF 结构与催化活性的关系。在所有计算的 COF 中，Fe 和 Co-卟啉-COF 可以自发地导致 2 电子和 4 电子转移。通常过电势（η）反映了在氧还原反应（ORR）或氧析出反应（OER）中需要克服的能垒大小，被认为是评价催化活性的指标；η 越低，则催化性能越好。在所有过渡金属中，Fe-卟啉-COF 表现出最小的过电势。OER 和 ORR 分别为 0.381V 和 0.485V，分别与之前报道的 RuO_2（0.42V，OER）[91] 和 Pt（0.45V，ORR）[92] 催化剂效果相当，同时与实验结果吻合。

作为电催化剂，其电导率是决定系统动力学和效率的关键因素。COF 通常是导电性较差的绝缘体。为了提高电导率，热解将 COF 转化为碳材料是一种非常有效的方法。如 Mao 等人[93] 通过钴基 COF 在 900℃ 下的热解合成了一种新型的高效 ORR 电催化剂，其在碱性介质中几乎完全通过四电子途径实现催化过程，性能与市售 20% 的 Pt/C 相当。碳化处理后，金属催化剂周围的固定碳层起着多重作用，包括增强电导率并在 ORR/OER 中充当活性位点，其孔结构为反应物和产物提供了偏向或远离催化位点的快速转运。同有机催化应用一样，电催化的 COF 材料也可以不含任何金属。通常说来，无金属多孔碳材料用于电化学催化应满足以下三个条件：①具有用于电子传输的导电性；②具有用于离子传输的孔结构；③具有用于催化的大量杂原子位。COF 有望作为热解合成杂原子掺杂 2D 碳材料的前体，从而在边缘具有足够的活性位。但是，即使 COF 是 2D 层状材料，COF 的直接热解也仅产生 3D 碳缠结，失去 2D 结构和多孔特征，从而表现不佳。这种情况下一般采用模板介导碳化过程[94,95]，如 Jiang 等人[95] 将 2D COF 材料 TAPT-DHTA-COF 与植酸（PA）混合，PA 可以占据 COF 材料的孔道并将各 COF 颗粒分离开来，这样在碳化过程中可以有效地保留高孔隙率、高导电性以及丰富的边缘活性催化位点（图 6.17）。在 ORR 中，PA @ TAPT-DHTA-COF$_{1000NH_3}$ 的催化活性甚至超过了商业化的 Pt/C，起始还原电压要高 30mV，半波电压高 50mV，扩散极限电流密度大大提高，甚至达到 $1.2mA \cdot cm^{-2}$。在 OER 中，TAPT-DHTA-COF$_{1000NH_3}$ 同样表现出色，在 0.97V 时的电流密度为 $-10mA \cdot cm^{-2}$，比商业化的 Pt/C 的电流密度（$1.01mA \cdot cm^{-2}$）高近一个数量级。

相比于其他材料，结晶多孔前体材料的优势在于可以将碳骨架、杂原子和/或金属物种预先组织为分布明确的骨架、这些骨架可以用作引导碳化过程的模板。但大多数情况下，生成的碳材料会失去 COF 的原始特征。因此如何保留包括尺寸和孔隙率在内的结构特征仍然是一个挑战。

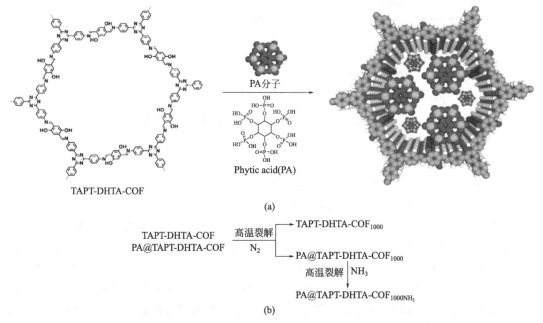

图 6.17　PA@TAPT-DHTA-COF 的合成，PA 分子占据孔（顶视图），并通过涂覆在表面上（侧视图）将 COF 分离开（a）；模板或非模板热解将 COF 转化为碳材料（b）

6.8.2.3　光催化

在植物光合作用系统中，以柱状结构排列的叶绿素阵列是光收集和将能量转移至反应中心的关键结构。这种经过自然选择的设计原理激发了合成化学家通过将发色基团组织成规则有序的扩展结构来设计人工集光天线和光催化系统的方法。COF 可以将各种 π 单元集成到扩展的有序结构中，具有可设计的孔结构以及可调节的光电催化特性，是设计光催化剂的绝佳平台，目前已广泛应用于诸如单线态氧的生成、光解水、有机反应（包括光氧化还原反应）、选择性 CO_2 还原和有机污染物的光降解等领域。

（1）单线态氧的生成

卟啉是典型的可见光吸收结构单元，其结构与叶绿素相似，因此基于卟啉的 COF 常被用作单线态氧生成的光催化剂。在这种情况下，光催化剂必须以三重态才能参与此过程，这是常规的卟啉衍生物几乎不能满足的。重要的是，有序 COF 体系结构在控制光生激发态以将分子氧稳定转化为单线态氧方面起着关键作用。

单线态氧的光敏生成因在废水处理、精细化学合成、光氧化、DNA 损伤以及癌症的光动力疗法等各种应用中的实用性而受到全世界的关注。如 Jiang 等人[96] 合成的锯齿形方酸连接的含卟啉铜的 2D COF，具有较高的结晶度和稳定性、扩展的 π 共轭和较窄的带隙，更重要的是具有较宽范围的光吸收，从紫外区域一直到可见光和近红外区域。在 500nm 光激发下，1,3-二苯基异苯并呋喃作为单线态样捕获实验表明此 COF 显示出超高效率的单线态氧生成能力。随后，含卟啉结构的 3D COF（3D-Por-COF 和 3D-CuPor-COF）也被用于单线态氧的产生[97]。此外，卟啉基 COF 的光物理和光氧化还原特性可以通过在卟啉部分中插入任何特定金属来进行调节。除了卟啉[34] 外，其余具有良好共轭结构的光吸收结构单元也可被应用在此领域，包括酞菁[98]、苯并噁唑[51] 等。

（2）光解水

利用光能进行水的分解可以直接制备氢气，这也被认为是生成清洁能源最重要的一个化学反应过程。在光解水的过程中，COF 通常当作光敏剂和其他催化剂共同发挥作用。如 Cooper 等人[99] 利用抗坏血酸作为牺牲电子给体和 Pt 作为助催化剂协助含有稠合砜的 COF（FS-COF）基半导体材料用于光解水制氢（图 6.18）。FS-COF 表现出高的外部量子效率（3.2%），并且在长达至少 50h 内表现出稳定的较高的氢释放速率（10.1mmol·g^{-1}·h^{-1}）。砜结构的引入不仅可以调节 COF 的能带，还能显著提高骨架的亲水能力。通过对比实验，FS-COF 高量子效率归因于高结晶度、良好的可见光吸收能力以及可浸润的亲水性中孔结构。这些孔允许骨架被染料敏化，导致氢释放速率进一步提高 61%，最高可达 16.3 mmol·g^{-1}·h^{-1}。除普遍适用的铂助催化剂[38,100] 之外，其余催化剂如钴[101]，硫化

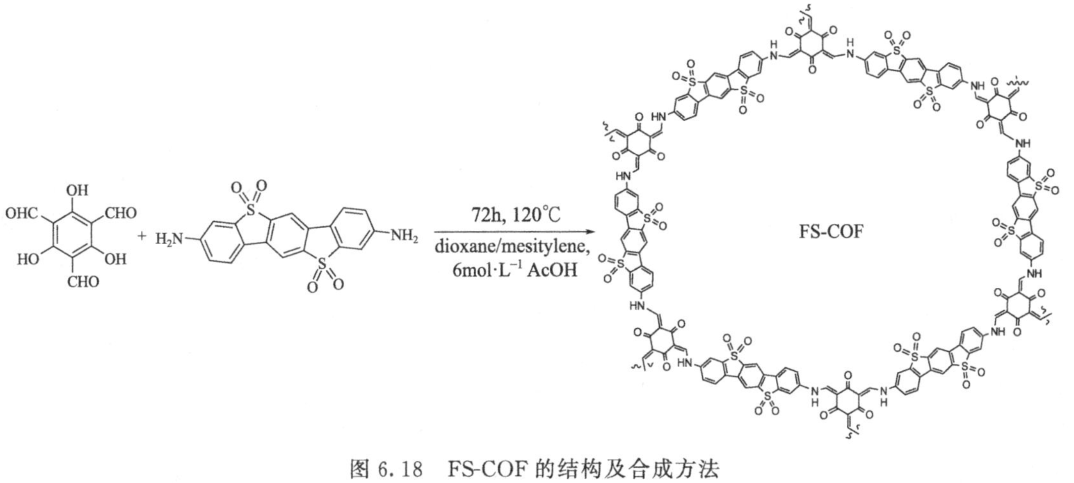

图 6.18　FS-COF 的结构及合成方法

镉[102] 也有相关的报道，这表明铂助催化剂不是光催化的必要条件，甚至还可以不用助催化剂。2019 年，Zhang 等人[103] 利用 3,5-二氰基-2,4,6-三甲基吡啶的芳甲基碳原子与醛的 Knoevenagel 缩合来合成具有高比表面积的蜂窝状结晶多孔 sp^2 碳连接的 2D COF，用于水分解反应，达到了较高的（$206\mu mol \cdot h^{-1}$）产氢率（载样 50mg COF），在 $\lambda = 420nm$ 时的表观量子效率为 4.84%。

（3）有机转换

COF 有机半导体光催化剂由于可以通过合理选择供体和受体单元及其排列方式而容易地调节其光电性能，成了各类有机转换的重要催化剂平台，主要包括光氧化还原反应、选择性 CO_2 还原和有机污染物的光降解等领域。2017 年，Liu 等人[104] 制备的三嗪 COF-JLU5，该 COF 具有周期性的柱状 π 阵列结构，有利于光生激子的扩散和迁移，可被用于四氢异喹啉类底物的交叉脱氢偶联反应。在室温下使用 30W 蓝光 LED 催化并在有氧条件下进行，少量催化剂就能使所有 21 种底物均能给出较好的收率（45%～92%）。另外两个三嗪类 2D COF，即 ACOF-1 和 N3-COF[105]，显示出较高的比表面积，并且层间存在良好的 π-π 堆积。电化学和光催化性能显示其在 480～500nm 范围内的高吸收度和约 2.6eV 的光学带隙，对 CO_2 还原具有很好的光催化活性。另外，Cai 等人[106] 在研究亚胺类 COF 的光电性质及其光催化染料降解性能时，通过精确调节 COF 的结构单元，分析了光催化剂的结构-理化性质-光催化性能之间的关系。研究表明随着活性中心密度的增加和框架共轭程度的提高，光催化性能得到了提高。这表明这些结构特点与电荷产生和重组动力学直接相关，从而极大地影响光催化能力。

COF 催化剂在多相催化领域中的应用已取得了较大的进展，除了上述提到的例子外，COF 材料还广泛用于其他领域，如通过引入酶活性结构至孔道内，不仅能有效实现酶的体外负载，还在相应的催化反应中表现出非常好的活性[107,108]。尽管如此，目前 COF 催化剂在实际应用方面依然面临着许多挑战，例如，如何根据催化反应定向设计合成 COF 催化剂，以及如何提高催化剂的循环稳定性等。高效手性催化剂的设计、合成以及相关的基础理论问题也还需要深入的研究。

6.8.3 光电领域的应用

二维 COF 材料由于其结构特点，主要采取交错式和重叠式两种堆积方式，导致 COF 结构中 π 阵列的周期性排列，这在常规有机晶体和其他有机聚合物中无法获得。这些柱状 π 阵列一方面可触发柱内电子耦合，同时提供载流子转运通道。Jiang 等人[5,6] 首次制备了由芘结构单元构建的光导 COF 材料。该类材料可以接收可见光并激发光电流，而且对光照响应迅速，具有稳定的重复切换电流开关的能力，在碘蒸气掺杂后效果更明显。随后他们又报道了具有更高迁移率与光导效率的酞菁基 COF 材料[109]。随后有相关报道将电子传输材料富勒烯通过蒸镀[15] 或溶液旋涂法[110] 引入 COF 中开展太阳能光电转换，不过，这类材料依然存在太阳能转换效率低的问题，造成该问题的一个主要原因是材料溶解性导致的较差的膜质量。早期 COF 材料的空穴传输速率主要通过掺杂的方法来进行改善，后面陆续出现其他的策略。如 2015 年，Dincă 等人[111] 发现通过调控 COF 构筑单元上的芳香杂原子能有效调节材料的电导率，原子半径越大，层间轨道重叠效果越好，从而有利于载流子的传导。同年，Jiang 等人[112] 通过拓扑结构的设计来调控 COF 材料的空穴迁移率。他们制备了一种超微孔结晶性三角拓扑结构的 COF 材料，此拓扑结构有利于增加 π 柱密度和提高 π 电子云的离域性，赋予材料很好的导电性能，在已经报道的该类材料中空穴迁移率达到最高。如上所述，大部分 COF 材料表现为 p 型半导体，主要载流子为空穴。通过合理的结构设计，p 型 COF 材料也能转换为 n 型或双极型材料，如 Jiang 等人[113] 利用金属酞菁与缺电子的苯并噻二唑（BTDA）单体共缩合制备了 2D COF 材料（2D-NiPc-BTDA-COF）。BTDA 的引入导致载流子传输模式发生根本性的变化，从空穴传输向电子传输转变（图 6.19）。2D-NiPc-BTDA-COF 在高达 1000nm 的波长处显示出宽广且增强的吸光度，具有全色光电导性，对近红外光子高度敏感，并具有高达 0.6cm^2·V^{-1}·s^{-1} 的出色电子迁移率。而 NiPc-COF 材料的主要载流子为空穴，迁移率为 1.3cm^2·V^{-1}·s^{-1}。而卟啉基 COF 的主要载流子跟卟啉络合的金属离子种类也密切相关，可以从无金属（H）的空穴传输材料变为双极型（Zn）及电子传输材料（Cu）[114]。

相比于常规半导体材料，COF 半导体材料可以具有超高密度的异质结结构，利于光诱导的电荷转移，而规则的 π-阵列利于电荷分离，减少复合概率，同时 π-阵列提供电荷传输和收集通道，在光电领域表现出巨大的潜力。卟啉、酞菁等单体具有丰富含氮基团及 π-共轭结构，并且结构非常稳定，是构建此类 COF 材料的首选结构单元。

6.8.4　能量存储

随着社会的快速发展和传统的不可再生化石能源快速消耗，能源问题受到越来越广泛的关注，能量存储材料也随之成了材料科学的研究热点。COF 由于可设计成为含有氧化还原活性单元和离散的孔径等结构特点（氧化还原活性单元能促进能量存储，而离散的孔结构和特殊的孔壁为离子存储和运输提供了空间），现已被广泛用作超级电容器和锂电的电极材料。

6.8.4.1　超级电容器

超级电容器根据储能机理可分为双电层电容和赝电容。双电层电容是通过电极和电解液表面间的电荷分离来存储能量。外电场促使电解液中的正负离子分别在电容器的负极/正极的固液界面上定向排列，充电时电容器的正负极板表面集聚过剩电荷，电解液中的相反电荷就会在正负极的固液界面定向排列，形成双电层；放电时正负极板通过导通的外电路发生电荷转移，过剩电荷量减少，相应的固液界面的相反电荷回到电解液中，从而实现能量的储存和释放。赝电容是利用电极材料发生的氧化还原反应来存储能量的。法拉第赝电容器的储能机理一般除了有双电层电容器的储能方式外，还有氧化还原储能方式，即离子被吸附到正负极板上活性物质的表面或嵌入活性物质内，与周围物质发生氧化还原反应来实现能量的存储。

COF 材料的多孔性质及结构单元的可灵活设计使其在超级电容器上能同时利用两种储能机制，成为该领域电极材料的理想选择。2013 年，Dichtel 等人[115] 将氧化还原活性氨基蒽醌单元引入亚胺类 COF。涉及两电子的蒽醌和二羟基蒽之间的可逆氧化还原反应赋予 COF 赝电容属性。在恒电流充放电实验中，COF 表现出（48±10）F·g^{-1} 的电容，经过 5000 次充放电循环后保持稳定。相比之下，COF 骨架中不具有氧化还原活性单元的类似物仅表现出（15±6）F·g^{-1} 的比电容。另外由于电极中 COF 微晶的随机排列，理论计算表明仅 2.5% 的氧化还原活性单元是对电容性能量存储有贡献的。借助金基底制备的 COF 薄膜可以大大改善取向的均一性，使得 80%～99% 的氧化还原活性位点都能参与能量存储[116]。

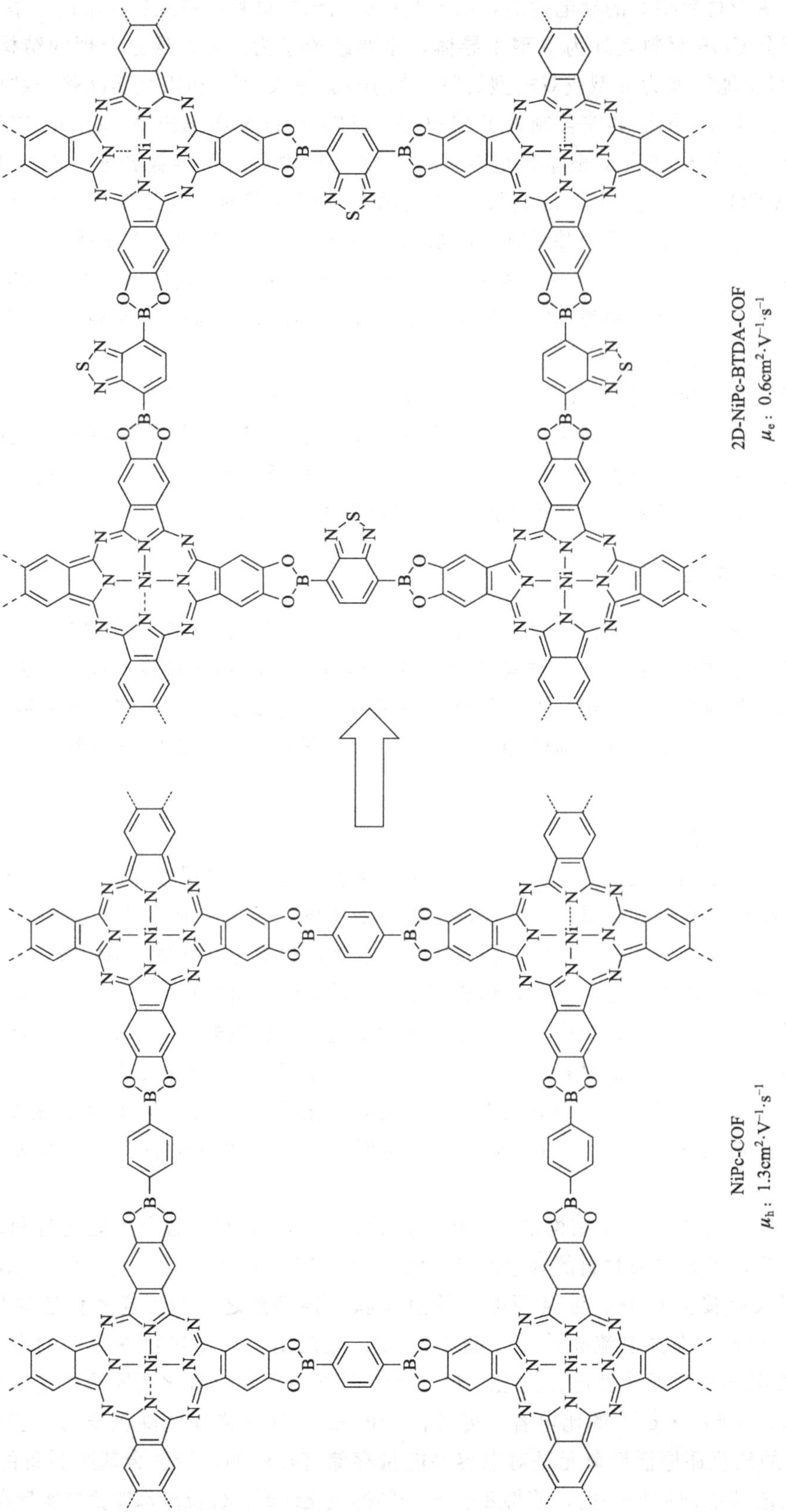

NiPc-COF
μ_h: 1.3cm^2·V^{-1}·s^{-1}

2D-NiPc-BTDA-COF
μ_e: 0.6cm^2·V^{-1}·s^{-1}

图 6.19 苯并噻二唑的引入改变 COF 材料的载流子传输模式

跟电催化应用类似，COF 的电能存储应用同样面临着导电性差的问题。在 COF 材料中引入导电性结构单元或材料是一个常用的解决策略。2015 年，Jiang 等人[117] 和 Lei 等人[118] 分别在 COF 孔壁引入自由基或在 2D COF 材料表面接枝带有蒽醌的三维石墨烯作为电容电极，能显著增强导电性进而获得较好的电容性能。导电聚合物如聚噻吩[119] 或聚(3,4-乙烯二氧噻吩)[120] 引入 COF 孔道中后均能提高导电性，与未修饰的 COF 材料相比，复合材料具有更高的充电率和循环稳定性等特点。除了引入导电材料外，将 COF 材料高温碳化[121,122] 也能提高其导电性，应用至此领域。大量研究表明 COF 材料作为超级电容器电极材料，主要表现为赝电容性质，同时具备一定的双电层电容特征。

6.8.4.2 电池应用

跟超级电容器应用一样，COF 材料在电池领域同样具有很好的前景。跟氧化还原活性的有机小分子相比，COF 表现出更好的电池循环稳定性。如 Bu 等人[123] 将共轭程度较大的萘二甲酰亚胺单元引入 COF 应用到锂离子电池中，跟类似单体结构相比，表现出非常好的循环稳定性，这表明萘二甲酰亚胺集成在 COF 材料中可有效防止氧化还原活性单元的降解。但 COF 作为电池电极材料同样面临着导电性差的问题，采取的策略包括向含氧化还原活性单元的 COF 中引入碳纳米管或导电聚合物等导电材料。Jiang 等人[124] 将含有氧化还原活性萘二酰亚胺单元的中孔 COF 原位生长到碳纳米管上，成功地用作锂离子电池阴极材料。在 2.4C 电流密度下的容量高达 $67mA \cdot h \cdot g^{-1}$，相当于氧化还原活性位点的使用效率为 82%。100 个循环后，库仑效率仍保持 100%。由于锂离子电池涉及电极材料的插锂和脱锂过程，研究者发现将 COF 结构转变为少数片层结构[125,126]，不仅能缩短锂离子的扩散路径，同时还能更高效地利用材料中的氧化还原位点，表现出更快的锂存储动力学和更高的可逆容量。通常，亚胺键尤其是苯环中的 C═C 键几乎不充当能量存储的氧化还原活性单元。最近，对 COF-LZU1 的研究打破了这一限制[127]。通过在碳纳米管上生长几层 COF-LZU1，所得到的复合材料在 $100mA \cdot g^{-1}$ 的电流密度下逐步激活后，可获得高达 $1536mA \cdot h \cdot g^{-1}$ 的可逆容量。锂的存储机理涉及 14 电子氧化还原过程，每个 C═N 基团含一个锂离子，每个苯环含六个锂离子（图 6.20）。这也为其他二维材料的储能应用提供了很好的科研思路。

6.8.5 其他

除了上述应用外，COF 材料还广泛应用在荧光检测[128]、药物释放[10] 以及色谱分离[129] 等领域。和其他材料一样，选择具有大 π 键共轭结构的结构单元和合适的连接方式以获得高电子离域性和刚性，是合成实用性荧光 COF 材料的关键，而其选择性主要取决于孔道尺寸的精确控制以及孔道内官能团位点的作用专一性；同理，这两点同样也是 COF 作为药物传递与缓释的载体所需要考虑的主要因素，同时必须保证良好的化学稳定性和生物相容性。作为色谱填充材料，COF 材料通常可以提供多种作用类型，如电子供体-受体作用、π-π 堆积作用、疏水作用、范德华力作用、氢键作用等，分离效率较好，但通常需要通过化学交联的方式固定到色谱柱的金属表面以防止脱落，同时化学稳定性也是需要重点考虑的因素。

相比于其他多孔材料，COF 是一类非常独特的晶性多孔聚合物，其结构可以通过合成单元的拓扑结构控制来预先设计。与基于无机配位化学的 MOF 相比，COF 合成涉及的化

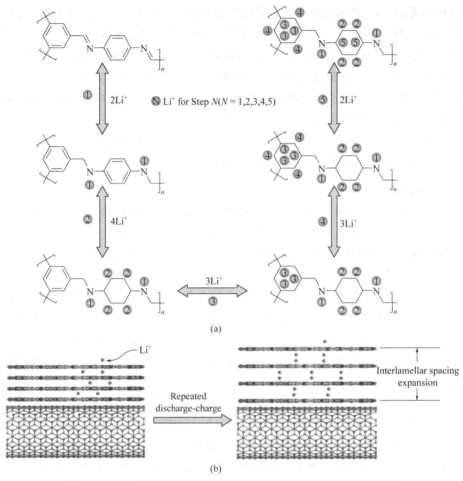

图 6.20　COF 和碳纳米管复合材料阳极中 COF 的逐步锂存储机理

（a）与 COF 单体的可逆五步式锂离子插入和脱除反应；（b）在重复充电和放电（repeated discharge-charge）过程中，由于层间距的扩张（interlamellar spacing expansion），体积变化相对容易的少数几层的片状结构有利于锂离子的运输和存储

学是共价化学，这种差异导致了二者鲜明的对比，尤其是在材料稳定性方面，而这又是决定其应用广度与深度的关键因素。尽管研究历史不是很久，但随着合成化学的发展，COF 材料所面临的最大的稳定性问题正在逐步被解决，空间结构和拓扑结构的多样性也日趋丰富，应用范围正在进一步扩大，已经在气体吸附与储存、催化、光电、分离分析等领域取得了不错的进展，同时也存在着诸多挑战[130,131]。比如 COF 的多孔结构是多种应用领域需要考虑的关键因素，包括高 BET 表面积、大孔体积和合适的孔径。如用于气体吸附的 COF 需要对孔径、孔体积和孔壁功能进行总体设计。尤其是在低压下（约 0.15bar）具有较高的吸收量的 COF 材料更利于进一步产业化。除此之外，COF 材料的结构鉴定仍是一个关键问题，正如前文所讨论的一样，可用于单晶解析的 COF 晶体材料的通用构建方法仍是未来研究的热点，用来进一步确定其精确结构信息，阐明结构与功能的关系，并反过来指导材料的设计合成。另外，COF 的可加工方式对于其商业应用至关重要，目前大多数 COF 加工性能都非常有限，以固体粉末为主，微流体和凝胶化系统为赋予 COF 出色的可加工性同时保持结晶度和孔隙度开辟了道路。因此，将 COF 结构的可设计性和可加工性相结合是一个值得进一步努力的有吸引力且重要的方向。

习题

1. 什么叫动态共价化学？动态共价化学种类有哪些？
2. 共价有机框架 COF 的拓扑结构类型有哪些？
3. 列举几种典型 COF 的种类。
4. COF 结构表征的主要方法及挑战是什么？
5. 举例说明提高 COF 化学稳定性的方法和策略。
6. 列举 COF 应用在电池领域的优势和缺点。

参 考 文 献

[1] Côté A P, Benin A I, Ockwig N W, et al, Science, 2005, 310(5751): 1166.

[2] Liang R R, Zhao X. Org. Chem. Front., 2018, 5(22): 3341-3356.

[3] Liang R R, Jiang S Y, A R H, et al. Chem. Soc. Rev., 2020, 49(12): 3920-3951.

[4] El-Kaderi H M, Hunt J R, Mendoza-Cortés J L, et al. Science, 2007, 316(5822): 268.

[5] Wan S, Guo J, Kim J, et al. Angew. Chem. Int. Ed., 2008, 47(46): 8826-8830.

[6] Wan S, Guo J, Kim J, et al. Angew. Chem. Int. Ed., 2009, 48(30): 5439-5442.

[7] Smith B J, Dichtel W R. J. Am. Chem. Soc., 2014, 136(24): 8783-8789.

[8] Uribe-Romo F J, Hunt J R, Furukawa H, et al. J. Am. Chem. Soc., 2009, 131(13): 4570-4571.

[9] Fang Q, Zhuang Z, Gu S, et al. Nat. Commun., 2014, 5(1): 4503.

[10] Fang Q, Wang J, Gu S, et al. J. Am. Chem. Soc., 2015, 137(26): 8352-8355.

[11] Kuhn P, Antonietti M, Thomas A. Angew. Chem. Int. Ed., 2008, 47(18): 3450-3453.

[12] Bojdys M J, Jeromenok J, Thomas A, et al. Adv. Mater., 2010, 22(19): 2202-2205.

[13] Guan X, Li H, Ma Y, et al. Nat. Chem., 2019, 11(6): 587-594.

[14] Jackson K T, Reich T E, El-Kaderi H M. Chem. Commun., 2012, 48(70): 8823-8825.

[15] Guo J, Xu Y, Jin S, et al. Nat. Commun., 2013, 4(1): 2736.

[16] Jin E, Asada M, Xu Q, et al. Science, 2017, 357(6352): 673.

[17] Zeng Y, Zou R, Luo Z, et al. J. Am. Chem. Soc., 2015, 137(3): 1020-1023.

[18] Campbell N L, Clowes R, Ritchie L K, et al. Chem. Mater., 2009, 21(2): 204-206.

[19] Ren S, Bojdys M J, Dawson R, et al. Adv. Mater., 2012, 24(17): 2357-2361.

[20] Wei H, Chai S, Hu N, et al. Chem. Commun., 2015, 51(61): 12178-12181.

[21] Biswal B P, Chandra S, Kandambeth S, et al. J. Am. Chem. Soc., 2013, 135(14): 5328-5331.

[22] Karak S, Kandambeth S, Biswal B P, et al. J. Am. Chem. Soc. , 2017, 139(5): 1856-1862.

[23] Jiang Y, Huang W, Wang J, et al. J. Mater. Chem. A. , 2014, 2(22): 8201-8204.

[24] Medina D D, Rotter J M, Hu Y, et al. J. Am. Chem. Soc. , 2015, 137(3): 1016-1019.

[25] Yang S T, Kim J, Cho H Y, et al. RSC Advances, 2012, 2(27): 10179-10181.

[26] Kim S, Choi H C. Commun. Chem. , 2019, 2(1): 60.

[27] Peng Y, Wong W K, Hu Z, et al. Chem. Mater. , 2016, 28(14): 5095-5101.

[28] Yang C X, Liu C, Cao Y M, et al. Chem. Commun. , 2015, 51(61): 12254-12257.

[29] Evans A M, Parent L R, Flanders N C, et al. Science, 2018, 361(6397): 52.

[30] Ma T, Kapustin E A, Yin S X, et al. Science, 2018, 361(6397): 48.

[31] Lanni L M, Tilford R W, Bharathy M, et al. J. Am. Chem. Soc. , 2011, 133(35): 13975-13983.

[32] Du Y, Mao K, Kamakoti P, et al. Chem. Commun. , 2012, 48(38): 4606-4608.

[33] Du Y, Calabro D, Wooler B, et al. Chem. Mater. , 2015, 27(5): 1445-1447.

[34] Chen X, Addicoat M, Jin E, et al. J. Am. Chem. Soc. , 2015, 137(9): 3241-3247.

[35] Halder A, Karak S, Addicoat M, et al. Angew. Chem. Int. Ed. , 2018, 57(20): 5797-5802.

[36] Xu H, Gao J, Jiang D. Nat. Chem. , 2015, 7(11): 905-912.

[37] Dalapati S, Jin S, Gao J, et al. J. Am. Chem. Soc. , 2013, 135(46): 17310-17313.

[38] Stegbauer L, Schwinghammer K, Lotsch B V. Chem. Sci. , 2014, 5(7): 2789-2793.

[39] Li X, Qiao J, Chee S W, et al. J. Am. Chem. Soc. , 2020, 142(10): 4932-4943.

[40] Ascherl L, Sick T, Margraf J T, et al. Nat. Chem. , 2016, 8(4): 310-316.

[41] Wu X, Han X, Liu Y, et al. J. Am. Chem. Soc. , 2018, 140(47): 16124-16133.

[42] Kandambeth S, Mallick A, Lukose B, et al. J. Am. Chem. Soc. , 2012, 134(48): 19524-19527.

[43] Ghosh S, Nakada A, Springer M A, et al. J. Am. Chem. Soc. , 2020, 142(21): 9752-9762.

[44] Khaing K K, Yin D, Ouyang Y, et al. Inorg. Chem. , 2020, 59(10): 6942-6952.

[45] Lu S, Hu Y, Wan S, et al. J. Am. Chem. Soc. , 2017, 139(47): 17082-17088.

[46] Waller P J, Lyle S J, Osborn Popp T M, et al. J. Am. Chem. Soc. , 2016, 138(48): 15519-15522.

[47] Li X, Zhang C, Cai S, et al. Nat. Commun. , 2018, 9(1): 2998.

[48] Lyle S J, Osborn Popp T M, Waller P J, et al. J. Am. Chem. Soc. , 2019, 141(28): 11253-11258.

[49] Haase F, Troschke E, Savasci G, et al. Nat. Commun., 2018, 9(1): 2600.

[50] Li X T, Zou J, Wang T H, et al. J. Am. Chem. Soc., 2020, 142(14): 6521-6526.

[51] Wei P F, Qi M Z, Wang Z P, et al. J. Am. Chem. Soc., 2018, 140(13): 4623-4631.

[52] Babarao R, Jiang J. Energy & Environmental Science, 2008, 1(1): 139-143.

[53] Furukawa H, Yaghi O M. J. Am. Chem. Soc., 2009, 131(25): 8875-8883.

[54] Wang W, Zhou M, Yuan D J. Mater. Chem. A., 2017, 5(4): 1334-1347.

[55] Zeng Y, Zou R, Zhao Y. Adv. Mater., 2016, 28(15): 2855-2873.

[56] Tian Y, Xu S Q, Qian C, et al. Chem. Commun., 2016, 52(78): 11704-11707.

[57] Huang N, Chen X, Krishna R, et al. Angew Chem Int Ed Engl., 2015, 54(10): 2986-2990.

[58] Gao Q, Li X, Ning G H, et al. Chem. Mater., 2018, 30(5): 1762-1768.

[59] Lan J, Cao D, Wang W, et al. ACS Nano, 2010, 4(7): 4225-4237.

[60] Kahveci Z, Islamoglu T, Shar G A, et al. CrystEngComm., 2013, 15(8): 1524-1527.

[61] Klontzas E, Tylianakis E, Froudakis G E. Nano Lett., 2010, 10(2): 452-454.

[62] Tylianakis E, Klontzas E, Froudakis G E. Nanoscale, 2011, 3(3): 856-869.

[63] Guan X, Chen F, Fang Q, et al. Chem. Soc. Rev., 2020, 49(5): 1357-1384.

[64] Xia L, Wang F, Liu Q. Mater. Lett., 2016, 162: 9-12.

[65] Rosi N L, Eckert J, Eddaoudi M, et al. Science, 2003, 300(5622): 1127.

[66] Mendoza-Cortes J L, Goddard W A, Furukawa H, et al. J. Phys. Chem. Lett., 2012, 3(18): 2671-2675.

[67] Mendoza-Cortes J L, Pascal T A, Goddard W A. J. Phys. Chem. A., 2011, 115 (47): 13852-13857.

[68] Zhao J, Yan T. RSC Advances, 2014, 4(30): 15542-15551.

[69] Lan J, Cao D, Wang W. Langmuir, 2010, 26(1): 220-226.

[70] Stephens F H, Pons V, Tom Baker R. Dalton Trans., 2007, (25): 2613-2626.

[71] Doonan C J, Tranchemontagne D J, Glover T G, et al. Nat. Chem., 2010, 2(3): 235-238.

[72] Wang R L, Li D P, Wang L J, et al. Dalton Trans., 2019, 48(3): 1051-1059.

[73] Wang Z, Liu C, Huang Y, et al. Chem. Commun., 2016, 52(14): 2960-2963.

[74] Ding Z D, Wang Y X, Xi S F, et al. Chemistry-A European Journal, 2016, 22 (47): 17029-17036.

[75] Cao H L, Huang H B, Chen Z, et al. ACS Appl. Mater. Interfaces, 2017, 9(6): 5231-5236.

[76] Chakraborty D, Nandi S, Mullangi D, et al. ACS Appl. Mater. Interfaces, 2019, 11(17): 15670-15679.

[77] Tao R, Shen X, Hu Y, et al. Small, 2020, 16(8): 1906005.

[78] Ding S Y, Gao J, Wang Q, et al. J. Am. Chem. Soc., 2011, 133(49):

19816-19822.

[79] Gonçalves R S B, de Oliveira A B V, Sindra H C, et al. ChemCatChem. , 2016, 8 (4): 743-750.

[80] Li H, Pan Q, Ma Y, et al. J. Am. Chem. Soc. , 2016, 138(44): 14783-14788.

[81] Sun Q, Aguila B, Perman J, et al. J. Am. Chem. Soc. , 2016, 138(48): 15790-15796.

[82] Xu H S, Ding S Y, An W K, et al. J. Am. Chem. Soc. , 2016, 138(36): 11489-11492.

[83] Wang X, Han X, Zhang J, et al. J. Am. Chem. Soc. , 2016, 138(38): 12332-12335.

[84] Zhang J, Han X, Wu X, et al. J. Am. Chem. Soc. , 2017, 139(24): 8277-8285.

[85] Han X, Zhang J, Huang J, et al. Nat. Commun. , 2018, 9(1): 1294.

[86] Dutta A, Appel A M, Shaw W J. Nature Reviews Chemistry, 2018, 2(4): 0125.

[87] Gawande M B, Goswami A, Felpin F X, et al. Chem. Rev. , 2016, 116(6): 3722-3811.

[88] Dai S, Chou J P, Wang K W, et al. Nat. Commun. , 2019, 10(1): 440.

[89] Reier T, Oezaslan M, Strasser P. ACS Catal. , 2012, 2(8): 1765-1772.

[90] Lin C Y, Zhang L, Zhao Z, et al. Adv. Mater. , 2017, 29(17): 1606635.

[91] Man I C, Su H Y, Calle-Vallejo F, et al. ChemCatChem. , 2011, 3(7): 1159-1165.

[92] Nørskov J K, Rossmeisl J, Logadottir A, et al. J. Phys. Chem. B. , 2004, 108 (46): 17886-17892.

[93] Ma W, Yu P, Ohsaka T, et al. Electrochem. Commun. , 2015, 52: 53-57.

[94] Xu Q, Tang Y, Zhai L, et al. Chem. Commun. , 2017, 53(85): 11690-11693.

[95] Xu Q, Tang Y, Zhang X, et al. Adv. Mater. , 2018, 30(15): 1706330.

[96] Nagai A, Chen X, Feng X, et al. Angew. Chem. Int. Ed. , 2013, 52(13): 3770-3774.

[97] Lin G, Ding H, Chen R, et al. J. Am. Chem. Soc. , 2017, 139(25): 8705-8709.

[98] Feng X, Ding X, Chen L, et al. Sci. Rep. , 2016, 6(1): 32944.

[99] Wang X, Chen L, Chong S Y, et al. Nat. Chem. , 2018, 10(12): 1180-1189.

[100] Vyas V S, Haase F, Stegbauer L, et al. Nat. Commun. , 2015, 6(1): 8508.

[101] Banerjee T, Haase F, Savasci G, et al. J. Am. Chem. Soc. , 2017, 139(45): 16228-16234.

[102] Thote J, Aiyappa H B, Deshpande A, et al. Chemistry-A European Journal, 2014, 20(48): 15961-15965.

[103] Bi S, Yang C, Zhang W, et al. Nat. Commun. , 2019, 10(1): 2467.

[104] Zhi Y, Li Z, Feng X, et al. J. Mater. Chem. A. , 2017, 5(44): 22933-22938.

[105] Fu Y, Zhu X, Huang L, et al. Appl. Catal. B-Environ. , 2018, 239: 46-51.

[106] He S, Yin B, Niu H, Cai Y. Appl. Catal. B-Environ. , 2018, 239: 147-153.

[107] Kandambeth S, Venkatesh V, Shinde D B, et al. Nat. Commun. , 2015, 6

(1)：6786.

[108] Sun Q, Fu C W, Aguila B, et al. J. Am. Chem. Soc., 2018, 140(3)：984-992.

[109] Ding X, Guo J, Feng X, et al. Angew. Chem. Int. Ed., 2011, 50 (6)：1289-1293.

[110] Dogru M, Handloser M, Auras F, et al. Angew. Chem. Int. Ed., 2013, 52 (10)：2920-2924.

[111] Duhović S, Dincă M. Chem. Mater., 2015, 27(16)：5487-5490.

[112] Dalapati S, Addicoat M, Jin S, et al. Nat. Commun., 2015, 6(1)：7786.

[113] Ding X, Chen L, Honsho Y, et al. J. Am. Chem. Soc., 2011, 133(37)：14510-14513.

[114] Feng X, Liu L, Honsho Y, et al. Angew. Chem. Int. Ed., 2012, 51(11)：2618-2622.

[115] DeBlase C R, Silberstein K E, Truong T T, et al. J. Am. Chem. Soc., 2013, 135(45)：16821-16824.

[116] DeBlase C R, Hernández-Burgos K, Silberstein K. E, et al. ACS Nano, 2015, 9 (3)：3178-3183.

[117] Xu F, Xu H, Chen X, et al. Angew. Chem. Int. Ed., 2015, 54 (23)：6814-6818.

[118] Zha Z, Xu L, Wang Z, et al. ACS Appl. Mater. Interfaces, 2015, 7(32)：17837-17843.

[119] Mulzer C R, Shen L, Bisbey R P, et al. ACS Cent. Sci., 2016, 2(9)：667-673.

[120] Wu Y, Yan D, Zhang Z, et al. ACS Appl. Mater. Interfaces, 2019, 11(8)：7661-7665.

[121] Hao L, Ning J, Luo B, et al. J. Am. Chem. Soc., 2015, 137(1)：219-225.

[122] Huang Y B, Pachfule P, Sun J K, et al. J. Mater. Chem. A., 2016, 4(11)：4273-4279.

[123] Yang D H, Yao Z Q, Wu D, et al. J. Mater. Chem. A., 2016, 4(47)：18621-18627.

[124] Xu F, Jin S, Zhong H, et al. Sci. Rep., 2015, 5(1)：8225.

[125] Wang S, Wang Q, Shao P, et al. J. Am. Chem. Soc., 2017, 139 (12)：4258-4261.

[126] Haldar S, Roy K, Nandi S, et al. Adv. Energy Mater., 2018, 8(8)：1702170.

[127] Lei Z, Yang Q, Xu Y, et al. Nat. Commun., 2018, 9(1)：576.

[128] Ding S Y, Dong M, Wang Y W, et al. J. Am. Chem. Soc., 2016, 138(9)：3031-3037.

[129] Wu M, Chen G, Liu P, et al. J. Chromatogr. A., 2016, 1456：34-41.

[130] Geng K, He T, Liu R, et al. Chem. Rev., 2020, 120(16)：8814-8933.

[131] Sharma R K, Yadav P, Yadav M, et al. Mater. Horizons, 2020, 7(2)：411-454.

第7章

碳点简介及其应用

　　碳元素存在于所有形式的有机生命中，是构成生命体的基础。同时，碳材料（如金刚石、石墨等，见图 7.1）在最近几个世纪为人类社会各方面的发展提供了重要的推动力。而当近代碳材料的尺寸拓展到纳米级时，碳纳米材料及其胶体更是在电学、热学、化学、机械及生物医学等领域表现出非凡的性能，并在纳米科学技术中占有独特的地位。从材料的尺度来说，现有碳基纳米材料可划分为四种不同的维度，分别为零维、一维、二维和三维材料。零维碳基纳米材料包括富勒烯、纳米金刚石及碳点；一维碳基纳米材料主要包括单壁及多壁碳纳米管；二维碳基纳米材料包括石墨烯和氧化石墨烯等；三维碳基纳米材料包括石墨及金

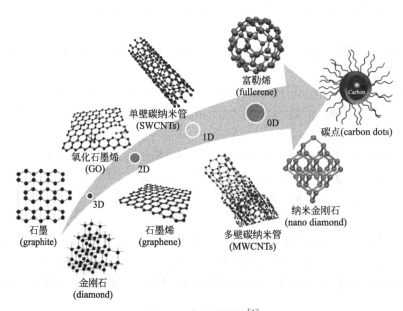

图 7.1　常见碳材料[1]

刚石等（图 7.1）[1]。尽管这些纳米材料仅由一种相同元素碳组成，但它们具有不同的结构、性能和应用。除了碳材料本身之外，用这些纳米材料制备的溶质粒径在 $10^{-9} \sim 10^{-6}$ m 的胶体也显示出了优异的性能。由于碳基材料优异的性能及其对各个领域的重要推动作用，关于其的研究在短短的几年之内相继获得了 1996 年及 2010 年的诺贝尔奖[2,3]，可见碳基材料在材料领域的重要性。正因为碳基材料的重要性和巨大潜力，关于新型碳基材料的研究和开发一直吸引着来自各个领域研究人员的兴趣和注意力。

7.1　碳点的介绍

7.1.1　碳点的基本性质与发展历史

碳点（carbon dots），在文献中有时又被称为碳纳米点或碳量子点，是一种新型的零维碳基纳米材料。从结构上来讲，碳点通常被认为是一类平均直径小于 10nm 的准球形零维纳米粒子。碳点可以近似地看成是一种核壳结构，内部主要是由 sp^2 杂化碳组成的晶态或非晶态的核，当然，也有一些特殊情况，碳点的核是由 sp^3 杂化碳形成的类钻石结构；而外部则是由各种官能团（如羰基、羧基、羟基、氨基等）组成的包裹覆盖碳核的区域。尽管大部分碳点的核心结构都非常相似，但它们的表面结构和化学性质可能会因制备方法和合成前体的不同而有很大的差异。碳点最早是在 2004 年被美国的研究团队在研究电泳分离纯化单壁碳纳米管时偶然发现的，然而当时并没有引起大家的重视[4]。直到两年后美国克莱蒙森大学的研究人员首次对碳点独特的光致发光性能进行系统的研究和报道后，碳点才引起研究人员的注意和兴趣，并迅速发展成为材料科学领域的研究热点之一[5]。碳点凭借其出色的光致发光和稳定性、高水溶液分散性、极好的生物相容性和低毒性以及丰富且可调节的表面官能团分布，被认为是传统半导体基量子点（quantum dots）的最有潜力的无毒替代品而引起了研究人员的广泛兴趣，关于碳点的研究更是在近些年呈指数级增长（图 7.2）[6]。

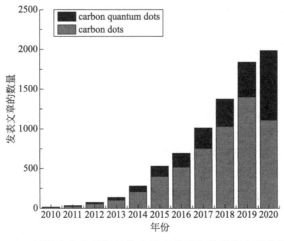

图 7.2　2010 年以来全世界每年发表的有关碳点的科研文章数量统计图

碳点通常对紫外线具有很强的吸收能力，并且其吸收谱可以延展到可见光区域。其在 $260 \sim 320$ nm 范围内的吸收主要是基于碳核 C═C 双键的 π-π^* 跃迁，而 $350 \sim 550$ nm 的吸收带则主要归因于其表面的官能团。与传统的半导体量子点不同的是，碳点的发射波长会随着激发波长的变化而移动，这使得碳点可借助激发光波长的变化用于多色成像等应用。尽管付诸了诸多努力，研究人员对碳点的确切光致发光机理仍然不是很清楚。目前主要有三种比较主流的机理解释：①由量子限域效应或共轭π域引起的固有带隙导致的发光，这种发光性质主要由碳点的碳核决定。②由于碳点的表面功能化及掺杂，在带隙中产生了"陷阱态"，例如表面缺陷，从而产生的新的表面态而导致的发光。③在碳点合成过程中，特别是"自下而上"的合成方法中，产生的小分子荧光基团吸附在碳点表面或被困在碳核内而导致的发光[7,8]。根据这些理论，碳点的可调发射范围广泛，可归因于碳点的宽尺寸分布、可变的表面化学性质以及不可控的制备条件。虽然碳点的发光机理不太明确，但是碳点通常具有很高的光稳定性和很强的抗光漂白性，这使得它们在对成像时间有较高要求的应用方面非常有优势。此外，作为碳基材料，碳点与传统的金属基或半导体基材料相比，其固有的毒性较低，生物兼容性较高。研究人员对碳点的体外细胞毒性的综合研究表明，碳点通常是无毒的。并且碳点在各种体内模型（如小鼠、斑马鱼等）中的细胞毒性和生物相容性实验也显示碳点并没有明显的毒副作用。

图 7.2 中统计数据基于 2021 年 2 月 5 日谷歌学术（Google Scholar）搜索：灰色方块表示在谷歌学术中搜索时，标题中含有"carbon dots"的文章；黑色方块表示在谷歌学术中搜索时，标题中含有"carbon quantum dots"的文章。

7.1.2 碳点的合成方法

经过短短几年的发展，研究人员已经开发了多种碳点的合成方法，并且基本实现了将任何含碳元素的材料或物质作为碳前驱体来合成碳点。基于合成碳点所用的碳源性质，大部分的碳点合成方法可以简单地分为两类，即"自上而下"和"自下而上"（图 7.3）[9]。"自上而下"的方法是通过相对苛刻的反应条件，将大尺寸（大约几百个纳米）的原始碳材料（如炭灰、碳纤维、活性炭、炭黑、石墨烯及碳纳米管）等打碎、分解，然后经过一定的官能化而形成直径约为几个纳米的碳点。这种类型的合成方法主要包括激光烧蚀、电弧放电、电化学剥落，以及强酸氧化处理。这些反应通常需要较为苛刻的条件（如高压、高温）和耗能的仪器设备，从而导致碳点的合成成本相对较高。"自下而上"的方法是指通过"分解-聚合-碳化"过程从含碳分子合成碳点。含碳分子可以是有机小分子（如柠檬酸、多元醇和氨基酸等）、人工合成聚合物（如聚乙二醇、聚噻吩等），也可以是天然产物（如碳水化合物、多糖等），以及生物质材料（如橙汁、蜂蜜、槟榔壳及丝绸等）。"自下而上"的制备方法主要包括水热反应、热解辅助反应；微波反应、超声波反应；酸氧化反应以及直接加热反应等。在碳点发展的早期，"自上而下"的方法相对占据主流，然而近几年来，"自下而上"的合成手段由于其丰富的碳前驱体来源及相对简单的反应条件及设备要求得到了更多研究人员的青睐。

通常情况下，由"自上而下"合成所得到的碳点荧光量子产率（quantum yield）相对较低，因此通常需要一个单独的步骤来对碳点的表面进行钝化（surface passivation）来提高其发光效率。从碳点的发光机理来考虑，表面钝化能增加碳点表面的能阱，导致碳点的表面态发光增强，从而提高碳点的荧光量子产率。通常，可采用有机小分子、聚合物或一些非碳元素（如 N、S、P 等）以及金属元素对碳点进行表面钝化和功能化修饰来提高其发光效率、增加水溶性并实现对碳点其他性质的微调。当然，并非所有"自上而下"合成得到的碳点都需要经过单独的表面钝化步骤（即分步钝化）以获得较好的发光属性，研究人员已经报

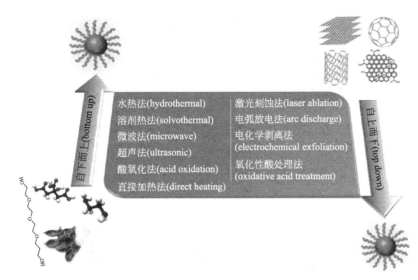

图 7.3 碳点的常见合成方法及分类

道了以"一锅法"钝化的"自上而下"合成的碳点。理论上，只要钝化可以稳定碳点的表面能阱，不管是采用"一锅法"还是逐步钝化法来对碳点进行修饰应该都能得到相同的效果。相对来说，由"自下而上"方法合成的碳点一般具有较高的发光效率，这是因为在"自下而上"的合成反应条件下，碳点通常以"一锅法"钝化，即碳点的形成、表面钝化及掺杂可以在同一反应中一步完成。除了提高碳点的荧光量子效率外，碳点的钝化还能影响它的水溶性、生物相容性和其他物理、化学以及生物学特性。

7.1.3 碳点的分类

碳点一词是对一大类纳米尺寸零维碳基材料的相对广泛的称呼。随着整个领域的发展和各种类型碳点的相继制备和报道，亟须对碳点的类型和相应结构及性质进行系统的分类和规范。鉴于此，有西班牙的研究人员提出了根据碳前体的性质、碳核结构及是否具备量子限域效应、与传统的半导体基量子点对比，将碳点分为三个类型［图 7.4（a）］[7]：即石墨烯量子点（graphene quantum dots，GQD）、碳纳米点（carbon nanodots，CND）和碳量子点（carbon quantum dots，CQD）。石墨烯量子点，顾名思义，是由一层或几层石墨烯或氧化石墨烯组成的 π 共轭的光碟状纳米结构，它主要是通过对大尺寸的石墨烯结构进行切割、分解所产生的。而碳纳米点是纳米尺寸的，但是缺乏量子限域效应的非晶、类球形碳结构。碳量子点，与传统的半导体基量子点相似，是具有量子限域效应和明确晶体结构的球形碳基量子点。

考虑到"自下而上"合成方法中碳点的合成本质，一些由有机小分子制备得到的碳点被认为是通过单体和线性聚合物交联形成的有机荧光基团，因此这种类型的碳点也被称为聚合物点（polymer dots，PD）。鉴于此，也有中国的研究学者认为可以将碳点分为石墨烯量子点、碳纳米点和聚合物点三大类［图 7.4（b）］[8]。其中，石墨烯量子点的概念与范围与第一种分类方法中所提及的基本相同。但是这种分类方法中的"碳纳米点"包括了第一种分类方法中的"碳纳米点"和"碳量子点"。这种类型的分类方法中的"碳纳米点"通指达到纳米尺寸的球形碳基材料，碳核可以是晶态碳或不定形碳，同时也可以不具备量子限域效应。

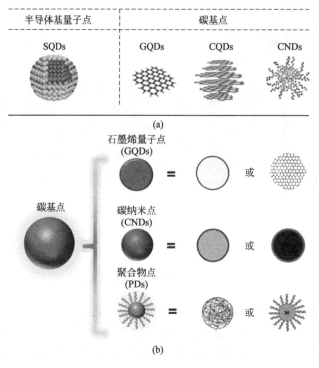

图 7.4　碳点的类型

(a) 参考传统的半导体基量子点（semiconductor-based dots，SQDs），Valcarcel 等人建议将碳基点（carbon-based dots）分为石墨烯量子点（graphene quantum dots，GQDs）、碳量子点（carbon quantum dots，CQDs）及碳纳米点（carbon nanodots，CNDs）[7]；(b) 考虑到由小分子"至下而上"合成碳点的情况存在，Yang 等人建议将碳点（carbon dots）分为石墨烯量子点、碳纳米点及聚合物点（polymer dot，PD）

而聚合物点则是通过聚集、交联得到的以碳元素为主体的纳米尺寸聚合物，它们的碳化程度通常较低，并且通常不具有真正意义上的碳核。

　　基于此，我们可以得知通过"自上而下"制备得到的碳点通常是石墨烯量子点或者碳量子点与碳纳米点，我们可以把它们理解为是无机碳材料；而由"自下而上"合成得到的碳点，通常是碳纳米点或者聚合物点，我们可以把它们理解为是有机碳材料。鉴于本书的主题是有机功能材料，因此在涉及碳点的合成机理时，我们将主要讨论从小分子和聚合物出发经"自下而上"合成得到的碳点。

7.2　碳点的合成机理与发光机制

7.2.1　基于小分子的碳点合成机理与发光机制

　　综上所述，虽然碳点由于其优异的光学性能引起了广泛的关注，但人们对碳点的研究依然存在很多问题，这严重影响了对碳点的基本理解和实际应用。其中，对碳点的形成过程和化学结构的充分了解是探究碳点光学性质和发光原理的关键。为此，研究人员进行了一系列的工作来探究碳点形成过程中的各种变化和机理。通过"自下而上"的途径合成的碳点根据相应的前体可分为两类：从非共轭（non-conjugated）分子合成的碳点和从共轭

(conjugated) 分子合成的碳点。其中，非共轭分子以柠檬酸最具代表性，且被大量研究；而共轭分子则主要是芳香族化合物，如苯胺和苯酚化合物等[10]。

7.2.1.1 基于非共轭小分子（柠檬酸）的碳点合成机理与发光机制

氨是可用于碳点合成的最简单的胺类化合物。早在 19 世纪末，研究人员已经意识到柠檬酸和氨反应可以生成具有荧光的小分子柠嗪酸 [citrazinic acid，图 7.5（a）]。通过与柠嗪酸的发光性质进行对比，Reckmeier 等研究人员认为他们通过水热法合成的碳点应该是基于柠嗪酸及其衍生物的荧光分子形成的无定形聚集体[11]。随后，Schneider 等人的研究也进一步证明了这种推断是正确的[12]。在这项工作中，他们研究了柠檬酸与六亚甲基四胺（HMTA）和三乙醇胺（TEOA）的反应。其中与六亚甲基四胺生成的碳点具有不错的荧光性质（荧光量子效率为 17%），这是因为六亚甲基四胺在高温下能分解出氨，从而与柠檬酸反应生成柠嗪酸衍生物；但因为分解生成氨的反应比较慢，加之氨的亲核性较弱，故而其形成的碳点荧光效率相对不是很高。但柠檬酸与三乙醇胺的反应不能合成具有荧光性能的碳点，这主要是因为柠檬酸无法与三乙醇胺中的叔胺反应，故无法产生相似的荧光团。

此外，研究人员也尝试用柠檬酸和乙二胺合成碳点，乙二胺和氨相比较来说性质相似，而且在实验中乙二胺的使用更简单。令人惊喜的是，由柠檬酸和乙二胺合成得到的碳点荧光效率可高达 80% 以上，因此该种类型的合成方法一经报道就吸引了大量的注意力[13]。在阐释该类型碳点的发光来源和形成机理的过程中，研究人员成功从反应中分离得到了一种有机荧光分子咪唑[1,2-a]吡啶-7-羧酸（IPCA），并阐明了其精确的化学结构和生成机理 [图 7.5（b）][14]。通过对比研究，研究人员发现这个分子的荧光发光和吸收与碳点的非常相似：在 440nm 处显示出强烈的蓝色荧光发射，并且在 240nm 和 350nm 处出现两个较强的吸收带。因此，该种类型碳点的荧光发光来源被认为是基于反应过程中生成的荧光分子 IPCA，至少 IPCA 的生成大大地促进了碳点的吸收和光致发光。基于乙二胺与柠檬酸合成碳点的反应可大概归纳为下面三个过程：①柠檬酸与乙二胺在水热反应条件下缩合形成聚合物聚集体纳米颗粒；②聚合物纳米颗粒进一步碳化从而形成无定形的碳点；③同时，部分聚合物单元以 IPCA 为基础形成共轭结构域，然后荧光基团嵌入最后形成的碳点中 [图 7.5（c）]。随后的研究证明，乙二胺的衍生物也可以用来与柠檬酸反应合成碳点。例如，乙醇胺是其中一种常见的化合物，乙二胺上的一个氨基被羟基取代后就变成了乙醇胺。因为多了一个官能团，乙醇胺与柠檬酸的反应相对来说要稍显复杂[15]，但是这些反应基本上也会经过上述三个过程。首先，柠檬酸与乙醇胺反应形成柠嗪酸衍生物，这些衍生物相互交联后可形成聚合物纳米颗粒。其次，这些纳米颗粒可在更高的温度下或随着反应进程的进行而逐渐碳化，形成类石墨的碳核，在形成碳核的过程中，一些柠嗪酸衍生物聚合体会被包裹在新形成的碳核中，成为碳点发光的荧光中心。此外，由于碳点的不完全碳化，在碳点表面上会留下大部分的有机官能团。在更高的温度下，碳点及其表面的官能团会完全碳化，荧光效率会因此大大降低，甚至完全消失。

从上述这些研究可以看出，一般含有伯胺或仲胺基团的化合物都可以与柠檬酸反应，生成柠嗪酸及其衍生物，或与柠嗪酸相似的有机荧光基团（如 IPCA），因此用这些原料合成得到的碳点一般都有比较好的荧光性质。随着研究的深入，越来越多的乙二胺衍生物（如醇胺、硫醇胺等）也被广泛用于与柠檬酸反应合成碳点，这些化合物中，除了含有氨基之外，还可以含有羟基及硫醇基；同时碳骨架也可以扩展到芳香族化合物。它们在与柠檬酸的反应中，基本上都会生成类 IPCA 的有机荧光基团，而这些有机荧光小分子是碳点高效光致发光的主要来源［图 7.5（d）］[10]。除了乙二胺及衍生物外，最近也有诸多报道用柠檬酸和尿素及硫脲反应来合成碳点，也取得了不错的效果。这些反应的机理与乙二胺和柠檬酸反应的基本机理相似，也是在反应的最开始形成荧光发光小分子，然后随着反应的进行逐渐形成包裹有这些荧光小分子的碳核；最后，因为在相应反应条件下的不完全碳化，碳点表面会留有很多的官能团。除了柠檬酸以外，其他各种非共轭分子，如糖、氨基酸、蛋白质及一些生物质材料也被广泛用于合成碳点。但是，关于这些反应中的碳点荧光发光机理及结构特征却很少见报道，这是下一步需要解决的潜在问题。

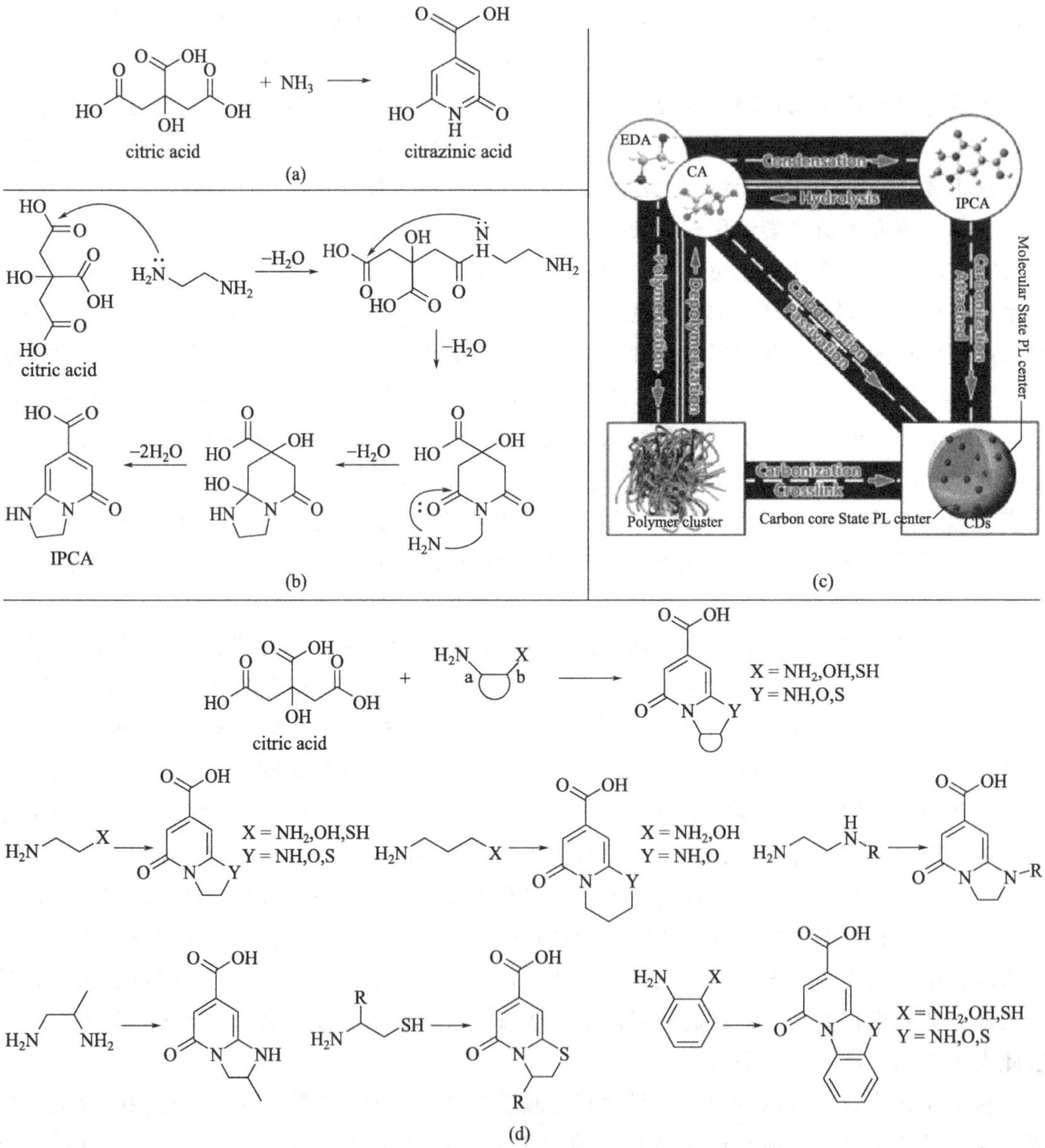

图 7.5 有机非共轭小分子（柠檬酸）合成碳点的反应机理及发光来源

（a）柠檬酸（citric acid，CA）和氨反应生成有机荧光小分子柠嗪酸（citrazinic acid）；（b）柠檬酸和乙二胺反应生成有机荧光分子咪唑[1,2-a]吡啶-7-羧酸（IPCA）的反应机理；（c）由柠檬酸和乙二胺（EDA）反应合成碳点的几种可能路径[14]；（d）常见可与柠檬酸反应的化合物，及两者反应所生成的发光荧光分子的化学结构式

7.2.1.2　基于共轭分子的碳点合成机理与发光机制

　　与非共轭小分子的合成相比，由共轭分子合成碳点的工作起步相对较晚。2015 年，Lin 等人报道了通过溶剂热法处理对苯二胺、间苯二胺和邻苯二胺的乙醇溶液，分别得到了红色、蓝色和绿色发光碳点［图 7.6（a）］[16]。因为合成了在生物医学上非常有潜力的红色发光碳点，这一工作一经报道就引起了大家的注意，极大地推动了研究人员投入基于共轭分子合成碳点的研究中。根据对苯二胺的分子结构特点和相关的反应条件，有学者提出了一个潜在的碳点形成机理。首先，对苯二胺在反应中先聚合形成比较小的寡聚物（如二聚体、三聚体及四聚体等），然后这些小的聚合物进一步偶联而形成含碳、氮两种主要元素的类石墨烯型碳材料，由于这些材料高度共轭，具有较小的能极差，它们的发射峰可以延伸到红外区［图 7.6（b）］[10]。如果仅考虑空间位阻，那么对苯二胺偶联的过程中，既可以纵向偶联，也可以横向偶联。理论计算表面，在形成对苯二胺四聚体的偶联中，其倾向于横向生长生成片状结构，而不是纵向生长[17]。最近，研究人员报道用对苯二胺的衍生物 N,N-二烷基-对苯二胺来合成碳点，由此方法合成的碳点荧光量子产率高达 86%。并且，与先前的合成得到的碳点不同，在该种碳点中，并没有观察到明显的氨基信号，极有可能氨基在聚合碳化的过程中已经被消除［图 7.6（c）］[18]。

　　除了利用苯二胺及其衍生物来合成碳点外，最近的报道显示二羟基苯及其衍生物也可以用来制备多色发光的碳点。其中比较有意思的是，通过间二羟基苯可以合成得到三角形的碳点；并且通过控制反应的时间，可以得到发红光或绿光的碳点［图 7.7（a）］[19]。在此基础上，研究人员还报道了由间苯三酚通过溶剂热途径合成的碳点。球差电镜显示，得到的碳点也是三角形的；并且碳点的三角形大小及其发光颜色可以通过改变反应条件而进行调整［图 7.7（b）］[20]。理论计算显示，相应的电子云密度是分布在整个分子结构中，表明整个分子的电子具有较高的离域度。这也从一个侧面说明了这类碳点能发红光的原因：较高的电子离域度会导致结构的能级差较小，从而发射较长波长的光。因此，在这类结构中，研究人员可以通过对碳点的共轭尺寸的控制来调节其光学性质。总体来说，在以芳香族分子为碳前体的反应中，碳点主要经过偶联、缩合聚合和碳化而形成稠环或 sp^2 结构域。形成的碳点中，有效共轭尺寸的大小以及电子密度分布的方式对其发光性能（如发射峰位置及半高宽等）起着关键的影响作用。

7.2.2　基于聚乙二醇（PEG）的碳点合成机理与发光机制

　　人工合成聚合物（如聚乙二醇）由于是在严格的条件下设计和合成的，具有明确且重复的结构，因此，科学家可以通过调节聚合物的各种性质（例如聚合物链长、极性、末端官能团、碳含量等）来调控所生成碳点的性质。这对碳点的详细结构、形成机制和发光机理的研究具有重要的意义[21]。所有基于 PEG 的碳点合成都可以看作是"自下而上"的合成方法，其中大多数反应都经过"热解-聚簇-碳化"这个过程。从机理上来讲，热解步骤需要较高的能量，可通过直接加热、微波加热、超声处理等来实现。在此步骤中，PEG 链可被氧化分解为多个小的片段（如聚合物自由基、羰基、羟基和烯烃等）。在成簇步骤中，烯烃可聚集形成疏水核；随着更多的富电子片段如烯烃，甚至芳环的生成，疏水核可随着反应的进程而逐渐变大。同时，亲水性的含氧片段如羟基、羰基、醚等更倾向于留在团簇的表面从而形成表面钝化层。随着这些过程的继续，最终将生成具有芳香核和亲水性表面的核-壳结构的

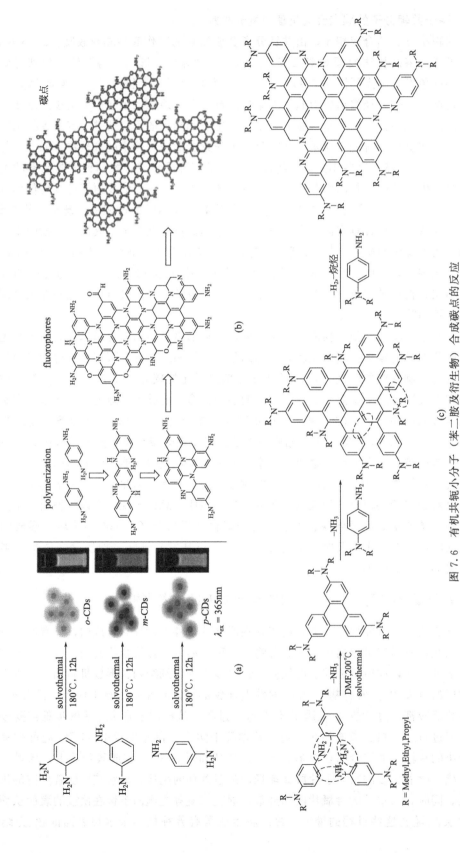

图 7.6 有机共轭小分子（苯二胺及衍生物）合成碳点的反应

（a）由邻苯二胺、间苯二胺和对苯二胺通过溶剂热法（solvothermal）合成得到绿、蓝及红色发光的碳点[16]；（b）由对苯二胺合成碳点的反应机理；对苯二胺的聚合（polymerization），含氮分子荧光中心的生成（fluorophores），可能的碳点（carbon dots）结构[10]；（c）由 N,N-二烷基对苯二胺合成碳点的反应机理[18]

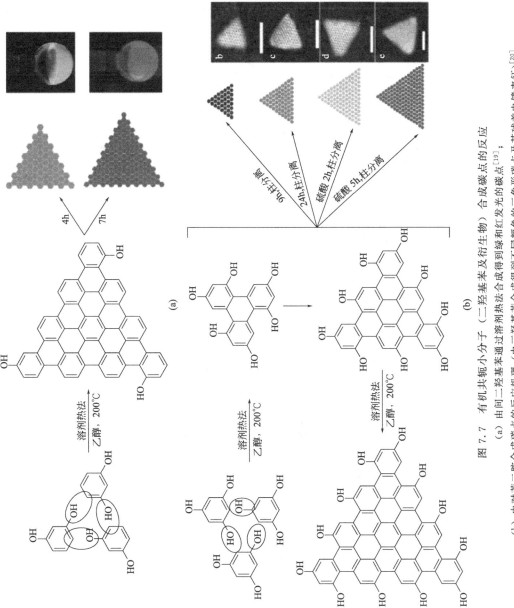

图 7.7　有机共轭小分子（三羟基苯及衍生物）合成碳点的反应

（a）由间二羟基苯通过溶剂热法合成得到绿和红发光的碳点[19]；

（b）由对苯二胺合成碳点的反应机理（由三羟基苯合成得到不同颜色的三角形碳点及其球差电镜表征）[20]

PEG 碳点［图 7.8（a）］[22]。其中，PEG 链断裂和氧化过程如下［图 7.8（b）］：首先在反应中生成碳自由基，并在有氧的情况下迅速转化为过氧化物 1；脱去一分子羟基后形成较高反应活性的中间体 2；接下来，中间体 2 中的 C—O 键断裂，生成羰基化合物 3 和不稳定的聚合物自由基 4；4 依次经过脱氢、脱水过程后，最终生成碳碳双键（物种 5）。可以看出，在该机理中，空气中的氧气是用于生成自由基的氧化过程中的关键试剂。研究结果也表明，在其他条件相同的情况下，将空气替换为氮气，形成 PEG 衍生的碳点需要花费更长的时间[22]。更进一步地，在纯氧气中进行的反应不仅显著地缩短了反应时间，同时也提高了PL 强度和 QY，并延长了平均荧光寿命［图 7.8（c）］[23]。

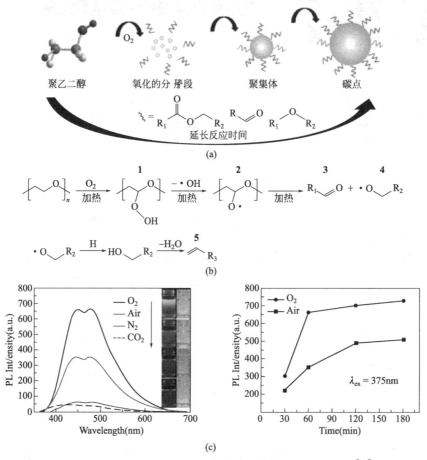

图 7.8　聚乙二醇（polyglycols，PEG）合成碳点的反应机理[21]
（a）由聚乙二醇到碳点的可能步骤和过程，随着反应时间的延长（increasing reaction time），聚乙二醇（polyglycols）首先被氧化为分子片段（oxidized pieces），然后这些片段聚集成为聚集体（clusters），这些聚集体通过碳化后最终形成了碳点（CNDs）；（b）聚乙二醇长链在加热条件下（heating）断裂和被氧化的可能机理；（c）在不同气体气氛中合成得到的碳点的不同发光性质

7.3　碳点与生物大分子的作用

生物大分子是指蛋白质、核酸和脂肪等存在于大多数活生物体中的具有较高分子量的物质。这些分子在体内负责诸如细胞信号传导，遗传信息存储、转移和复制，生物反应以及生

物体的构建等重要的生理功能。这些大分子结构的轻微变化都有可能导致生物体功能发生巨大的变化，从而对个体产生负面影响。因此，对生物纳米材料（如碳点）与这些生物大分子的相互作用进行系统的研究，并确保其生物安全性，就显得十分的重要和迫切。

7.3.1　碳点与蛋白质的相互作用

7.3.1.1　碳点与蛋白质纤维化

在组织细胞外空间中形成的蛋白质原纤维被认为对诸如阿尔茨海默病、帕金森病及Ⅱ型糖尿病等严重疾病的发展起了重要作用。已知成熟原纤维具有细胞毒性，可引起相关细胞死亡[24]。因此，通过引入合适的纳米材料来抑制或延迟纤维化被认为是一种有效的针对蛋白质纤维化相关疾病的重要预防和治疗策略。研究者已经探索了包括有机分子、功能聚合物、量子点以及碳基纳米材料在内的各种方法来抑制蛋白质的纤维化。受这些研究的启发，碳点在抑制蛋白质纤维化方面的潜在应用近来也得到了相关的探索。目前已知，碳点可有效抑制人胰岛素原纤化的过程[25]，并且该抑制作用在早期添加碳点时最为有效，表明抑制作用可能是由于碳点与达到临界成核浓度之前的胰岛素单体或低聚物之间的相互作用所致。同时，碳点对蛋白或多肽纤维化的抑制作用还与碳点的合成方式和所选取的碳前驱体相关，用不同策略制备的碳点可能导致不同的抑制效果。据报道，由有机材料前体生成的碳点对人胰岛淀粉样多肽的纤维化具有抑制作用，但令人惊讶的是，由氧化石墨烯制备的碳点却促进了原纤维的形成[26]。这种不同的作用被归因于两种碳点结构和表面性质的差异。结构上，有机前体制备的碳点是球形颗粒，表面具有大量含氮、氧官能团。这些带氢键的供体基团与多肽核心区域的骨架基团之间的强氢键相互作用可抑制多肽的原纤化。而由氧化石墨烯制备的碳点，由于继承的疏水边缘空间的较大的位阻效应，它们无法与多肽的主链通过氢键键合。此外，这些碳点还继承了氧化石墨烯的分层表面，这些结构与多肽的强 π-π 作用及疏水相互作用增加了局部多肽的浓度，其导致多肽折叠态的不稳定，从而促进了多肽的聚集和原纤化。

7.3.1.2　碳点与酶的作用

酶是生物大分子，能够催化生物体必需的反应。碳点与酶的相互作用可改变酶的结构，从而改变其催化活性。目前研究者可通过碳点极大地提高血红素马细胞色素 c 酶对过氧化物的催化活性[27]。机理研究表明，酶催化活性的提高是基于酶和带负电荷的碳点的静电相互作用。因此，原则上可以通过适当改变碳点的表面化学性质来达到进一步微调酶催化活性的目的。此外，一些碳点在光照条件下能展现出对酶催化活性更好的促进作用[28]。除了提高催化活性外，通过一定的设计，碳点也能起到抑制酶催化作用的效果。例如，猪胰脂肪酶是一种可以促进酯键和三酰基甘油水解，进而促进体内脂肪吸收的酶[29]。在无光条件下，碳点的存在将该酶的催化活性降低了 30%，这项研究使得利用碳点来抑制猪胰脂肪酶催化活性，从而减少脂肪吸收成为可能，在治疗肥胖症上具有较大的潜力[30]。

7.3.2　碳点与核酸的作用

核酸，包括脱氧核糖核酸（DNA）和核糖核酸（RNA），是携带遗传信息的生物大分子。考虑到核酸在生命系统中的重要性，核酸与各种材料的相互作用长期以来一直是研究的重要领域。由于核酸结构中磷酸骨架的存在，带负电荷的核酸可通过静电作用与一些带正电荷的碳点相互作用。有时两者的相互作用特别强烈，以至于可以改变 DNA 的构型。研究表明，带正电荷的碳点可选择性地诱导右旋 DNA 向左旋 DNA 转变[31]。基于这一发现，研究者们还开发了几种利用碳点与 DNA 嵌入剂之间的荧光共振能量转移的 DNA 逻辑门。凭借其高生物相容性、优异的光学性能以及可预测的与核酸的相互作用，碳点也被广泛作为载体用于核酸的递送[32]。

7.3.3 碳点与脂类的作用

由于碳点可能会影响生物膜的结构和性质（如膜通透性），了解碳点与脂类的相互作用对于碳点的生物医学应用具有非常重要的意义。研究显示，碳点能够穿透细胞大小的巨大单层囊泡的脂质双层，这是因为碳点能够诱导活性氧（reactive oxygen species）的生成，引起膜的过氧化，从而改变膜的渗透性[33]。此外，基于一些两亲性碳点与不同细菌细胞膜的作用具有较高的特异性和亲和力，研究者利用碳点可实现对不同类型细菌的检测[34]。由于碳点与细菌细胞膜的作用可能导致对细菌细胞膜破坏性的结果，因此碳点也具有一定的抗菌活性[35,36]。

7.4 碳点的生物医学应用

7.4.1 生物传感

与传统的纳米材料相比，碳点在生物传感方面具有多种优势。第一，碳点独特的光致发光特性在生物传感中非常有利。众所周知，光学生物传感器通过把与目标分析物相关的无形信息转换成可供检测的光学信号（如荧光强度、波长、颜色变化等），从而达到检测的目的。因为紫外光对生物体有害，同时可见光容易被生物组织吸收，因此理想状况下，纳米探针的波长最好是在近红外区。诸多研究已经表明，通过合理选择碳前驱物和合成条件，以及杂原子掺杂，研究人员可以将碳点的荧光从可见光波段调整到近红外区域。因此，碳点非常适合于光学生物传感器的开发和利用。第二，化学惰性和光稳定性也是生物传感中纳米探针需要考虑的性质。令人鼓舞的是，与有机染料不同，碳点在体内比较稳定，不易被细胞代谢。在检测结束之后，它们可以从身体中排出。第三，碳点可以在水溶液中保存半年以上而不影响其光致发光性能，这表明碳点具有很高的光稳定性，同时具有极长的保存期限。此外，用于生物传感的纳米探针应对生物体无害，因为碳点本身主要由碳元素构成的特性，其生物兼容性可以得到最大程度的保障。第四，碳点的表面含有大量的官能团，可以为特定的生物受体（如抗体）提供丰富的结合位点，这对于它们作为有效的生物传感纳米探针至关重要。最后，碳点的制备技术简单多样，这使得实现碳点的大规模工业化合成成为可能；这对于基于碳点的生物传感技术的广泛应用和商业开发是非常有益的。凭借这些独特的特性和优点，碳点在生物传感方面的应用显示出了巨大的潜力。

7.4.1.1 基于碳点的光学生物传感机制

在绝大多数的碳点光学生物传感器中，目标分析物与碳点间的相互作用可导致碳点的光信号发生变化（如荧光强度变化或发射波长的偏移），并且基于这些信号变化完成对目标检测物的分析。很显然，如果目标分析物不能影响碳点的光信号，那么碳点就不能用于对目标分析物的相关检测。因此，在设计、构建以碳点为纳米探针的生物传感器时，应仔细考虑其传感机制和策略。在本节中，我们将详细讨论基于碳点的光学生物传感器的常用传感策略。

（1）"开-关（on-off）"传感机制

在大多数情况下，目标分析物与碳点的相互作用将导致碳点的荧光强度降低（即荧光猝灭）。当将这种现象用于生物传感时，通常称其为"on-off"策略。简单来说，在目标分子存在的情况下，由于猝灭作用，碳点的荧光强度与目标分析物的浓度成反比。基于这种线性关系，我们可以使用校准曲线轻松确定目标分析物的浓度。当前，有三种主要的荧光猝灭机制已用于基于碳点的光学生物传感器的设计，分别为荧光共振能量转移（Förster resonance energy transfer，FRET）、光诱导电子转移（photoinduced electron transfer，PET）以及内过滤效应（inner filtering effect，IFE）。

在典型的 FRET 荧光猝灭中［图 7.9（a）A1］，发生了从供体（即碳点）激发态到邻近的受体（即猝灭剂）基态的激发能量的非辐射传递，从而导致碳点的荧光猝灭。FRET 荧光猝灭的发生需要满足一定的条件，包括：①供体的激发态和受体的基态具有相当的能量，这意味着供体的发射光谱应与受体的吸收光谱有一定的重合；②供体和受体之间具有适当的距离，通常在 $1\sim10nm$；③供体和受体分子的跃迁偶极子必须接近平行；④供体的荧光寿命必须足够长，才能发生能量转移。可以看出，由于必须满足多个条件才能进行 FRET 转移，在设计基于 FRET 猝灭的生物传感器时，碳点的选择就显得非常重要。在典型的 PET 荧光猝灭［图 7.9（a）A2］中，供体和受体之间发生了电子转移，而不是非辐射能量的转移。在这个过程中，碳点充当电子给体，而目标分析物充当电子受体。在一定的条件下，碳点上处于激发态的电子被转移到目标分析物上，导致碳点上从激发态返回到基态的激发电子大大减少，从而引起碳点荧光猝灭。与 FRET 和 PET 猝灭不同，从严格意义上来说，碳点的荧光在 IFE 过程中并没有被"猝灭"，而只是没有被荧光计的检测器检测到。在典型的 IFE 过程中，供体（即碳点）的发射光谱与受体（即目标分析物）的吸收光谱有较好的重叠，因此，碳点的大部分发射光在到达检测器之前被目标分析物所吸收，从而导致检测到的碳点荧光强度降低［图 7.9（a）A3］。

（2）"开-关-开（on-off-on）"传感机制

在"on-off-on"策略中，碳点的荧光首先被目标分析物以外的猝灭剂猝灭，而不像在"on-off"策略中是被目标分析物猝灭。因为目标分析物与猝灭剂的相互作用要强于碳点与猝灭剂的相互作用，因此目标分析物可导致碳点与猝灭剂的相互作用被破坏，碳点的荧光由此得到复原。因此在实际的检测中，碳点荧光的复原程度可用于对目标分析物进行检测与分析［图 7.9（b）］。在这种策略中，通过非目标分析物猝灭剂猝灭碳点荧光时，上述的任意猝灭机制（FRET、PET 或 IFE）都有可能涉及。从上面讨论的传感机制可以看出，用于临床诊断的光学生物传感器具有许多不可忽视的优点。操作简单、生产成本低是其最突出的优势。此外，光学生物传感器不需要复杂的仪器，台式荧光计通常就可以满足需求；有时候甚至可以通过肉眼直接观察到颜色变化，从而大大减少了复杂仪器的介入。但是，光学生物传感器也有一定的缺点，例如，当目标分析物的浓度过低时，光学生物传感器的灵敏度通常很差，同时也容易受到环境的干扰。

7.4.1.2　碳点光学生物传感器的类型

（1）仅由碳点构建的传感器

生物传感器主要由检测器、转换器和信号处理器三部分组成。在大多数传感系统中，碳点充当转换器，其主要功能是将与被检测物相关的无形信息转换为检测器可以识别的有用信

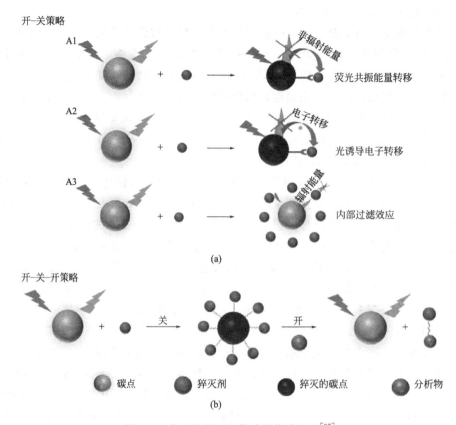

图 7.9　常见光学生物传感器传感机理[37]

(a) 三种在"开-关（on-off）"传感策略中常见的荧光淬灭机理，A1 为荧光共振能量转移（Förster resonance energy transfer，FRET），A2 光诱导电子转移（photoinduced electron transfer，PET），A3 为内部过滤效应（inner filtering effect，IFE）；（b）"开-关-开"（on-off-on）传感策略：碳点（CDs）在淬灭剂（quencher）的作用下，荧光被淬灭，这是"关（turn off）"阶段，然后因为分析物（analyte）与淬灭剂的相互作用，碳点荧光得到恢复，从而检测到分析物，这是"开（turn on）"的阶段

号。由于碳点表面有丰富的官能团，其对某些特定的生物分子也具有直接感应。这种现象使得设计仅基于碳点的生物传感器（即无需其他检测生物受体）成为可能，在这些系统中，碳点同时充当检测器和转换器。由于碳点具有独特的光学特性，并且其发射光谱覆盖可见光和红外光区域，碳点经常被用于光学生物传感。碳点的荧光主要受其尺寸大小和表面态的影响。由于碳点与目标分析物的相互作用会改变其表面态，碳点的荧光特性（如强度、发射波长等）很容易受到影响[38]。在一个典型的基于碳点的光学生物传感器中，这种碳点的荧光改变就可被用于检测目标分析物。根据分析物的性质，前述的三种类型的荧光淬灭机理（FRET、PET 和 IFE）都可被用于碳点基光学生物传感器的设计中。在大多数这种类型的生物传感器中，目标物的检测都是基于碳点与目标分析物的相互作用能淬灭碳点荧光这个前提。然而，在某些情况下，碳点不与目标分析物发生相互作用；或者它们的相互作用不能引起碳点的荧光淬灭，导致上述的传感器策略失效。针对这个问题，研究者们采用了一种非常简单但巧妙的解决方案：他们将检测的目标放在了对分析物的相关产物的检测上，而这可以通过一些机理明确、路径单一的反应实现。如此，通过对分析物的相关产物的检测，就可以反向追溯分析目标分析物。通过这种手段，研究者们已经成功实现了对尿酸[39]、对硝基苯

基磷酸酯[40] 的检测。通常来说，直接从碳点构建生物传感器可以避免烦琐的表面修饰和生物受体装载，从而大大降低体系的复杂性，这对于潜在的大规模生产和商业应用都非常有利。

（2）基于碳点与酶的生物传感器

如上所述，碳点可以与某些分析物相互作用并产生可用于传感的信号波动（即光信号或电化学信号）。然而，碳点不能与所有的分析物直接相互作用，因此不是所有的分析物都可以用仅基于碳点的生物传感器来进行检测。在这种背景下，酶被研究者们引入了基于碳点的生物传感器中。由于酶催化反应非常方便，同时特异性又很高，将碳点与酶结合起来后，其酶促反应的产物（或副产物）可以与碳点相互作用并引起信号变化，从而实现对目标分析物的间接检测。可以看出，大多数基于碳点的酶促光学生物传感器依赖于碳点与目标分析物的催化产物的相互作用（如荧光猝灭）以进行有效传感［图 7.10（a）］。通过这种策略，研究者们实现了对诸如乙酰胆碱、尿酸、葡萄糖及 β-葡萄糖醛酸酶等物质的检测[41]。虽然大多数的酶促光学生物传感器是为了检测重要的生物分子而设计的，但最近的研究也证明了它们在检测和评估特定酶的催化性能方面具有独特的作用。在这种类型的检测中，研究者通常采用"on-off-on"的策略来设计传感器［图 7.10（b）］。首先，底物与碳点形成复合物并导致碳点的荧光猝灭；然后在目标酶的催化作用下，底物被分解从而恢复碳点的荧光。基于碳点的荧光恢复程度，研究者就可以确定靶酶的浓度和催化活性[42]。

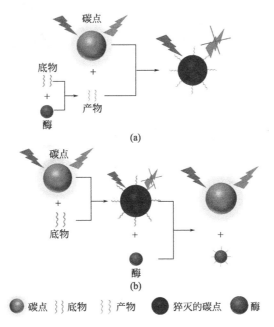

图 7.10　基于碳点和酶的光学生物传感器的两种常见传感机理，传感中涉及以下物质及过程：碳点（CDs）、底物（substrate）、产物（product）、猝灭的碳点（quenched CDs）及酶（enzyme）[37]

（3）基于碳点的抗原抗体生物传感器

虽然大多数物质可以与碳点直接相互作用或在酶存在的情况下产生有用的信号，但是，病毒、细菌和某些特定的蛋白质既不直接与碳点相互作用，也对酶不敏感。对于这种类型物质的检测，基于抗原-抗体的高特异性结合而设计的生物传感器就成了最佳选择。这种基于抗原-抗体相互作用而设计的传感器通常又被称为免疫传感器。基于碳点的免疫光学传感器通常由碳点和与其结合在一起的特异性抗体组成。由于碳点具有丰富且可调节的表面官能团，可提供许多活性位点，在免疫传感器的具体构建中，可以通过非共价相互作用或共价结合将抗体以可控的方式加载到碳点上。从机理上来讲，在靶抗原存在的情况下，抗原和抗体之间的强相互作用将对碳点的荧光产生一定的影响（增强或猝灭）。通过监测碳点荧光变化，可以实现对抗原的高特异性和灵敏度检测［图 7.11（a）］[43]。当然，并非所有的抗原-抗体相互作用都能对碳点的荧光性质产生影响。在这种情况下，为了产生足够的可观察的信号，研究者通常在体系中引入额外的碳点荧光猝灭剂（如金纳米颗粒等）。通过靶抗原的衔接，形成"碳点-抗体-抗原-抗体-猝灭剂"的夹心结构。在这种结构中，由于碳点和猝灭剂紧紧相连从而导致碳点荧光的猝灭［图 7.11（b）］。通过检测碳点的荧光猝灭情况，可以确定目标抗原是否存在及其浓度。由于许多癌症具有非常独特的生物标志物（biomarker），这些生物标志物的准确检测将是实现早期癌症诊断的潜在解决方案。令人鼓舞的是，众多的癌细胞标志物如乳腺癌细胞标志物[44]、卵巢癌细胞标志物[45]，及肝癌细胞标志物[46] 的检测均已通过基于上述原理的传感器实现。除前述的传感机理外，基于碳点的免疫传感中，"on-off-on"的策略也有报道［图 7.11（c）］[47]。

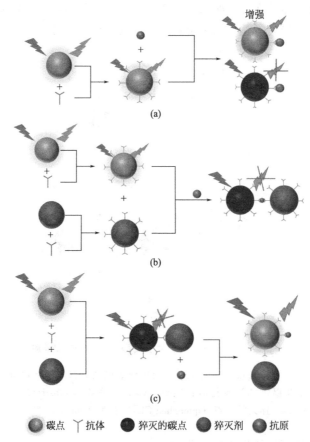

图 7.11　基于碳点的光学免疫生物传感器的三种常见传感机理，传感中涉及以下物质及过程：碳点（CDs）、抗体（antibodies）、猝灭的碳点（quenched CDs）、猝灭剂（quencher）及抗原（antigens）[37]

（4）基于碳点与核酸的生物传感器

对于特定核酸片段的检测，常用的基于酶促反应或抗原-抗体相互作用的传感器并不适用。因为 DNA 独特的核苷酸序列具有很高的特异性，比较可行的解决方案是基于 DNA 双链互补原理，开发相应的传感器。考虑到碳点的优越性能，以及碳点能通过 π-π 堆积或静电相互作用对 DNA 表现出很高的亲和力这一事实，将碳点和探针 DNA 结合用于生物传感器开发也受到了广泛的关注。和其他类型的生物传感器一样，"on-off-on"策略也经常被用于核酸生物传感器中。由于 DNA 链独特的匹配结构，两个单链 DNA 进行 DNA 杂交（hybridation）形成 DNA 双链的结合力要比猝灭剂与 DNA 单链的结合力要强得多。因此，在存在目标 DNA 单链的情况下，DNA 单链间的强络合趋势将导致猝灭剂的脱落，导致已经被猝灭的碳点荧光得到复原（图 7.12），从而达到检测目标 DNA 单链的目的[48]。

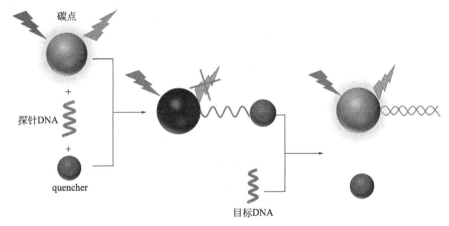

图 7.12　基于碳点和核酸的光学生物传感器的常见传感机理，传感中涉及以下物质：碳点（CDs）、猝灭剂（quencher）、探针 DNA（probe DNA）及目标 DNA（target DNA）[37]

7.4.2　靶向生物成像

7.4.2.1　体外细胞成像

美国克莱蒙森大学的研究人员率先测试了碳点在生物成像中的可行性。在这项开创性的工作中，研究人员使用双光子成像技术对与碳点一起培养的人乳腺癌细胞进行了成像，并清晰地观察到了细胞体内碳点发出的绿色荧光图像[49]。受这项工作的启发，碳点随后被用于对各种细胞系进行成像研究。在这些研究中，碳点通常被发现富集于细胞的细胞膜[50] 和细胞质[51] 等位置。虽然不太常见，但一些研究人员也发现了碳点可以穿透细胞核膜而进入细胞核内，实现对细胞核的定向成像[52]。一般认为碳点对核染色比较困难主要是由于细胞核膜的存在阻止了大部分碳点到达核的内部。因此，可以通过使用核定位信号多肽来辅助碳点穿过核孔而渗透到细胞核中，实现稳定可靠的细胞核成像[53]。其实，这种使用特殊的配体（或靶头）来修饰碳点，从而让碳点具备其本身不具备的特异性，实现对细胞不同的特定部位（如细胞微管、线粒体）的靶向成像已被广泛研究[22,54]。功能化的碳点除了可以对细胞的不同部位或结构进行靶向成像外，同时它们也可以区分不同类型的细胞，实现对细胞类型的靶向成像。例如，通过使用转铁蛋白或叶酸修饰碳点，可实现碳点对体外癌细胞的高效成像。经叶酸修饰过的碳点，还能实现对癌细胞和正常细胞的区分[55]。此外，由于叶酸受体在不同癌细胞上表达的程度不同，经过叶酸修饰的碳点还可以区分癌细胞的类型[56]。此外，透明质酸因为能与 CD44 受体特异性结合，也被用来修饰碳点实现对癌细胞的靶向成像[57]。在前述的这些研究中，为达到对癌细胞的靶向成像目的，需要一个额外的耦合步骤来用靶向配体（如转铁蛋白、叶酸等）对碳点进行修饰，这不仅需要额外的纯化过程，同时也大大降低系统的产率。有趣的是，最近的研究显示，直接从叶酸制备得到的碳点在没有任何表面修饰的情况下，展示出了对癌细胞非常高的靶向性[58]。总之，对于没有经过靶头修饰的"裸"碳点，碳点在细胞核中的富集不太常见。然而，简单的表面修饰使得碳点能够实现对细胞的特定部位（如细胞核、线粒体等）和特定类型的细胞的靶向成像。

7.4.2.2　体内成像

除了体外细胞成像之外，碳点也被广泛用于体内成像的研究。同样是美国克莱蒙森大学的研究人员率先通过碳点的皮内和静脉内注射开展了碳点在小鼠作为模型的体内成像的研究[59]。受这项研究的鼓舞，众多的研究人员投入了该领域的研究，特别是对近红外发光的碳点的探索[60,61]。碳点的近红外成像技术在近些年得到了较快的发展。例如，研究人员发现将碳点通过皮下注射的方式输送到小鼠体内后，通过各种波长的光激发可实现对小鼠体内的近红外荧光成像，其中长波长激发（595nm 及以上）能显示出更好的信噪比[62]。此外，还有研究显示碳点能够通过血脑屏障（blood-brain-barrier）而实现对大脑的直接成像[63]。在该项研究中，将未经修饰的碳点注射到荷神经胶质瘤小鼠的尾静脉中，注射 5min 后研究人员观察到碳点通过小鼠的血脑屏障并在神经胶质瘤部位富集，这表明碳点在脑癌诊断及制冷方面具有巨大的潜力。除了小鼠之外，碳点也被越来越多的应用于其他各种生物模型（如斑马鱼、蚊子等）的成像研究中[64-66]。其中斑马鱼以其较高的光学清晰度和极为出色的基因活性操控而受到研究人员的关注[67]。研究人员用碳点简单地喂养斑马鱼的胚胎后就可以获得与绿色荧光蛋白标记的染色斑马鱼相当的实时、高质量的成像。值得注意的是，由于碳点的高生物相容性和低毒性，这些鱼在摄取了碳点后仍继续存活，因而研究人员可以通过碳点的荧光成像观察到同一条鱼处于不同发育阶段的情况[68]。此外，也有研究人员细致地研究了碳点在斑马鱼体内的吸收、分布、代谢和排泄途径等。研究发现碳点在体内的分布取决于碳点与组织的亲和力；而且除了吞咽外，碳点也可以通过皮肤吸收进入斑马鱼体内[69]。

已知碳点进入动物体内后可以在膀胱、肾脏、肝脏、脾脏、睾丸、胃、大脑及骨骼等身体的各个部位富集。在大多数的研究中，碳点在动物体内的富集并没有什么特异性，这极大地限制了碳点在需要高度组织特异性的场景中的应用。虽然研究人员在组织特异性（tissue-specific）成像方面付出了巨大的努力[70]，但是在体内对特定组织，特别是骨组织，进行荧光成像的能力仍然相当有限。文献中缺少对体内骨骼特异性荧光成像的可能原因有：①骨骼通常被覆盖在其他软组织（如肌肉）下面，因此在不与机体软组织发生作用并富集的情况下将成像剂传输到骨骼就显得很困难；②骨骼独特的解剖学特性（即主要由无机羟基磷灰石组成），导致其与成像剂的相互作用非常弱或基本不存在，故使得将成像剂定向递送至骨骼非常困难[71]。为使碳点具备骨骼成像的能力，一些研究人员尝试了用具有高骨骼亲和力的官能团（如谷氨酸[72]、膦酸盐[73]）对碳点进行修饰，并证明了这种策略的可行性。虽然这种策略在一定程度上能提高碳点在体内成像过程中的组织特异性，但是这通常需要对碳点进行显著的表面修饰，这些修饰可能包括烦琐的多步反应、处理以及相应的分离和纯化，这将显著增加合成这些系统的难度并影响其可重复性。因此，如何制备具有优异的荧光发光性能，同时本身又具有较高的骨组织特异性的碳点仍然是研究的重点和难点。有研究表明，碳点在某些条件下可以具有与其碳前驱物（carbon precursor）相似的某些固有特性[58]。受这些研究启发，研究人员用对骨组织具有高亲和力的阿仑膦酸盐为碳原料来合成碳点，并且发现该种碳点对体外羟基磷灰石（骨骼的主要矿物质成分）、离体大鼠股骨以及活斑马鱼骨组织都具有非常强的结合活性［图 7.13（a）］。这种强骨组织亲和力是因为合成的碳点表面上存在的残留双膦酸酯基团，一旦这些基团被取代，碳点对骨骼的亲和力就会大大降低［图 7.13（b）］[74]。值得欣慰的是，根据最近的报道，合成具有固有骨结合特性的碳点并不一定需要特殊的前体。美国迈阿密大学的研究人员通过对碳纳米粉简单的酸氧化处理，合成了一类直径约为 4～6nm 的碳点[65,66]。这些碳点对矿化的斑马鱼骨组织展现出了非常高的亲和力与特异性：将碳点溶液通过心脏或腹腔注射入幼鱼体内后，这些碳点会非常快速地沉积到钙化组织中，并在骨骼部位显示出非常清晰的荧光成像［图 7.13（c）C1］。特别重要的是，在斑马鱼的其他机体组织中（如动脉血管）并没有观察到碳点的沉积。值得指出的是，在注射碳点时尚未开始形成的几种骨骼结构（如上颌骨、齿骨和后关节骨）中也观察到了较强的荧光，这表明碳点在斑马鱼体内保持了良好的循环，并富集到了稍后形成的新骨骼组织中［图 7.13（c）C2、C3］。此外，对这些碳点的必要修饰与功能化并没有改变它们与骨骼的结合能力，表明了它们在骨特异性生物成像和药物递送中的巨大潜力。研究人员认为这些碳点所具备的高骨组织特异性与结合能力可能是由于其表面上含有的非常丰富的羧基基团。

如上讨论所示，基于碳点的生物成像技术引起了研究人员的极大兴趣，并且在过去十多年中取得了飞快的进展。考虑到碳点的高生物兼容性与低毒性，这些研究无疑具有巨大的临床开发潜力。尽管如此，要充分发挥碳点的潜力，还有几个问题需要解决。首先，研究人员需要解决制备具有高荧光量子效率碳点的问题。尽管最近在合成具有高光学效率的碳点方面取得了一定的成就（荧光效率高达 94%）[75]，但总体来说，特别是通过"自上而下"策略制备的碳点，荧光效率依然较低。大多数的"自上而下"方法制备的碳点如果不经过适当的表面钝化处理，其荧光量子产率通常低于 10%，这严重阻碍了碳点生物成像的应用。另一个严重限制碳点在生物成像方面应用的问题是，目前只有少数的碳点能够以合理的量子效率在红外区域发光。近红外光一直是体内成像的首选，因为机体组织对红外光的吸收和散射较弱，它们可以穿透非常深的组织，这对于深层组织成像质量非常重要。然而当前大多数碳点的发射光在蓝绿光区域，因此研究人员仍需要投入大量努力来开发近红外发光碳点。

7.4.3　药物递送

药物递送是指将药物输送到体内以实现所需的安全治疗效果，这可以通过各种方法来完成，例如药物制剂和药物递送系统（drug delivery system，DDS）。碳点由于其优异的性能，在药物，特别是抗癌药物递送方面得到了越来越多的重视。在各种常见的抗癌药物中，阿霉素（doxorubicin）是最为常用且有效的一种。然而，由于阿霉素不能很好地区分健康和癌变的细胞，阿霉素疗法经常受限于低治疗效率、癌细胞快速耐药及毒副作用（如充血性心力衰竭）等。为解决这些问题，研究人员开发出了各种基于碳点的药物递送系统，并取得了良好的效果：①采用药物递送系统，消除了阿霉素与健康细胞的不必要的接触，从而减少了其对正常细胞的攻击而产生的副作用；②通过药物递送系统的控制释放增加目标部位的区域浓度，从而提高阿霉素的抗癌功效。

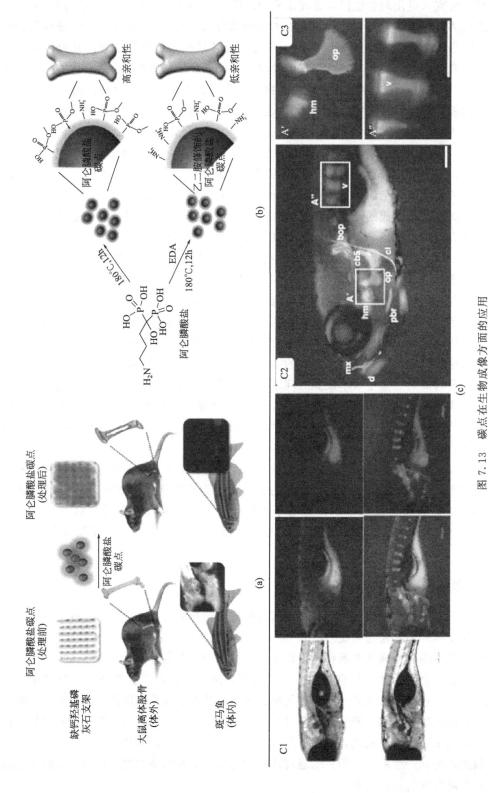

图 7.13　碳点在生物成像方面的应用

(a) 由阿仑膦酸盐（alendronate，简称 Alen）碳化合成得到的碳点在大鼠离体股骨（rat femur）及斑马鱼（zebrafish）体内的成像应用；
(b) 阿仑膦酸盐（alendronate）碳点表面官能团对骨亲和性（affinity）的影响[74]；(c) 碳点在斑马鱼体内的骨靶向性成像应用[66]

7.4.3.1　阿霉素和碳点的耦合

阿霉素与纳米载体碳点的结合主要可以通过两种方式来实现：一种是通过非共价相互作用（例如静电相互作用、疏水相互作用、π-π 堆积和氢键键合）实现被动吸附；另一种是通过阿霉素和碳点之间形成共价键，即碳点的羧基和阿霉素的氨基之间形成酰胺键。阿霉素拥有一个富含 sp^2 杂化碳的高度共轭的分子支架（图 7.14），这种固有的特性使其可以通过 π-π 堆积有效地负载到同样富含 sp^2 杂化碳的碳点上，通过这种作用实现高达 260% 的药物负载率[76]。作为 pKa 约为 8.3 的两亲性弱碱，阿霉素在生理条件下（即 pH=7.4）会由于氨基部分的质子化而带正电。因此，阿霉素也可以通过静电相互作用而有效地负载到带负电荷的碳点上。由于阿霉素具有两个分子"手柄"（氨基和羰基，图 7.14），它也可以通过共价作用很方便地负载到碳点上。例如，阿霉素上的氨基可与碳点上的羧基反应形成酰胺键，或与羰基反应形成席夫碱键。由于阿霉素和碳点之间形成的席夫碱键不是特别稳定，它可以用来实现 pH 触发下的阿霉素的控制释放来用于肿瘤治疗[77]。一般而言，与被动吸附相比，基于共价键的药物负载可以更好地实现对阿霉素的控制释放。

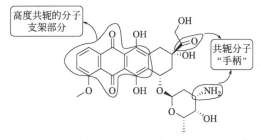

图 7.14　阿霉素的化学结构式：分子中既具有富含 sp^2 杂化碳的高度共轭的分子支架部分（highly conjugated scaffold），也具有像羰基和氨基这样的可用于共轭聚合的分子"手柄"（covalent conjugation handles）

7.4.3.2　负载阿霉素的碳点分析

对载药纳米载体（如阿霉素-碳点耦合物）的正确表征和分析对于药物递送系统的开发非常重要。迄今为止，诸如 zeta 电位技术，紫外-可见吸收光谱、红外光谱、荧光光谱等各种技术已用于对阿霉素-碳点耦合物的分析。其中，zeta 电位是表征阿霉素-碳点耦合物最常用的技术之一，因为阿霉素在碳点上的成功负载通常伴随着 zeta 电位的变化。例如，由于带正电的阿霉素的负载，碳点的 zeta 电位从 -4.8mV 升高到了 $+7.2\text{mV}$[78]。作为一种简便通用的分析方法，紫外-可见光谱也已广泛用于表征分析阿霉素-碳点耦合物。由于阿霉素在 490nm 处具有非常强的特征吸收，如果在 490nm 附近观察到强吸收，说明阿霉素已经成功负载到碳点上。此外，与 zeta 电位不同，紫外-可见光谱还可以用于定量分析，测定碳点载药体系中阿霉素的负载量和负载效率[79]。其他常见的用于表征阿霉素-碳点耦合物的分析方法可以归纳为三种类型。第一类是光谱分析，例如荧光和红外光谱。由于碳点和阿霉素都具有非常独特的光谱，它们两者光谱信息的变化可以提供阿霉素在碳点上面负载的相关信息。第二类是显微形貌分析，如原子力显微分析和透射电子显微分析。两者测量表征中尺寸的增加是阿霉素成功附着到碳点上的比较有利的支持。第三类是凝胶电泳，凝胶电泳也可以为阿霉素在碳点上的成功负载提供直接的证据[80]。

7.4.3.3　阿霉素的可控释放

当阿霉素以盐酸盐形式给药时，由于其不受控制的释放，经常会导致较为严重的副作用。众所周知，肿瘤细胞胞外微环境的酸性（pH 6.0～6.5）比血液（pH＝7.4）高，而细胞内的内体和溶酶体的酸性更高（pH 5.0～5.5）。在一个理想的给药体系中，当载药载体在血流中循环时，应尽量减少阿霉素的释放；而一旦它们进入了酸性更强的细胞外环境或肿瘤细胞内时，则要保证阿霉素的大量释放。由于阿霉素中的氨基在酸性环境中会质子化，使阿霉素变得更易溶于水，这有助于其从碳点载体中释放。此外，在较低的 pH 值（如 pH＝5.0）时，碳点表面的酸性官能团（如羧酸或磷酸）解离大大减少，会导致碳点表面携带的负电荷减少，这将大大削弱其与带正电的阿霉素的静电相互作用，从而使得阿霉素的释放更加容易。综合这两点，在碳点给药体系中实现 pH 响应的阿霉素可控释放是有一定可行性的。令人鼓舞的是，已有多个课题组使用碳点构建了这样的载药体系，实现了阿霉素的 pH 响应可控释放。通过构建 pH 敏感的载药体系，研究人员可以将在生理溶液（pH＝7.4）中浸泡 24h 的载药体系阿霉素的释放控制在 3％以内，而当 pH 值降低到 5.0 时，96％的阿霉素可从载药体系中释放出来[81]。

除了 pH 响应的可控释放外，近红外技术也被广泛用于生物医学领域中近红外辐射控制的药物释放[82]。原则上，任何吸收近红外光并产生局部热量的碳点都可以实现基于近红外辐射的阿霉素的可控释放。局部的高热量不仅可以减弱阿霉素与碳点之间的非共价作用，同时升高的温度还可以使阿霉素的迁移率显著增加，从而促进阿霉素从载药碳点中释放。尽管目前大多数的碳点在近红外光辐射下没有表现出良好的光热转换能力，但是当它们与其他材料（例如金纳米棒、二茂铁和 PEG 壳聚糖）复合使用时，它们却展现出了非常好的光热转换能力。例如，研究人员通过金纳米棒修饰碳点，实现了近红外辐射对阿霉素的高效可控释放。如果没有辐射，阿霉素要用 23h 才能释放完毕，但如果经过 2h 的近红外辐射辅助，阿霉素在 8h 内就可以完全释放[83]。通过结合 pH 可控释放机制，研究人员还构建了近红外辐射、pH 双响应药物递送系统[84]。在这种给药体系中，阿霉素的释放不仅受 pH 控制，而且还对短时间的近红外辐射有响应，大大增强了人们对阿霉素释放的控制。总体说来，近红外辐射触发的阿霉素释放具有非常广的应用前景，因为它提供了在必要时候快速释放阿霉素、提高体内短时剂量的手段，而这可以显著改善治疗效果。

7.4.3.4　配体-受体介导的阿霉素递送

靶向药物递送已逐渐成为解决癌症化疗中副作用过大问题的主要策略。靶向药物递送系统可以提供新的运输机制，从而提高通过生物屏障并将抗癌药物特异性递送到目标部位（即癌细胞）的能力。而实现靶向递送很重要的一种策略是基于配体-受体介导的递送，因为许多受体如转铁蛋白及叶酸受体等在癌细胞中会过度表达[85]。以转铁蛋白或叶酸为靶头、碳点为药物载体来构建给药系统，研究人员已经成功将阿霉素靶向递送到癌细胞中，并且取得了高效的癌细胞致死率[86,87]。考虑到阿霉素需要与 DNA 充分作用才能有效抑制和杀死癌细胞，因此为了达到最佳功效，必须要有足够量的阿霉素进入细胞核内。然而，极大部分被细胞摄取的阿霉素-碳点聚合物一般富集于细胞膜或细胞质中，而并未进入细胞核中，这极大地限制了阿霉素的功效。为了应对这一挑战，研究人员已致力于设计和开发可将阿霉素专门运送到细胞核的碳点载药体系。例如，已有报道一种两性离子（zwitterionic）碳点可以将阿霉素优先携带到细胞核中[79]。尽管如此，针对具有细胞核递送能力碳点的系统设计和合成依然很困难。核定位信号肽是一种短链的氨基酸序列，它们可以通过与细胞核核心复合而将蛋白质输送到细胞核中，因此它们已被作为靶头来修饰一些传统的纳米材料而使其具备细胞核靶向性[88]。受这些研究启发，研究人员用核定位信号肽对碳点进行了功能化处理，并成功地将其用于细胞核成像和以核为靶点的阿霉素递送[89]。

7.4.4　诊疗体系构建

最近几年，在医学材料领域，已经有越来越多的研究人员将注意力转向了诊疗体系（theranostics）的构建，诊疗体系同时结合了医学诊断（如生物成像）和治疗以优化功效，确保更好的治疗效果。因为在同一系统中结合了诊断和治疗方法，所以诊疗系统不仅限于单独的治疗或成像，它可以同时进行精确的诊断和有效的治疗[90]。因此，诊疗体系由于其在个性化医疗中的潜在应用而成为纳米医学领域最有前途的研究方向之一。值得注意的是，诊疗体系与传统的给药系统之间的区别并不是很明显，诊疗可以被认为是传统给药体系的一种特殊类型，它只是将传统的治疗方法和诊断方法融为一体了。为了在同一个体系中实现多种功能，通常需要将具有不同功能（如载体、治疗、诊断等）的模块进行整合，而这往往具有非常高的挑战性。因此，为了尽可能地降低诊疗系统的复杂度、增加其可靠性，应该做到：①使用具有较高生物相容性和光稳定性的材料；②使用具有多功能性的材料，从而降低体系的复杂性（理想情况下，不用整合具有不同功能的各种材料）。在这种背景下，碳点受到了越来越多的重视，基于碳点的诊疗系统也相继被报道。例如，研究人员通过将抗癌药物奥沙利铂和碳点结合起来，开发了一种高效的个性化诊疗系统，同时实现对体内肿瘤的成像和治疗[91]。通过将碳点与别的功能基团相结合，研究人员相继报道了多种诊疗系统的构建，这些系统通常都具有高生物相容性和出色的成像能力。但是，在这些系统中，通常需要对碳点表面进行不同程度的修饰以整合具备不同功能的组分（如治疗用的抗癌剂、诊断用的显像剂及肿瘤靶向剂等），才能使系统同时具备诊断和治疗的功能[92]。这些表面修饰通常包括烦琐的多步反应、处理以及相应的分离和纯化，这不仅增加了这些系统的制造难度及其可重复性，同时也导致药物上载效率低下和系统的可控性降低。基于此，研究人员已经开始致力于制备具有固有诊疗特性（即未经过修饰的"裸"碳点同时具有诊断和治疗的能力）的多功能碳点。为了制备多功能碳点，碳前体的选择就变得非常重要了。研究显示，由具有非常明确的结构和功能的聚噻吩为原料合成的碳点就具备了诊疗系统所需的多功能特性[93]。这些未经任何修饰的碳点同时实现了荧光成像、光声成像和光热及光动力治疗。此外，以传统的有机染料为碳源，研究人员也成功制备了多功能碳点，在不经任何修饰的情况下，同时实现了体内近红外成像和光热治疗的功能[94]。令人鼓舞的是，最近的研究表明，无需特殊的碳前驱体就可以制备具有固有诊疗特性的碳点。例如，以葡萄糖、柠檬酸和油胺为碳源合成的碳点都同时实现了光声成像和光热治疗[95,96]。

尽管碳点在诊疗系统构建方面已经取得了较大的进展，但我们也必须意识到碳点作为诊疗系统平台的进一步开发方面也面临一些挑战。首先，受碳点的组分（主要由碳元素构成）所限，基于碳点的诊疗系统的诊断方法通常局限于光学成像（即没有磁共振成像或超声成像等）。其次，大部分碳点的发光量子产率较低，因此在诊疗系统的构建中有可能要引入额外的成像剂，这会增加系统的复杂性。再次，与其他材料相比，人们现阶段对碳点的细胞摄取和长期毒理作用的确切机制了解得还比较少。最后，从目前碳点的合成方法和手段来控制碳点的各种性能，例如形态、理化性质、表面化学等，仍然非常具有挑战性，这使得基于碳点的诊疗体系的系统设计和开发变得相当困难。

7.4.5 骨组织工程

由于碳点出色的性质，除了被广泛用于生物传感、生物成像、给药系统及诊疗系统构建外，这些年碳点还被作为支架材料而应用于骨组织工程中。研究显示，在与羟基磷灰石和聚氨酯等传统骨组织工程材料复合后，碳点能显著增强这些材料的机械性能和骨生长促进能力[97]。此外，基于表面丰富的官能团，碳点还可以作为生物陶瓷和聚合物复合的黏合剂与增强剂，能显著提高复合材料的机械强度、增强细胞黏附、促进增殖和成骨分化等[98]。由于碳点的制备方法多样，碳源来源广泛，可以比较经济的可再生碳源为基础，来合成骨组织工程中支架材料所需的碳点。除了经济易得之外，碳点还具有其他传统骨组织工程材料（如生物陶瓷、聚合物等）所不具备的优势。首先，碳点的光致发光性质可用于跟踪骨组织再生后支架材料生物降解的过程。其次，碳点的光热效应可用于杀死肿瘤细胞，特别是对于一般方法难以触及的骨癌细胞。再次，一些碳点所具备的抗菌活性可用于预防、治疗骨损伤或手术后常见的感染。最后，由于碳点具有丰富的表面官能团（例如羧基、羟基、氨基等），可以比较轻易地与其他骨生长促进因子（如 BMP-2 蛋白）结合，以实现快速有效的骨组织再生[99]。除了作为复合材料之外，碳点本身在骨组织工程应用中也展现出了一定的潜力，研究人员发现碳点本身在促进细胞的成骨分化方面也非常有效[1]。值得一提的是，研究表明，碳点这种促进细胞成骨分化的能力应该是与其碳化后的独特结构与表面化学性质相关，因为用于合成碳点的前体对细胞成骨分化的影响可忽略不计[100]。除了促进骨组织分化，碳点还可以作为基因递送载体来实现细胞的软骨分化以增强软骨修复[101]。

7.4.6 碳基纳米材料的生物安全性和生物分布

对于任意一种纳米材料，如果我们要将研究结果推广到临床应用上，那么一个不得不面对的问题是该种材料的毒性和生物相容性到底如何。一般来说，考虑到碳的性质，碳基材料的内在毒性要比金属基或半导体基材料低。尽管如此，已有相关研究报道了碳基纳米材料的细胞毒性[102-104]。例如，Magrez 等人的研究表明，碳纳米材料（例如单臂碳纳米管、碳纳米纤维及碳纳米颗粒）具有一定的毒性。它们的毒性取决于碳材料的尺寸大小；实验还表明，如果通过酸处理增加材料中的氧含量，则会增加其细胞毒性[104]。通常来说，碳基纳米材料所展现出的细胞毒性和生物相容性高度依赖于所使用材料的剂量或浓度，因此，如果没有充分且适当的细胞毒性评估，那么对同一种材料很有可能会得出截然不同，有时甚至是相互矛盾的结论[105]。令人鼓舞的是，大多数的体内研究表明，碳基材料（如碳点）在低剂量时基本是无毒的[25,49,93]。然而我们也应该注意到，一些最新的研究表明，高剂量的碳材料也有可能会引起肝和肺的损伤，严重者甚至会导致动物的死亡[106]。在碳点用于生物成像的章节中我们已经讨论过，碳材料（特别是碳点）在进入动物体内后可以在膀胱、肾脏、肝脏、脾脏、睾丸、胃、大脑及骨骼等身体的各个器官部位富集。在大多数的研究中，碳点在动物体内的富集并没有什么特异性；研究人员普遍观察到碳点可通过肾脏从动物体内快速排泄[107]。只有少部分的报道表明，碳点在体内可能具有一些非常特殊的生物分布[63,65,66]。总体来说，虽然碳点在生物医学应用方面的研究发展很快，但是研究人员对碳点的生物相容性、细胞毒性和生物降解生理学等方面的研究相对还很少。因此，在今后的研究中，有必要将更多的精力集中在对碳点的细胞毒性、生物相容性及其在生物体内的分布、流通及降解等方面的研究评估上，以使在基础生物医学研究中的各种突破更快且安全地应用于临床医学中，使更多的人在材料科学的发展和进步过程中实实在在受益。

7.5　碳点在其他领域的应用

碳点作为一种新型的纳米材料，具有诸多优点，例如较高的导电性、快速的电子转移能力、较高的化学稳定性、低毒性、易于制备与功能化等。基于此，近年来碳点也被广泛应用于生物医用领域外的能源存储和转化，化学催化及环境保护等领域。

7.5.1　太阳能电池

钙钛矿太阳能电池中，电子传输层对太阳能电池的效率有较大影响。电子传输层要求有较高的光学透过率保证光能透射到钙钛矿层，加快电子转移以促进从钙钛矿中提取电子，抑制界面上的电荷复合。目前主要使用 SnO_2 代替传统的 TiO_2 作为电子传输层，SnO_2 作为电子传输层的优势在于其有效地提高了电子迁移率，然而其中还存在许多不理想的界面缺陷。近期的研究发现可以在电子传输层中掺入碳点来修饰 SnO_2，从而改性电子传输层。例如，将富含羧基和羟基的近红外碳点掺入 SnO_2 中（SnO_2-RCQ）用作电子传输层，能够有效地提高电子迁移率；同时近红外碳点与 SnO_2 的复合还能够提高电子传输层的稳定性。此外，近红外碳点的掺入提高了 SnO_2 表面的亲水性，使其表面吉布斯自由能降低，有利于钙钛矿的异质成核，从而提高钙钛矿薄膜质量。经过测试发现，SnO_2-RCQ 复合材料的表面比 SnO_2 光滑，更利于钙钛矿膜的生长，可以改善钙钛矿的形貌和性能[108]。

7.5.2　电极催化能源转化系统

高效、稳定、廉价的催化剂在能源的储存和转化系统中起着至关重要的作用，一些传统贵金属（如 Pt 和 Pt 基金属）有着较好的电化学催化活性，但是高昂的价格和稀缺性限制了它们的应用。基于稳定性高、导电性好、环保等优点，碳点被认为是理想的导电材料。碳点表面丰富的官能团使其容易与其他材料结合，形成较稳定的功能复合材料。此外，碳点还具有超导电性和快速的电子转移能力，可以改善其他材料的电催化性能。另外，碳点能够均匀地分布于复合材料中，与其他材料协同形成网状结构，提高催化活性。大量的研究证明，碳点复合材料在析氢反应、析氧反应、储能和氧还原、二氧化碳还原反应中均展现出较高的催化活性和较好的稳定性，是一种理想的电催化剂。

7.5.2.1　析氢反应

氢气是一种清洁能源，电极催化制取氢气是一种可靠的方法。将氮掺杂碳点与 MoP 复合能够得到性能优异的催化剂，可用于电催化制氢。例如，研究人员分别用柠檬酸、柠檬酸与乙二胺、柠檬酸与三聚氰胺合成得到三种不同的碳点，然后将这些碳点与环己六醇六磷酸及 Mo 的化合物混合，最终通过热解制成催化剂。对该类型催化剂的电化学性能研究表明：在碱性溶液中，氮掺杂能够诱导碳缺陷的形成，碳缺陷形成有利于边缘催化活性位点的生成，便于与 MoP 复合，提高催化剂的稳定性。缺陷还可以增加反应位点附近悬空键的数量，降低位点配位数，改变催化剂的性能。氮掺杂的碳点与 MoP 复合材料具有较好的催化活性和稳定性，在碱性溶液电解水制氢过程中展现出了优异的性能[109]。

7.5.2.2 析氧反应

除电解水制氢外，碳点与 MoP 复合材料也可用于析氧反应制取氧气。在析氧反应的能源转化系统中，碳点能够吸收短波长的光，并与 MoP 之间发生电子转移，从而提高系统的催化效率。此外，碳点表面丰富的官能团和独特的物理化学性能有利于水的氧化。用该复合材料制取氧气具有成本低、电催化活性好、稳定性高的优点。碳点在复合材料中具有以下优势：①碳点表面丰富的官能团使其易与其他材料复合；②碳点的小尺寸在电化学反应中提供更大区域的反应面积，促进反应充分进行；③碳点能够有效地加快电子转移效率。基于以上的优势，碳点能够改变其他材料的相结构、提高材料的性能[110]。

7.5.2.3 储能和氧还原

超级电容器是一种常用的电化学储能装置，但其较低的能量密度还有待提高，因此需要开发和利用性能较好的电极材料。最近报道了碘掺杂的生物质碳点与还原氧化石墨烯复合材料可用于储能和氧还原[111]。在复合材料中，碳点能够防止石墨烯聚集，增大反应物的表面积和孔隙体积。碳点还能够有效提高电子转移效率和增大电流密度，提高电容器的稳定性。

7.5.2.4 二氧化碳还原反应

利用可见光催化还原 CO_2 是缓解环境压力的一个有效途径，但是需要找到适合的材料用于 CO_2 还原，共价有机框架（COF）是一种性能优异的多孔材料，具有有序的孔结构、较大的表面积、高化学稳定性等优势且容易功能化。金属卟啉及其衍生物具有较高的催化活性和选择性，适用于光催化 CO_2 还原。研究表明将金属卟啉分子包裹在 COF 孔道中制备复合材料可以结合二者的优势来提高催化活性和选择性，但是该催化剂的组分容易在反应过程中流失。由于碳点的限域效应，将基于金属卟啉的碳点限制在 COF 的孔道中能够避免催化剂成分的流失，极大地提高催化剂的循环稳定性。碳点作为客体材料能够实现催化体系的稳定性，并且有较高的回收利用率[112]。

7.5.3 热能收集

除了传统的荧光和催化领域，碳点还可用于热能收集。材料的热能收集效率受其热导率影响很大。研究人员发现，通过丙酮和二乙烯基苯获得的碳点能够构建三维的导热网络，提高相变材料的热导率。在该研究中，在丙酮和二乙烯基苯中加入 NaOH 可产生不饱和酮，随后不饱和酮发生聚合反应，产生类聚合物产物。这些类聚合物在反应条件下拉伸、卷曲和缠绕，最终形成碳点。然后碳点在氮气氛围中煅烧，经催化剂和高温的共同作用，固体溶剂热中间体被快速热解，生成丰富的碳原子，这些碳原子连续自组装形成碳纳米片。自组装纳米片中丰富的含氧官能团相互连接形成了三维的骨架结构，该骨架结构能够为相变材料提供更多的热传导路径，从而提高其热导率[113]。

7.5.4 化学催化

7.5.4.1 纯碳点催化

醇选择性转化为相应的羰基化合物在有机合成中起着关键作用，这一转化能获得重要的中间体。考虑到催化剂的经济性和环保性，该反应通常使用一些碳材料作为化学反应的催化剂。研究发现碳点也能够作为该化学反应的催化剂，该催化剂具有较高的催化效率，并且重复利用率也是可观的。对于该类含碳点的催化剂，大量的含氧基团使其具有较好的水分散性，因而具有高生物催化活性。此外，该催化剂体系对醇氧化具有底物选择性，反应可在水中充分进行，无需其他溶剂辅助。以苯甲醇的催化过程为例，次氯酸钠作为氧化剂可有效促进催化。碳点催化苯甲醇氧化的反应机理可能与 β-环糊精系统是相似的，首先在碳点催化剂和底物之间形成复合物，随后形成阳离子碳，碳离子受到次氯酸根离子的攻击，进一步消除 HCl 生成醛。为了评估催化剂的稳定性，研究人员在反应结束后将催化剂分离出来，经过洗涤和干燥后重复利用，催化剂的活性并没有显著变化，证明了碳点催化剂的高稳定性[114]。碳点催化剂作为多相固体催化剂的优势是明显的，其在提高催化效率及重复利用率的同时也兼顾了成本和环保问题。

7.5.4.2　碳点与金属纳米复合材料催化

碳点与金属纳米颗粒复合能够有效地提高化学反应速率。在偶联反应中，研究人员用镁及铝的混合氧化物负载金纳米颗粒作为偶联反应的催化剂取得了较好的催化效果，但是该催化剂的制备需要苛刻的条件（如较高的氧气气氛及较高的温度）。在之后的研究中，研究人员发现了以碳点与金纳米粒子复合制备的催化剂在偶联反应中也具有较高的选择性和转化率。与镁铝混合氧化物相比，碳点具有稳定、尺寸小、在液体中分散性好，及易与金属纳米粒子复合等优点。因此，碳点与金属纳米粒子的复合材料也常用于有机催化。例如，在碳点负载金纳米颗粒的复合材料中，由于碳点的存在，金纳米颗粒表面会被溶解的氧分子氧化，带正电荷的物种与含氧配体结合。另外，碳点电子富集的性质可以促进金纳米粒子在空气中被氧化，提高其催化活性[115]。此外，碳点与金纳米颗粒的复合材料还可以作为烷烃氧化的光催化剂。现阶段烷烃催化氧化的一个巨大的阻碍是碳氢键断裂的高活化能迫使反应须在高温高压条件下进行，转化率也将受到一定的限制，因此高效及高选择性的催化剂对烷烃的催化具有非常重要的意义。碳点具有较强的光吸收能力及较好的光电化学性质，可以作为光生电子的受主或施主，用于高选择性氧化，也可作为光催化剂的多功能组分，促进电子和空穴分离，以及稳定光解半导体。同时，金属纳米粒子在催化过程中具有较高的选择性。此外，表面等离子体共振吸收还能诱导金属纳米粒子具有良好的光催化性能。相关研究证明，将碳点与金属粒子复合能够有效提高光催化烷烃氧化的效率及选择性[116]。

碳点也可作为还原剂制备贵金属纳米颗粒用于后续催化。已有研究人员报道了一种富含羟基的高还原性碳点，该碳点是通过简单的电化学碳化的方法制备的，其无需后续处理或功能化，就可直接作为还原剂用于制备贵金属纳米颗粒。研究人员通过该碳点与金属盐的混合物在室温下不添加额外稳定剂的情况下成功制备了金纳米颗粒，并且得到的金纳米颗粒具有较高的稳定性和催化活性，可用于协助过氧化氢的催化氧化。在之后的研究中研究人员也用同样的方法成功合成了银纳米颗粒，证实了碳点作为还原剂和稳定剂高效制备贵金属纳米颗粒的普遍可行性[117]。该制备方法具有高效、简便、低成本等优点，在反应中无需添加额外的稳定剂以及无需提供能量即可获得具有良好性能的贵金属纳米颗粒。

7.5.5　环境治理

有机染料是废水中危害较大的一种污染物，其具有高毒性，会对环境造成威胁。在污水处理过程中，光催化氧化被认为是降解废水中染料的最有效方法之一。半导体基催化剂可用于处理污水，并通过光催化将太阳能转化为氢能。然而，传统的半导体基催化剂由于其环境问题及光吸收转化效率等而不能被大规模利用。作为光催化剂，碳点具有许多优势，例如光稳定性好、良好的水溶解度、低毒性、化学惰性和低成本。由于碳点的宽光吸光度、荧光性质和电子转移能力，碳点可以单独作为光催化剂，也可以与其他物质复合作为光催化剂。如果将碳点与传统的光催化剂复合，它能够有效提高催化效率，可用于各种光催化应用场合[118]。例如，研究人员对碳点与氧化锌复合催化剂对有机染料的降解性能进行了细致研究，发现碳点的掺杂显著提高了催化剂的光降解性能。催化活性的显著增强可归因于氧化锌和碳点间的相互作用：碳点具有上转换的荧光特性，即吸收长波长的光，然后释放较短波长的光波，释放的光子可进一步激发氧化锌形成电子空穴对[119]。

TiO_2 作为光催化剂具有氧化能力强、化学稳定性和热稳定性高的特点。研究人员将碳点嵌入宏观介孔 TiO_2 中优化其结构并用于废水处理。由于碳点具有较大的表面积，使孔隙中形成更多的活性中心，从而有助于反应物的反应及光照射到催化剂的表面。除了污水处理，碳点与 TiO_2 的复合材料还可应用于药品和个人护理产品中，研究发现该复合材料可以净化水及吉非罗齐解毒[120]。此外，将氮掺杂碳点与 TiO_2 复合还可以氧化 NO_x 以净化空气，该方法常被用于降解 NO，并且展现出了较高的转化效率。

除上述应用之外，碳点也可与铋基半导体材料复合来提高光催化效率，用于降解有机污染物。已有研究报道利用 Bi_2WO_6 与碳点复合材料来降解 Mo 和双酚 A，实验表面 Bi_2WO_6 与碳点的复合材料相比于单独的 Bi_2WO_6，将催化效率提高了 $2\sim3$ 倍[121]。催化效率的提高被归因于光生电子从 Bi_2WO_6 的导带迁移到氮掺杂的碳点，从而利于光生电子空穴对的形成。此外，碳点上的电子可以与氧气反应生成溶液态的氧自由基，从而提高光催化性能。除 Bi_2WO_6 外，$BiPO_4$ 也是一种常见的氧酸盐光催化剂，具有稳定的结构和化学性质以及优良的光电性能。有研究发现 $BiPO_4$ 比 TiO_2 具有更好的光催化染料降解效果。但是 $BiPO_4$ 中的活性中心较少且量子产率低，电子空穴对复合速率高。通过与碳点复合制备的复合材料则可克服这些不足，能够吸收更广泛的可见光，实现良好的上转换光致发光能力，有效地提高了光催化活性，可用于降解吲哚美辛等[122]。

习题

1. 碳点是一大类物质的统称，它们可以细分为哪几类？
2. 现阶段有哪几种理论可以解释碳点的发光机理？
3. 结合相关文献说明碳点与传统材料相比，在生物医学领域的应用优势。
4. 在碳点的生物传感器应用中，主要有哪几种常见的碳点荧光猝灭机理？
5. 除了生物医学领域之外，碳点还可以应用于哪些领域？

参 考 文 献

[1] Peng Z, Zhao T, Zhou Y, et al. Adv. Healthc. Mater., 2020, 9(5): 1901495.

[2] Smalley R E. Rev. Mod. Phys., 1997, 69(3): 723.

[3] Geim A K. Rev. Mod. Phys., 2011, 83(3): 851.

[4] Xu X Y, Ray R, Gu Y L, et al. J. Am. Chem. Soc., 2004, 126 (40):

12736-12737.

　　[5] Sun Y P, Zhou B, Lin Y, et al. J. Am. Chem. Soc., 2006, 128(24): 7756-7757.

　　[6] Peng Z, Han X, Li S, et al. Coord. Chem. Rev., 2017, 343: 256-277.

　　[7] Cayuela A, Soriano M L, Carrillo-Carrion C, et al. Chem. Commun., 2016, 52 (7): 1311-1326.

　　[8] Zhu S J, Song Y B, Zhao X H, et al. Nano Res., 2015, 8(2): 355-381.

　　[9] Wang Y F, Hu A G. J. Mater. Chem. C., 2014, 2(34): 6921-6939.

　　[10] Qu D, Sun Z. Mater. Chem. Front., 2020, 4(2): 400-420.

　　[11] Reckmeier C J, Schneider J, Xiong Y, et al. Chem. Mater., 2017, 29 (24): 10352-10361.

　　[12] Schneider J, Reckmeier C J, Xiong Y, et al. J. Phys. Chem. C., 2017, 121(3): 2014-2022.

　　[13] Zhu S J, Meng Q N, Wang L, et al. Angewandte Chemie-International Edition, 2013, 52(14): 3953-3957.

　　[14] Song Y, Zhu S, Zhang S, et al. J. Mater. Chem. C., 2015, 3(23): 5976-5984.

　　[15] Krysmann M J, Kelarakis A, Dallas P, et al. J. Am. Chem. Soc., 2012, 134 (2): 747-750.

　　[16] Jiang K, Sun S, Zhang L, et al. Angew. Chem. Int. Ed., 2015, 54 (18): 5360-5363.

　　[17] Tan C, Zhou C, Peng X, et al. Nanoscale Research Letters, 2018, 13(1): 272.

　　[18] Jia H, Wang Z, Yuan T, et al. Advanced Science, 2019, 6(13): 1900397.

　　[19] Yuan F, He P, Xi Z, et al. Nano Res., 2019, 12(7): 1669-1674.

　　[20] Yuan F, Yuan T, Sui L, et al. Nat. Commun., 2018, 9(1): 2249.

　　[21] Peng Z, Ji C, Zhou Y, et al. Applied Materials Today, 2020, 20: 100677.

　　[22] Chen M Y, Wang W Z, Wu X P. J. Mater. Chem. B., 2014, 2(25): 3937-3945.

　　[23] Zhao Y, Zuo S, Miao M. RSC Adv., 2017, 7(27): 16637-16643.

　　[24] Glabe C G. Neurobiol. Aging., 2006, 27(4): 570-575.

　　[25] Li S H, Wang L Y, Chusuei C C, et al. Chem. Mater., 2015, 27(5): 1764-1771.

　　[26] Wang L, Zhu S J, Lu T, et al. J. Mater. Chem. B., 2016, 4(28): 4913-4921.

　　[27] Essner J B, McCay R N, Smith C J, et al. J. Mater. Chem. B., 2016, 4(12): 2163-2170.

　　[28] Li H, Guo S J, Li C X, et al. ACS Appl. Mater. Interfaces., 2015, 7(18): 10004-10012.

　　[29] Mendes A A, Oliveira P C, de Castro H F. Journal of Molecular Catalysis B-Enzymatic, 2012, 78: 119-134.

　　[30] Li H, Kong W Q, Liu J, et al. J. Mater. Chem. B., 2014, 2(34): 5652-5658.

　　[31] Feng L Y, Zhao A D, Ren J S, et al. Nucleic Acids Res., 2013, 41 (16): 7987-7996.

　　[32] Pierrat P, Wang R R, Kereselidze D, et al. Biomaterials, 2015, 51: 290-302.

　　[33] Rusciano G, De Luca A C, Pesce G, et al. Carbon, 2009, 47(13): 2950-2957.

［34］Nandi S，Ritenberg M，Jelinek R．Analyst，2015，140(12)：4232-4237．

［35］Meziani M J，Dong X L，Zhu L，et al．ACS Appl．Mater．Interfaces.，2016，8(17)：10761-10766．

［36］Bing W，Sun H，Yan Z，et al．Small，2016，12(34)：4713-4718．

［37］Ji C，Zhou Y，Leblanc R M，et al．ACS Sensors，2020，5(8)：2724-2741．

［38］Sajjad M，Jiang Y，Guan L，et al．Nanotechnology，2019，31(4)：045403．

［39］Li R，Wang Z J，Wang L，et al．ACS Catal，2016，6(2)：1113-1121．

［40］Hu Z，Fu W，Yan L，et al．Chem．Sci.，2016，7(8)：5007-5012．

［41］Cho M J，Park S Y．Sensors Actuators B：Chem.，2019，282(1)：719-729．

［42］Xu S，Zhang F，Xu L，et al．Sensors Actuators B：Chem.，2018，273(10)：1015-1021．

［43］Zhu L，Cui X，Wu J，et al．Anal．Methods，2014，6(12)：4430-4436．

［44］Mohammadi S，Salimi A，Hamd-Ghadareh S，et al．Anal．Biochem.，2018，557(15)：18-26．

［45］Hamd-Ghadareh S，Salimi A，Fathi F，et al．Biosens．Bioelectron.，2017，96(15)：308-316．

［46］Mintz K，Waidely E，Zhou Y，et al．Anal．Chim．Acta.，2018，1041(24)：114-121．

［47］Ding Y，Ling J，Wang H，et al．Anal．Methods，2015，7(18)：7792-7798．

［48］Mohammadi S，Salimi A．Microchimica Acta.，2018，185(8)：doi：10．1007/s00604-018-2868-5．

［49］Cao L，Wang X，Meziani M J，et al．J．Am．Chem．Soc.，2007，129(37)：11318-11319．

［50］Gomez-de Pedro S，Salinas-Castillo A，Ariza-Avidad M，et al．Nanoscale，2014，6(11)：6018-6024．

［51］Jiang K，Sun S，Zhang L，et al．Angewandte Chemie-International Edition，2015，54(18)：5360-5363．

［52］Wu Z L，Zhang P，Gao M X，et al．J．Mater．Chem．B.，2013，1(22)：2868-2873．

［53］Yang L，Jiang W H，Qiu L P，et al．Nanoscale，2015，7(14)：6104-6113．

［54］Wang B B，Wang Y F，Wu H，et al．RSC Adv.，2014，4(91)：49960-49963．

［55］Song Y C，Shi W，Chen W，et al．J．Mater．Chem.，2012，22(25)：12568-12573．

［56］Wang J，Liu J．RSC Adv.，2016，6(24)：19662-19668．

［57］Jia X，Han Y，Pei M L，et al．Carbohydr．Polym.，2016，152：391-397．

［58］Bhunia S K，Maity A R，Nandi S，et al．ChemBioChem.，2016，17(7)：614-619．

［59］Yang S T，Cao L，Luo P G J，et al．J．Am．Chem．Soc.，2009，131(32)：11308-11309．

［60］Frangioni J V．Curr．Opin．Chem．Biol.，2003，7(5)：626-634．

［61］Pansare V J，Hejazi S，Faenza W J，et al．Chem．Mater.，2012，24(5)：812-827．

［62］Tao H Q，Yang K，Ma Z，et al．Small，2012，8(2)：281-290．

［63］ Zheng M，Ruan S B，Liu S，et al. C. ACS Nano，2015，9(11)：11455-11461.

［64］ Saxena M，Sonkar S K，Sarkar S. RSC Adv.，2013，3(44)：22504-22508.

［65］ Qian X，Zhu Z Q，Sun H X，et al. ACS Appl. Mater. Interfaces，2016，8(32)：21063-21069.

［66］ Peng Z L，Miyanji E H，Zhou Y Q，et al. Nanoscale，2017，9(44)：17533-17543.

［67］ Weber T，Koster R. Methods，2013，62(3)：279-291.

［68］ Huang Y F，Zhou X，Zhou R，et al. Chem. Eur. J.，2014，20(19)：5640-5648.

［69］ Kang Y F，Li Y H，Fang Y W，et al. Sci. Rep.，2015，5：11835.

［70］ Owens E A，Henary M，El Fakhri G，et al. Acc. Chem. Res.，2016，49(9)：1731-1740.

［71］ Hirabayashi H，Fujisaki J. Clin. Pharmacokinet.，2003，42(15)：1319-1330.

［72］ Krishna A S，Radhakumary C，Antony M，et al. J. Mater. Chem. B.，2014，2(48)：8626-8632.

［73］ Ostadhossein F，Benig L，Tripathi I，et al. ACS Appl. Mater. Interfaces.，2018，10(23)：19408-19415.

［74］ Lee K K，Lee J G，Park C S，et al. RSC Adv.，2019，9(5)：2708-2717.

［75］ Qu D，Zheng M，Zhang L G，et al. Sci. Rep.，2014，4：5294.

［76］ Sun T，Zheng M，Xie Z，et al. Mater. Chem. Front.，2017，1：354-360.

［77］ Jia X，Pei M，Zhao X，et al. ACS Biomater. Sci. Eng.，2016，2(9)：1641-1648.

［78］ Wang Z Y，Liao H，Wu H，et al. Anal. Methods，2015，7(20)：8911-8917.

［79］ Jung Y K，Shin E，Kim B S. Sci. Rep.，2015，5：18807.

［80］ Zeng Q，Shao D，He X，et al. J. Mater. Chem. B.，2016，4(30)：5119-5126.

［81］ Gong X J，Zhang Q Y，Gao Y F，et al. ACS Appl. Mater. Interfaces，2016，8(18)：11288-11297.

［82］ Roggo Y，Chalus P，Maurer L，et al. J. Pharm. Biomed. Anal.，2007，44(3)：683-700.

［83］ Pandey S，Thakur M，Mewada A，et al. J. Mater. Chem. B.，2013，1(38)：4972-4982.

［84］ Wang H，Di J，Sun Y B，et al. Adv. Funct. Mater.，2015，25(34)：5537-5547.

［85］ Vyas S P，Singh A，Sihorkar V. Crit. Rev. Ther. Drug Carrier Syst.，2001，18(1)：1-76.

［86］ Liao Y，Weber J，Mills B M，et al. Macromolecules，2016，49(17)：6322-6333.

［87］ Tang J，Kong B，Wu H，et al. Adv. Mater.，2013，25(45)：6569-6574.

［88］ Yang C，Uertz J，Yohan D，et al. Nanoscale，2014，6(20)：12026-12033.

［89］ Yang L，Wang Z R，Wang J，et al. Nanoscale，2016，8(12)：6801-6809.

［90］ Kelkar S S，Reineke T M. Bioconj. Chem.，2011，22(10)：1879-1903.

［91］ Zheng M，Liu S，Li J，et al. Adv. Mater.，2014，26(21)：3554-3560.

［92］ He Y，Gehrig D，Zhang F，et al. Adv. Funct. Mater.，2016，26(45)：8255-8265.

［93］ Ge J C，Jia Q Y，Liu W M，et al. Adv. Mater.，2015，27(28)：4169-4177.

[94] Zheng M, Li Y, Liu S, et al. ACS Appl. Mater. Interfaces, 2016, 8(36): 23533-23541.

[95] Miao Z H, Wang H, Yang H J, et al. ACS Appl. Mater. Interfaces, 2016, 8 (25): 15904-15910.

[96] Lee C, Kwon W, Beack S, et al. Theranostics, 2016, 6(12): 2196-2208.

[97] Khajuria D K, Kumar V B, Gigi D, et al. ACS Appl. Mater. Interfaces, 2018, 10 (23): 19373-19385.

[98] Lu Y, Li L, Li M, et al. Bioconj. Chem. , 2018, 29(9): 2982-2993.

[99] Gogoi S, Maji S, Mishra D, et al. Macromol. Biosci. , 2017, 17(3): 1600271.

[100] Han Y, Zhang F, Zhang J, et al. Colloids Surf. B. Biointerfaces, 2019, 179: 1-8.

[101] Liu J, Jiang T, Li C, et al. Stem cells translational medicine, 2019, 8: 724.

[102] Yuan X, Zhang X, Sun L, et al. Part. Fibre Toxicol. , 2019, 16(1): 18.

[103] Ren H X, Chen X, Liu J H, et al. Mater. Today, 2010, 13(1-2): 6-8.

[104] Magrez A, Kasas S, Salicio V, et al. Nano Lett, 2006, 6(6): 1121-1125.

[105] Qiu J, Li D, Mou X, et al. Adv. Healthc. Mater. , 2016, 5(6): 702-710.

[106] Yang Y, Ren X, Sun Z, et al. Chin. Chem. Lett. , 2018, 29(6): 895-898.

[107] Nurunnabi M, Khatun Z, Huh K M, et al. ACS Nano, 2013, 7(8): 6858-6867.

[108] Hui W, Yang Y, Xu Q, et al. Adv. Mater, 2020, 32(4): 1906374.

[109] Song H, Li Y, Shang L, et al. Nano Energy, 2020, 72: 104730.

[110] Zhu M, Zhou Y, Sun Y, et al. Dalton Trans. , 2018, 47(15): 5459-5464.

[111] Chinhhoang V, Ngocdinh K, Gomes V G. J. Mater. Chem. A. , 2019, 7(39): 22650-22662.

[112] Zhong H, Sa R, Lv H, et al. Adv. Funct. Mater. , 2020, 30(35): 2002654.

[113] Chen X, Gao H, Yang M, et al. Nano Energy, 2018, 49: 86-94.

[114] Zhang X, Fu X, Zhang Y, et al. Catal. Lett. , 2016, 146: 945-950.

[115] Sk M P, Jana C K, Chattopadhyay A. Chem. Commun. , 2013, 49: 8235-8237

[116] Liu R, Huang H, Li H, et al. ACS Catal. , 2014, 4(1): 328-336.

[117] Lu Q, Deng J, Hou Y, et al. Chem. Commun. , 2015, 51(33): 7164-7167.

[118] Li H, Yin S, Sato T, et al. Nanoscale Research Letters, 2016, 11(1): 91.

[119] Ding D, Lan W, Yang Z, et al. Mater. Sci. Semicond. Process. , 2016, 47: 25-31.

[120] Chu K W, Lee S L, Chang C J, et al. Polymers, 2019, 11(4): 689.

[121] Zhang J, Yuan X, Jiang L, et al. Colloid Interface Sci. , 2018, 511: 296-306.

[122] Zhang Q, Chen P, Zhuo M, et al. Appl. Catal. B-Environ. , 2018, 221: 129-139.